电气制图及 CAD

主　编　杨玉芳

主　审　耿　淬

组　编　葛金印

北京理工大学出版社

BEIJING INSTITUTE OF TECHNOLOGY PRESS

版权专有　侵权必究

图书在版编目（CIP）数据

电气制图及CAD/杨玉芳主编. —北京：北京理工大学出版社，2023.1重印

ISBN 978-7-5640-6383-2

Ⅰ.①电…　Ⅱ.①杨…　Ⅲ.①电气制图-计算机制图-AutoCAD软件-教材　Ⅳ.①TM02-39

中国版本图书馆CIP数据核字（2014）第010410号

出版发行/北京理工大学出版社有限责任公司
社　　址/北京市海淀区中关村南大街5号
邮　　编/100081
电　　话/(010)68914775(总编室)
　　　　　82562903(教材售后服务热线)
　　　　　68948351(其他图书服务热线)
网　　址/http://www.bitpress.com.cn
经　　销/全国各地新华书店
印　　刷/唐山富达印务有限公司
开　　本/710毫米×1000毫米　1/16
印　　张/12
字　　数/225千字
版　　次/2023年1月第1版第9次印刷
定　　价/35.00元

责任编辑/杨小轮
文案编辑/杨小轮
责任校对/周瑞红
责任印制/马振武

图书出现印装质量问题，请拨打售后服务热线，本社负责调换

前　言

高等职业教育主要是以培养具有职业理想、职业道德，掌握职业技能，知晓职业规范，面向生产、建设、管理和服务第一线需要的高素质技能型人才为培养目标。

从这个目标出发，高职院校应采用“教学做一体化”的教学模式。本书采用“以任务引领项目式”的编写模式，通篇贯穿着“项目为主线”的开发思路和“教、学、做合一”的教学理念，以培养学生分析问题、解决问题的能力和计算机操作能力为主导，将电子技术和Protel 99 SE（电子CAD软件）有机地融为一体，是一本技术性很强的电子CAD教材。

电子CAD是电气自动化专业的核心课程，是一门实践性很强的课程，是以计算机为工具让设计者在EDA软件平台上实现原理图的绘制、电路板的设计、电路的仿真等功能。学习本书大约需要60学时，课程教学均在计算机房配以多媒体教学与学生操作同步进行。为了培养学生解决实际问题的能力，学校可以根据实际情况，在本课程的学时之外安排一周的“综合实训项目”，将电路原理图绘制、印制电路板设计、元器件选择及电路成品焊接、调试、电路制作等有机结合起来，从而提高学生的综合实践能力。各部分学时分配如下（仅供参考）：

序号	内　容	参考学时
1	项目一　认识Protel 99 SE	2
2	项目二　低压稳压电路的绘制	6
3	项目三　绘制单管放大电路原理图	12
4	项目四　LED显示电路的绘制	8
5	项目五　学习电路图的绘制方法及步骤	2
6	项目六　学习印制电路板的设计技术	16
7	项目七　学习多层PCB板的设计制作技术	10
8	项目八　单片机系统层次原理图设计	4

本书由扬州高等职业学校杨玉芳主编，其中，项目 1～3 及附录由杨玉芳编写，项目 4～5 由刘维编写，项目 6～8 由翟雄翔编写。最后由杨玉芳统编全书。

本书由常州刘国匀高等职业技术学院耿淬老师主审。

本书在编写过程中得到乔茹同志的大力支持，在此表示感谢。

本书可作为机电类、电子与信息类、通信技术类等专业的专业课教材，也可作业其他相近专业和工程技术人员学习印制电路板设计的参考。

本书中有些线路图为了保持与软件的连贯性，保留了软件的电路符号标准，部分电路符号与国标不符，请读者注意。

由于编者水平有限，书中难免存在不当之处，敬请广大读者批评指正。

目 录

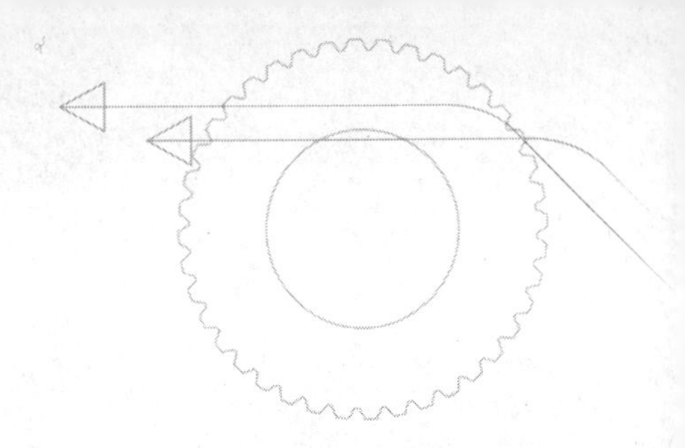

目 录

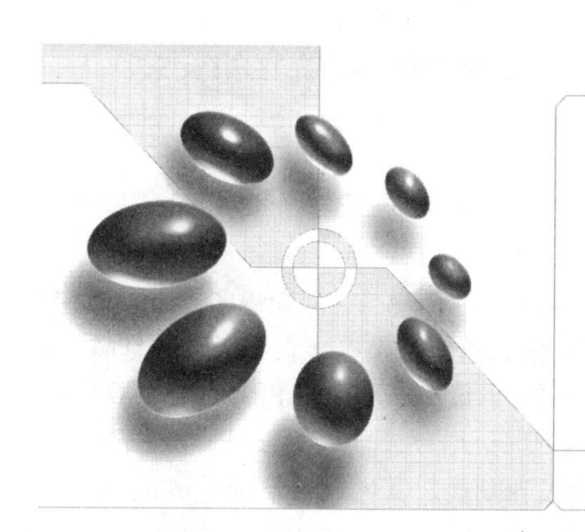

项目一
认识 Protel 99 SE

课题内容

本项目包括 Protel 99 SE 的功能特点及安装与卸载过程，熟悉 Protel 99 SCH（原理图编辑器）的环境及 PCB 的设置。

训练任务

了解 Protel 99 SE 软件，能安装并进入 Protel 99 SE 界面。进入 Protel 99 SE 软件后，首先是创建一个设计数据库，其次是在设计数据库中建立设计文件，然后打开相应设计文件，进入相应设计窗口，进行一些基本操作，如打开文件、文件切换、文件删除、文件命名等。

学习目标

1. 会创建设计数据库及设计文件，并保存在指定的位置。
2. 懂得设计数据库内的文件目录结构，会相关文件的打开、切换、命名等操作。

任务一 了解 Protel 99 SE 简介和安装

相关知识一 Protel 99 SE 简介

PROTEL 是 Altium 公司在 80 年代末推出的 EDA 软件，在电子行业的 CAD 软件中，它当之无愧地排在众多 EDA 软件的前面，是电子设计者的首选软件，它较早就在国内开始使用，在国内的普及率也最高。早期的 PROTEL 主要作为印制板自动布线工具使用，运行在 DOS 环境，对硬件的要求很低，但它的功能也较少，只有电路原理图绘制与印制板设计功能，其印制板自动布线的布通率也低，而现今的 PROTEL 已发展到 Protel 99 SE，是庞大的 EDA 软件。它包含了电路原理图绘制、模拟电路与数字电路混合信号仿真、多层印制电路板设计（包含印制电路板自动布线）、可编程逻辑器件设计、图表生成、电子表格生成、支持宏操作等功能，其多层印制线路板的自动布线可实现高密度 PCB 的 100% 布通率。

相关知识二 Protel 99 SE 安装

1. 安装 Protel 99 SE 主程序

运行源程序中的 setup.exe（要输入注册码），如图 1-1 所示。

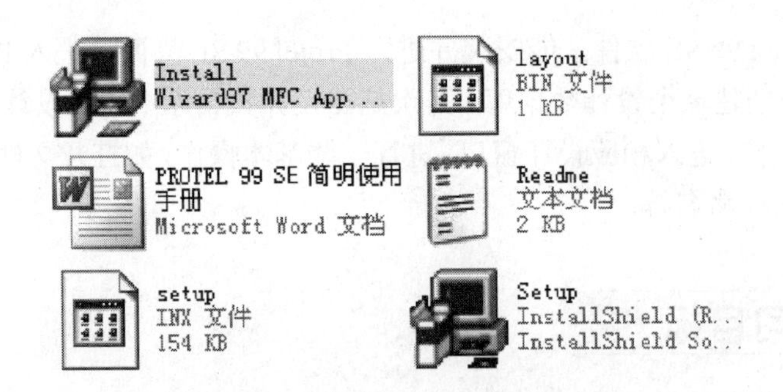

图 1-1 Protel 99 SE 的安装

2. 安装汉化程序

运行源程序中的 Install 程序，如图 1-1 所示。至此 Protel 99 SE 系统便全部安装完毕。

任务二　认识 Protel 99 SE 的特点

相关知识一　Protel 99 SE 的组成

Protel 99 SE 是基于 WINDOWS 环境下的 EDA 软件，它是一个完整的全方位电路设计系统，包含有电路原理图设计、PCB 设计、PCB 自动布线、可编程逻辑器件设计、模拟/数字信号仿真等功能模块，并具有 Client/Server（客户/服务器）体系结构，同时还兼容一些其他设计软件的文件格式，如 OrCAD、PSPICE、EXCEL 等。

相关知识二　Protel 99 SE 的特点

Protel 99 SE 软件功能强大、界面友好、使用方便，它最具代表性的是电路原理图设计和 PCB 设计，其主要特点如下：

（1）Smart Doc（智能文档）技术。将所有与同一设计相关的文档都存在一个综合设计数据库文件（*.ddb）中，使用户对文件管理更加方便。

（2）Smart Team（智能设计组）技术。设计组内所有成员都可以通过网络同时访问同一设计数据库文件，可以对其中的文档进行独立操作，组管理员可以对组内成员进行权限设置，使设计组的工作更加协调。

（3）Smart Tool（智能工具）技术。将设计中要用到的设计工具都集成在一个设计环境中，在不同的设计界面中，设计工具有所不同。

（4）完善的布线规则。PCB 布线规则的多种复合选项和在线规则检查都可以由设计参数进行控制，这使印制电路板的设计交互性更加友好，设计效率更高。

（5）层堆栈管理。用户可以设计多层印制电路板（32 个信号层，16 个电源/地线层，16 个机械层）。

（6）3D 预览。用户在制版之前可以预览到 PCB 板的三维效果图。

（7）增强的打印功能。通过修改打印设置可以进行打印控制。

（8）方便易用的帮助系统。在工具栏中的小问号按钮提供主题帮助，在状态栏中的帮助按钮提供自然语言问题帮助。

（9）同步设计。原理图和印制电路板之间的设计变化可以实现同步更新。

（10）高级数字模拟混合信号仿真。

（11）丰富的向导功能。设计向导非常丰富，使设计过程更加清晰，设计者工作更加轻松。

任务三 熟悉 Protel 99 SE 的基本操作

相关知识一 protel 99 SE 的启动

1. Protel 99 SE 的启动方法

方法一：双击桌面的 Protel 99 SE 图标（常用），如图 1-2 所示。

方法二：开始—所有程序—Protel 99 SE—Protel 99 SE，如图 1-3 所示。

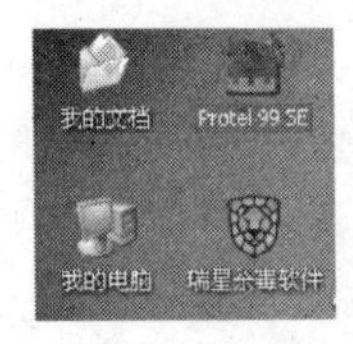

图 1-2 Protel 99 SE 的启动方式（1）

图 1-3 Protel 99 SE 的启动方式（2）

2. Protel 99 SE 启动后的窗口（如图 1-4 所示）

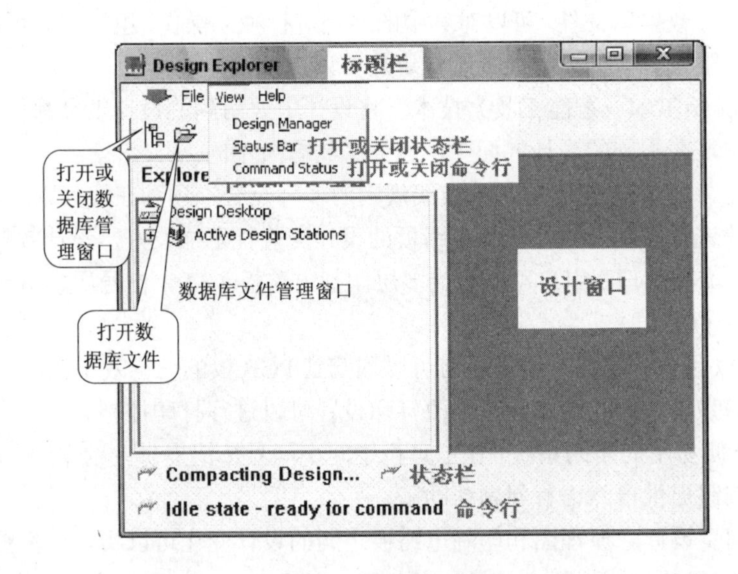

图 1-4 Protel 的主窗口

相关知识二 新建或打开一个数据库文件

方法一：步骤如图 1-5、图 1-6 所示。

图 1-5　创建新的数据库文件（1）

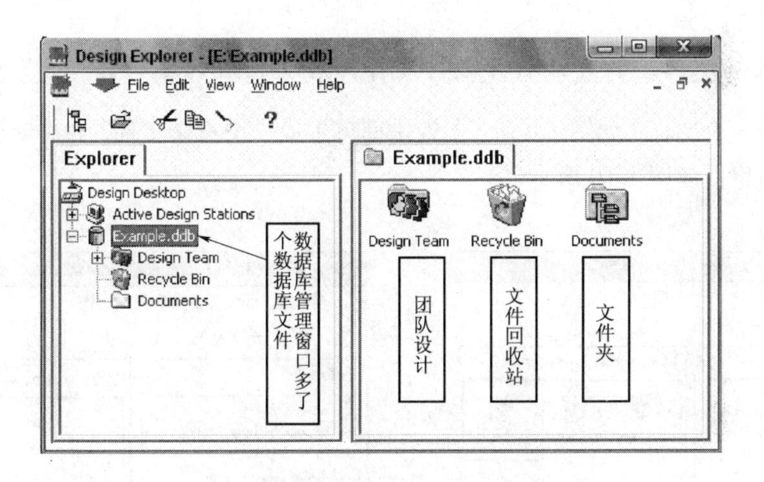

图 1-6　项目管理器主窗口

方法二：步骤如图 1-7、图 1-8 所示。

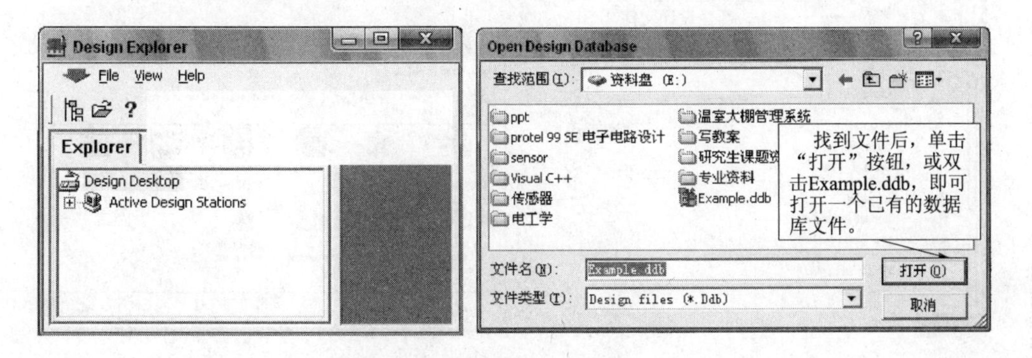

图 1-7　创建新的数据库文件（2）

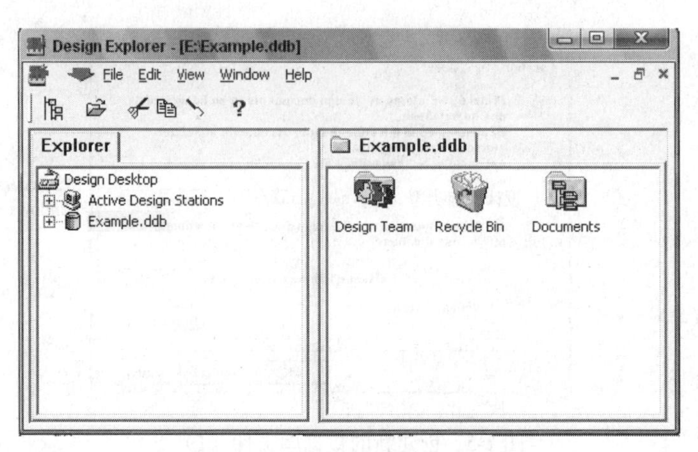

图 1-8　项目管理器主窗口

相关知识三　新建或打开设计文件，启动相应的编辑器

选择一个图标（如图 1-9 所示）双击即可生成一个设计文件，并启动了相应的编辑器窗口，如图 1-10 所示。

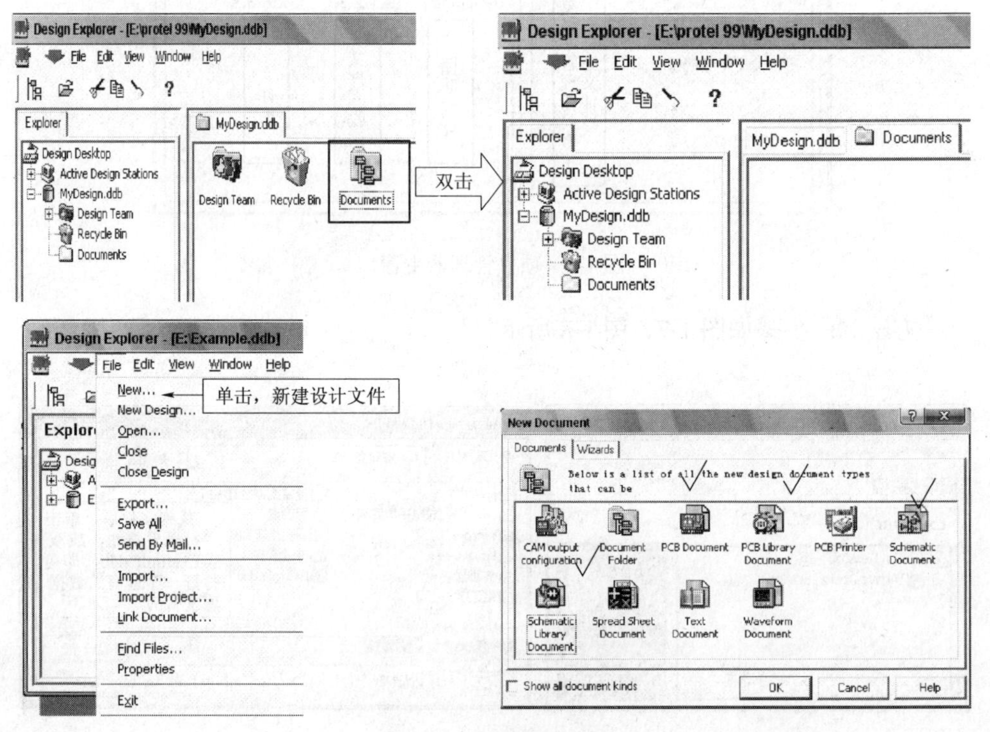

图 1-9　新建设计文件

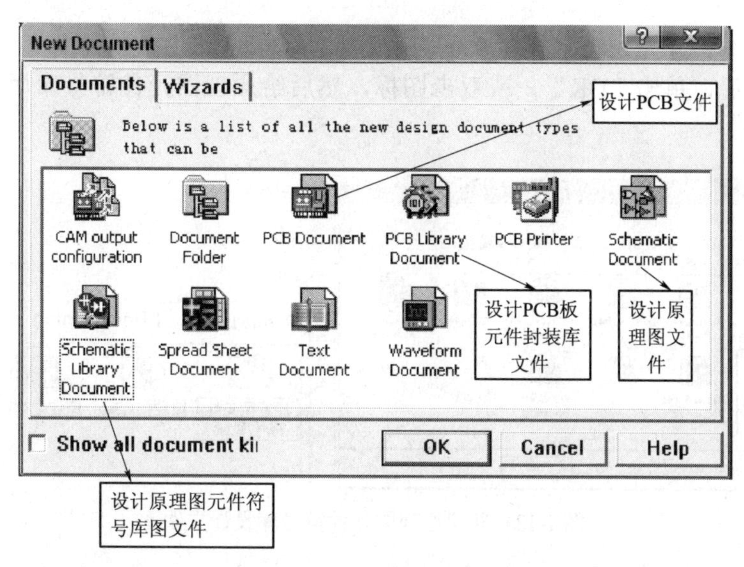

图 1-10　新建文件类型对话框

1. 新建一个原理图设计文件

选中后，单击“OK”，或双击图标，然后给原理图文件命名，如图 1-11 所示。双击原理图文件名，即可打开原理图编辑器窗口，用同样的方法可建多个原理图文件，如图 1-12 所示。

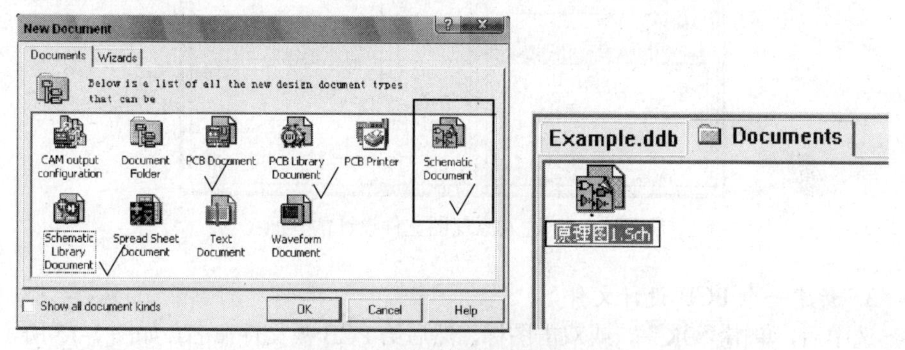

图 1-11　新建原理图设计文件

图 1-12　进入原理图设计文件

2. 新建一个原理图元件符号库设计文件

选中后，单击“OK”，或双击图标，然后给原理图元件符号库命名，如图 1-13 所示。

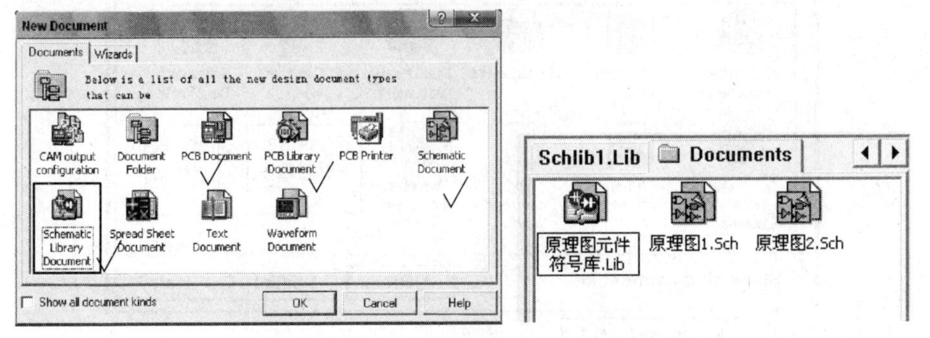

图 1-13　新建原理图元件符号库设计文件

双击原理图元件符号库文件名，即可打开原理图元件符号库编辑器窗口，如图 1-14 所示。

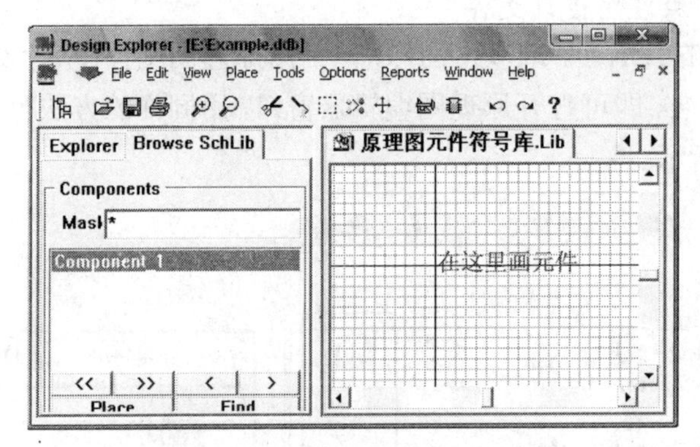

图 1-14　进入原理图文件设计的界面

3. 新建一个 PCB 设计文件

选中后，单击“OK”，或双击图标，然后给 PCB 板文件命名，如图 1-15 所示。

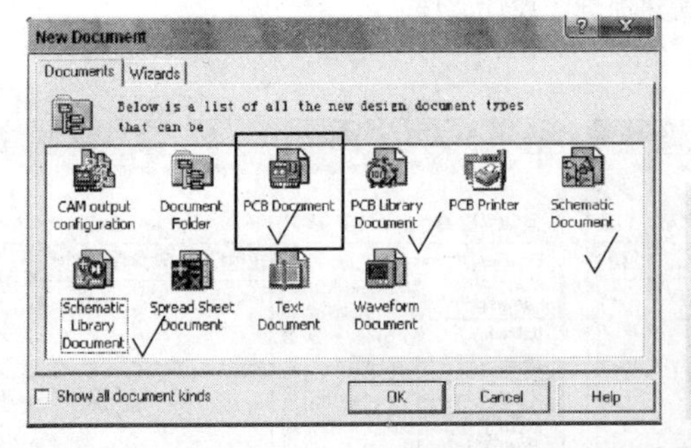

图 1-15　PCB 文件的创建（1）

双击 PCB 板文件名，即可打开 PCB 板编辑器窗口，如图 1-16 所示。

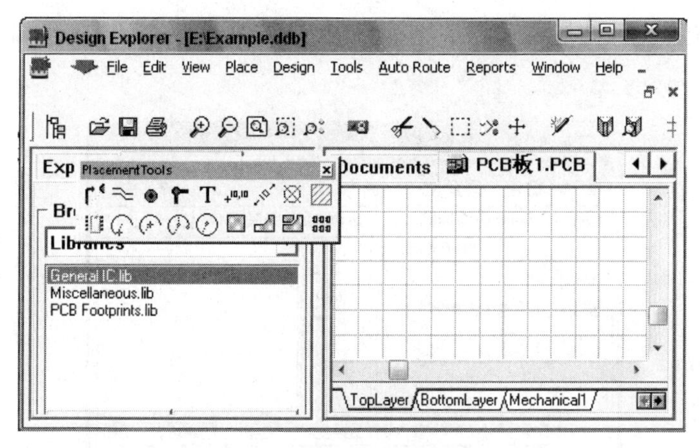

图 1-16 PCB 文件创建（2）

用同样的方法可新建多个 PCB 板文件，如图 1-17 所示。

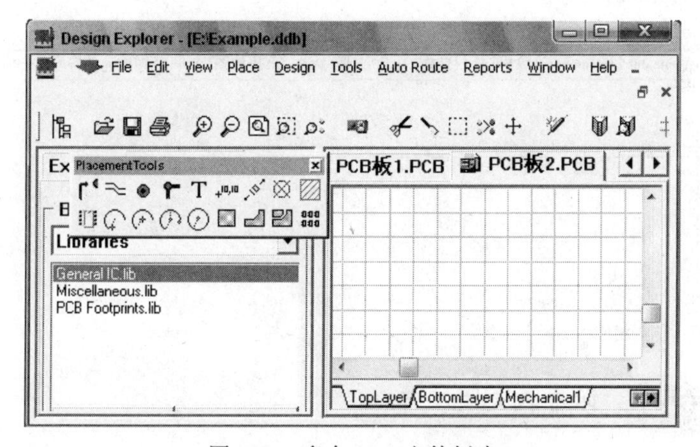

图 1-17 多个 PCB 文件创建

4. 新建一个 PCB 元件封装库设计文件

选中后，单击“OK”，或双击图标，然后给 PCB 板元件封装库文件命名，如图 1-18 所示。

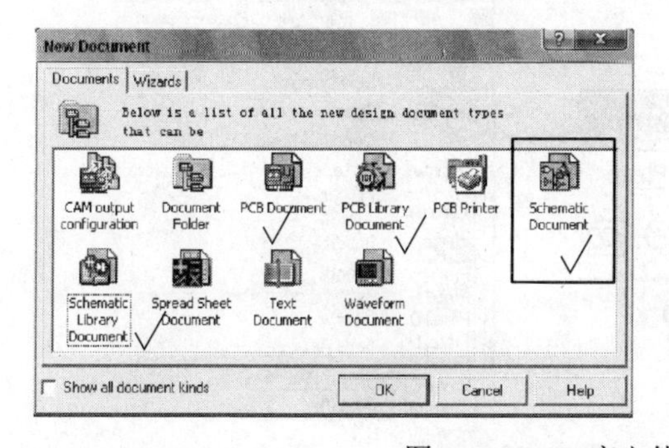

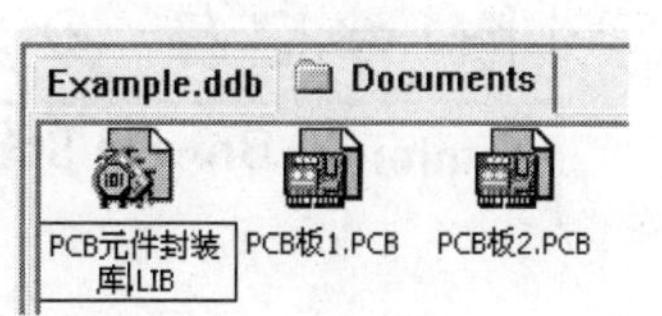

图 1-18 PCB 库文件创建

双击 PCB 板元件封装库文件名，即可打开 PCB 板元件封装库编辑器窗口，如图 1-19 所示。

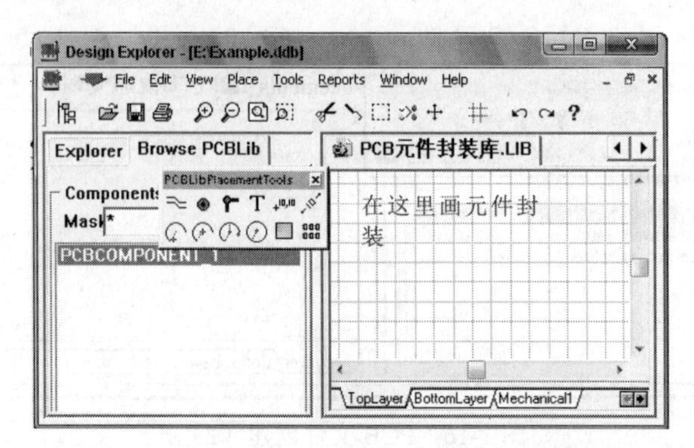

图 1-19 进入 PCB 板元件封装库设计的界面

附：编辑器窗口的切换

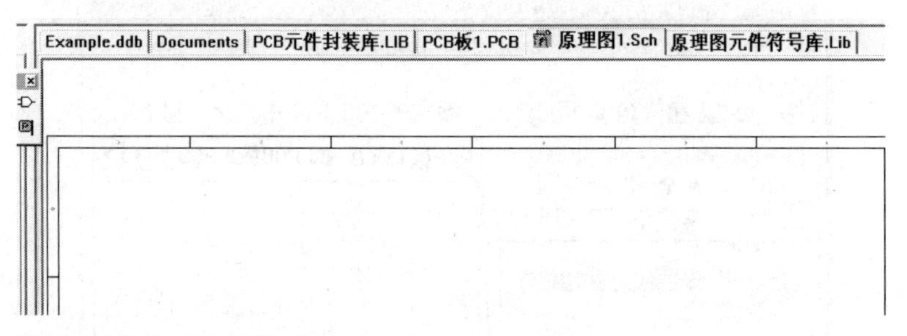

切换：单击相应的编辑器标签

相关知识四 保存或关闭文件

1. 保存设计文件

保存单个和多个文件，要养成边设计边保存的良好习惯，以防停电、死机等事件，如图 1-20、图 1-21 所示。

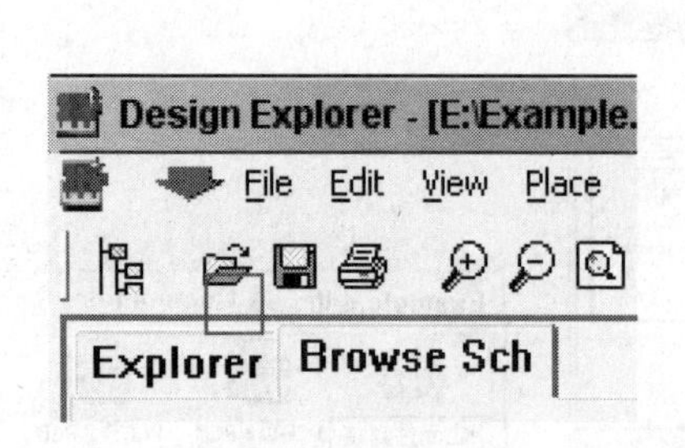

图 1-20 保存单个文件

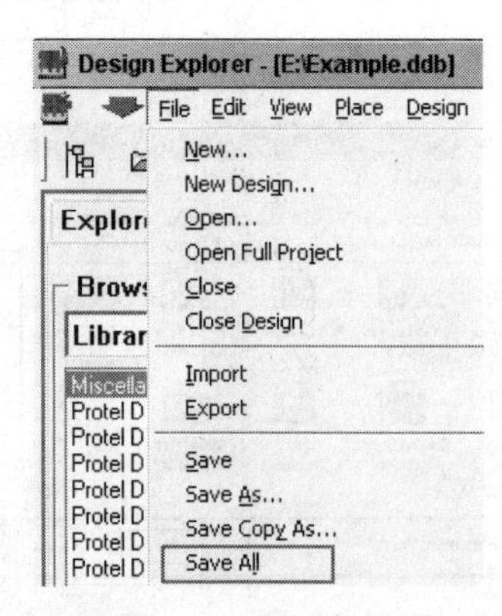

图 1-21 保存全部文件

2. 关闭设计文件（如图 1-22 所示）

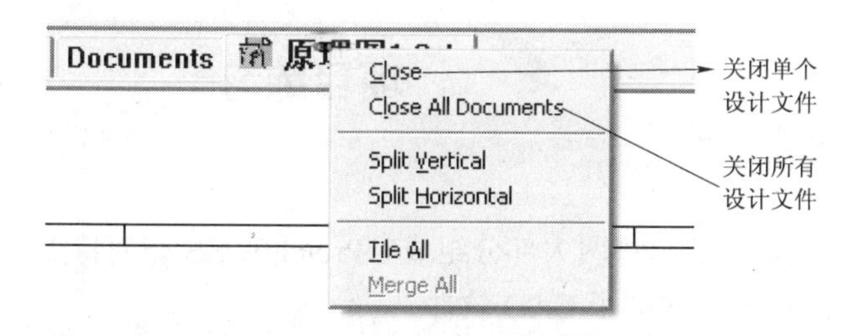

图 1-22　关闭设计文件

3. 关闭数据库文件（如图 1-23 所示）

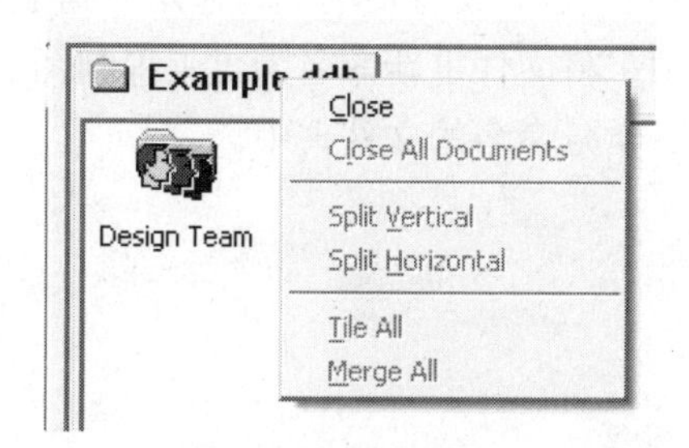

图 1-23　关闭数据库文件

4. 关闭 Protel（如图 1-24 所示）

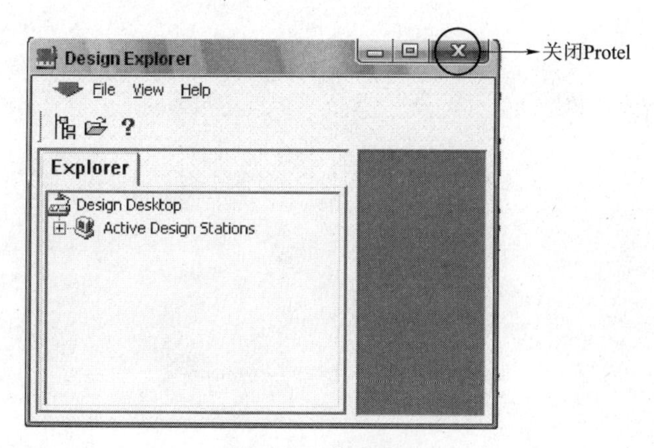

图 1-24　关闭窗口

项目练习

1. Protel 99 SE 主要由哪两大部分组成？Protel 99 SE 有何特点？

2. 你知道的还有哪些电子 CAD 软件？

3. 运行 Protel 99 SE，创建一个设计数据库（设计数据库以自己的名字命名），并且在设计数据库中建立电路原理图（SCH）设计文件（基本放大电路.SCH）、印制电路板（PCB）设计文件（基本放大电路.PCB），并进入原理图设计窗口。

4. 新建一个 PCB 项目文件，文件命名为“显示电路.PrjPCB”，保存在 D 盘以自己名字命名的文件夹中；将文件重新命名为“工程制图 2.PrjPCB”，并另存到 E 盘中以自己班级、姓名、学号命名的文件夹中。

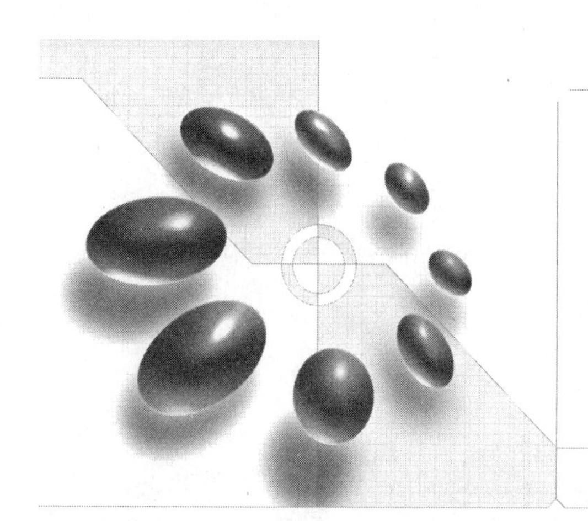

项目二
低电压稳压电路的绘制

课题内容

低电压稳压电路是大家都非常熟悉的电路，我们通过低电压稳压电路图的绘制来学习如何设置电路原理图图纸、如何进行原理图的视图操作是如何放置元件。

训练任务

1. 绘制如图 2-1 所示低电压稳压电路图。

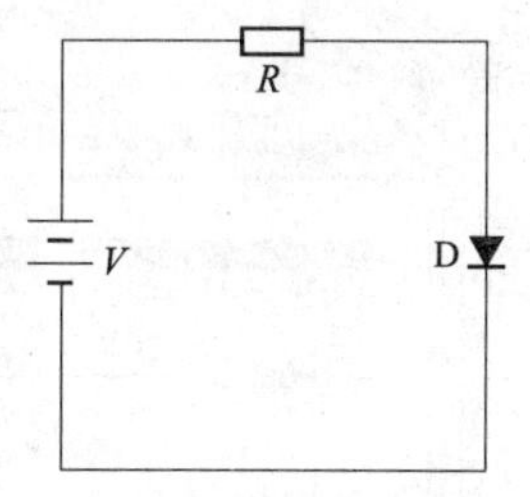

图 2-1　低电压稳压电路图

2. 绘制低电压稳压电路图的大致步骤如下：

（1）启动 Protel 99 SE，进入电路原理图设计系统，即进入 Protel 99 SE SCH(原理图编辑器)。

（2）根据电路原理图的规模和复杂程度设置图纸的大小、规格等。

（3）根据个人的爱好和工作习惯，设置好电路原理图编辑器的环境参数，如栅格的大小和类型、光标的大小和类型。一般来说可以采用系统的默认值，而且这些参数一旦修改好后，不用每次都去修改。

（4）根据电路原理图的需要，调入所需的元件库，例如:常用的 Miscellaneous Devices.ddb 元件库、Sim.ddb 仿真元件库等。

（5）将元件从元件库中选择出来，放置到图纸上，并且同时进行设置元件的序号（编号）、参数和元件封装的定义等设置工作。

学习目标

1. 掌握原理图图纸参数设置。
2. 掌握原理图的视图操作。
3. 掌握元件的放置。
4. 掌握元件放置后的编辑操作。

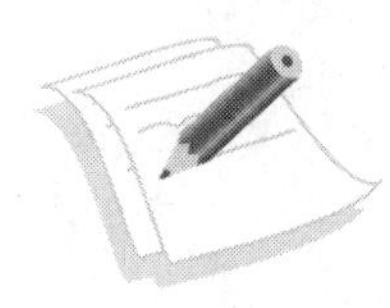

任务一　学习原理图图纸设置

在如图 2-2 所示的界面窗口下，单击“Browse Sch”（浏览元件库）标签按钮，再不断单击主工具栏内的放大工具按钮（或利用按 Page Up、Page Down 键放大或缩小原理图编辑区），直到原理图编辑区内显示出大小适中的可视栅格线为止，即可进入原理图的绘制、编辑等设计操作（如图 2-2 所示）。

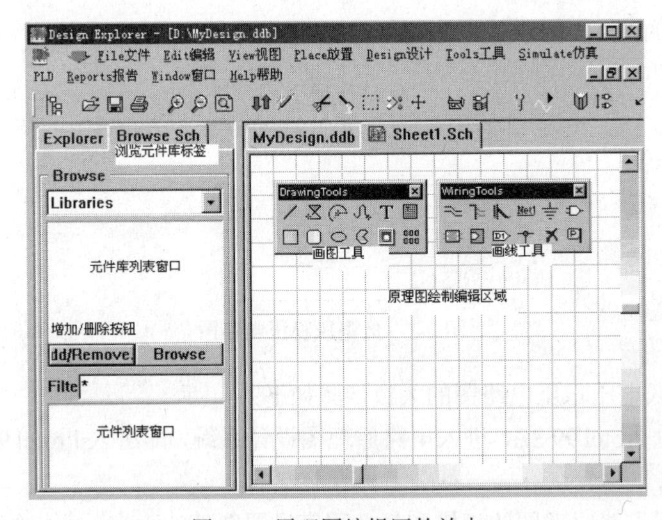

图 2-2　原理图编辑区的放大

进入电路原理图编辑状态后，首先要设置图样以确定与图样有关的参数，如图样尺寸、方向、边框、底色、标题栏和字体等。

相关知识一　原理图图纸设置

1. 打开 Document Options 文档选项窗口

（1）设置图样参数时，先打开 Document Options 窗口。操作方法如下：

选择【Design】菜单，在下拉菜单中选择【Option】选项（或者依次按下 D、O 键）。弹出“Document Options”对话框，如图 2-3 所示。

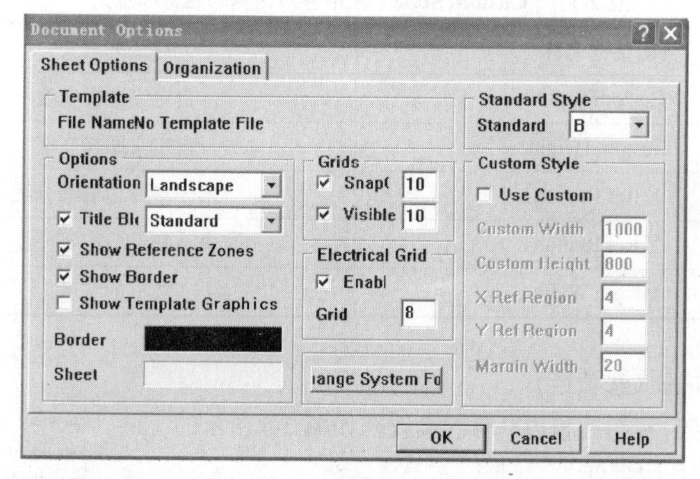

图 2-3　Document Option 对话框

（2）“Document Options”对话框包括 Sheet Options（图样选项）和 Organization（文件信息）两部分。

2. Sheet Options（图样选项）

当选择“Sheet Options”时，可对图幅尺寸、方向等参数进行设置。

1）Standard Style（标准图样尺寸）

通常，我们设计时采用标准图样，此时可直接应用标准图样尺寸设置版面。单击 Standard Styles 项后的▾按钮，出现各种标准图样号的选项。用户可根据所设计的电路原理图的大小选择合适的标准图样号。

Protel 提供了多种标准图样尺寸选项：

公制：A0、A1、A2、A3、A4；

英制：A、B、C、D、E；

Orcad 图样：OrcadA、OrcadB、OrcadC、OrcadD、OrcadE；

其他：Letter、Legal、Tabloid。

2）Custom Style（自定义图样尺寸）

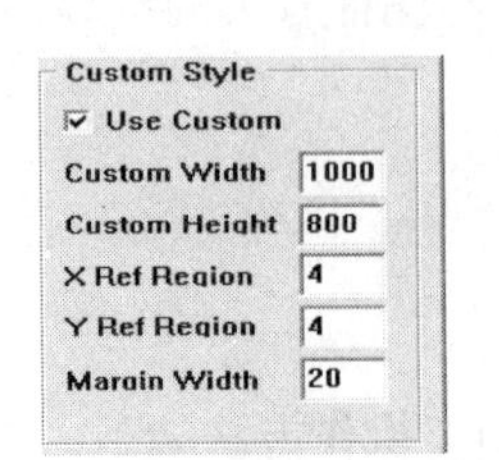

图 2-4　Custom Style 对话框

如果用户需要根据自己的特殊要求，设定非标准的图样格式，Protel 提供了 Custom Style 选项用以选择。

用鼠标左键单击 Use Custom 前的复选框，使它前面的方框出现“√”符号，即表示选中 Custom Style，如图 2-4 所示。

在 Custom Style 栏中有 5 个对话框，其名称和意义如表 2-1 所列。

表 2-1　“Custom Style”栏中各对话框的名称和意义

对话框名称	对话框意义
Custom Width	自定义图样宽度
Custom Height	自定义图样高度
X Ref Region	水平参考边框等分线
Y Ref Region	垂直参考边框等分线
Margin Width	边框的宽度

3）Options（选项栏）

图样方向、标题栏和边框等的设置在如图 2-5 所示的 Options 选项栏中进行。

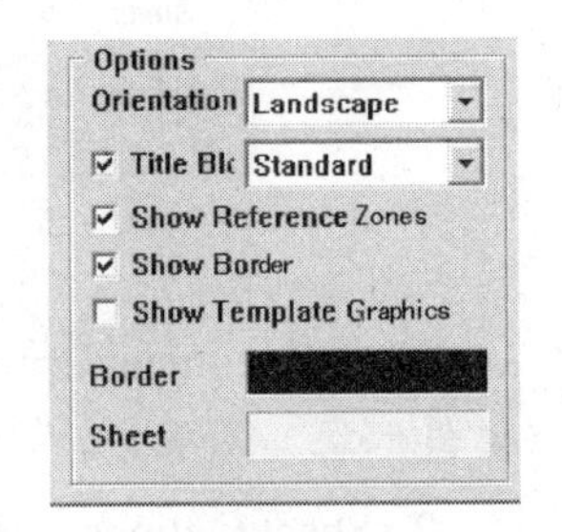

图 2-5　图样设置 options 选项栏

（1）Orientation（IN 样方向）。

用鼠标左键单击 Options 选项栏中 Orientation 窗口的▾按钮，出现两个选项：Landscape（图样水平放置）和 Portrait（图样垂直放置）。

（2）Title Block（标题栏类型）。

用鼠标左键选中 Title Block 前的复选框时，使它前面的方框出现“√”符号，则可使标题栏出现在图样上。

用鼠标左键单击 Options 选项栏中 Title Block 窗口的▾按钮，也将出现两个选项：Standard（代表标准型标题栏）和 ANSI（代表美国国家标准协会模式标题栏）。

（3）Show Reference Zones（参考边框显示）。

用户可用鼠标左键选中 Show Reference Zones 前的复选框，使它前面的方框出现“√”符号，此时在图样上将显示参考边框。

（4）Show Border（样边框显示）。

用户可用鼠标左键选中 Show Border 前的复选框，当它前面的方框出现“√”符号时表明选中此项，显示图样边框；否则，不显示边框。

（5）Show Template Graphics（模板图形显示）。

当选中 Show Template Graphics 前的复选框使其出现“√”符号时，图样设置可显示模板图形，否则不显示模板图形。

（6）Border（边框颜色）。

用鼠标左键点中 Border 有边的颜色方框，则出现 Choose Color 窗口，Protel 提供了 240 种基本颜色供用户选择。

如果这些基本颜色仍不能满足用户的要求，用户可用鼠标左键选中此窗口中的 Define Custom Color 按钮，调出一个颜色窗口，自己定义所需的颜色。

注意：如果用户不加以定义，Protel 缺省的图样边框颜色为黑色。

（7）Sheet（工作区颜色）。

仿照 Border 的定义方法，用鼠标左键点中 Sheet Color 右边的颜色方框，可设置工作区颜色。Protel 中工作区颜色的缺省值为淡黄色。

4）Grids（图样栅格）

Grids 设定栏包括两个选项：Snap 的设定和 Visible 的设定。

（1）Snap（锁定栅格）。

Snap 设定光标位移的步长，即光标在移动过程中，以锁定栅格的设定值为单位移动。如当设定 Snap=10 时，十字光标在移动时，均以 10 mil 个长度单位为基础。此项设置目的是使用户在画图过程中更加方便地对准目标和引脚。

（2）Visible（可视栅格）。

原理图编辑器图纸区域中由纵、横交错而成的点的距离，系统默认值为 10 mil。可视栅格的设定只决定图样上实际显示栅格的距离，不影响光标的移动。

5）Electrical Grid（气栅格）

如果用鼠标左键选中 Electrical Grid 设置栏中 Enable 左面的复选框，如图 2-3 所示，使复选框中出现“√”符号，表明选中此项，则此时系统在连接导线时，将以箭头光标为圆心以 Grids 栏中的设置值为半径，自动向四周搜索电气节点。当找到最近的节点时，就会把十字光标自动移动到此点上，并在该节点上显示出一个“×”。如果没有选中此功能，则系统不会自动寻找电气节点。

6）Change System Font（改变系统字型）

用鼠标左键单击图 2-3 所示的 Sheet Options 设置栏中的 Change System Font，将出现字体设置窗口。用户可设置元器件引脚的字型、字体和字号大小等。

3. Organization 选项

单击图 2-3 所示对话框中的 Organization 选项卡，切换到 Organization 对话框，如图 2-6 所示。

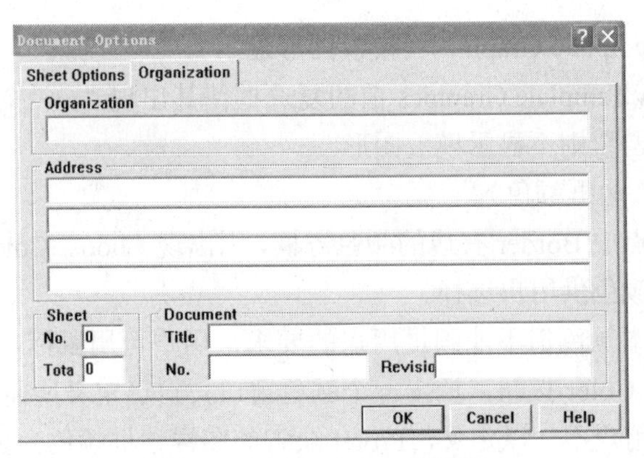

图 2-6 Organization 对话框

在此对话框中可设置电路原理图文件信息，如设计人、设计单位、地址、设计标题等，为设计的电路建立“档案”。

用户可将文件信息对话框与标题栏配合使用，构成完整的电路原理图的文件信息。

相关知识二 原理图的视图操作

在绘制电路图的过程中，用户根据自己的需要，有时需查看整张原理图，以了解原理图的全貌，并以此来改动和调整整个原理图的布局；有时需观察原理图的局部，以检查或修改原理图的细节。因此，在设计时，用户需要经常改变画面的显示状态，使编辑区放大、缩小，或移动显示区的位置，以适应工作要求。改变画面显示状态的方法有很多，也很灵活。

1. Zoom In（放大）

为了更仔细地观察图样的某一区域，需要对图样局部放大。操作方法有 4 种：

（1）选择【View】菜单项，然后在弹出的下拉菜单中选择【Zoom In】选项。

（2）用鼠标左键单击 Schematic Tools 工具栏中的按钮。

（3）依次按下 V 键、I 键。

（4）直接使用键盘上的 Page up 功能键。

注意：前两种方法只适用于闲置状态下，即系统未执行任何命令时。当处于其他命令状态下，无法将鼠标移出工作区来执行命令时，若需要放大图形，则必须使用后两种方式。

2. Zoom Out（缩小）

在设计过程中，用户需要对局部或全局进行调整，在由细部向较大局部或全局调整的过程中，“缩小”是经常使用的命令。操作方法有 4 种：

（1）选择【View】/【Zoom Out】选项。

（2）用鼠标单击 Schematic Tools 工具栏中的按钮。

（3）依次按下 V 键、O 键。

（4）直接使用键盘上的 Page Down 功能键。

注意：注意事项与 Zoom In 命令的操作一样。

3. Pan（显示位置的移动）

要改变图形的显示位置，可以先将光标移动到目标点操作方法有 3 种：

（1）选择【View】/【Pan】选项。

（2）依次按下 V 键、N 键。

（3）直接按键盘上的 Home 功能键。

4. Refresh（更新画面）

在滚动画面、移动图形或者删除元件等过程中，有时会在画面上留下一些残留的斑点，或者图形扭曲。这样会影响图形的美观，甚至会误导设计者，造成不必要的麻烦。此时用户可以执行更新画面的操作来消除这些残留的斑点，恢复正确的显示图形。操作有 3 种方法：

（1）选择【View】/【Refresh】选项。

（2）依次按下 V 键、R 键。

（3）直接按键盘上的 End 键。

5. 不同比列显示

系统提供了 50%、100%、200%和 400%四种比例显示模式，用户可根据自身需要进行选择。以 50%显示模式为例，使用比例显示操作有 3 种方法：

（1）选择【View】/【50%】选项。

（2）依次按下 V 键、5 数字键。

（3）直接按键盘上的 Ctrl+5 键。

其余几种显示模式的方法与此类似，只需根据需要将数字键 5 换成 1、2、4 即可。

6. Fit Document（绘图区添满工作区）

操作方法有两种：

（1）选择【View】/【Fit Document】选项。

（2）依次按下 V 键、D 键。

7. Fit All Objects（元件填满工作区）

为了让用户更方便地察看图形的整体。Fit All Objects 命令可使绘图区内的元件填满工作区，此功能在元件数量较少时使用。

8. 显示用户设定选框区域

如果用户希望对某一特定区域仔细察看，Protel 提供了 Area 方式和 Around Point 方式显示用户设定的选框区域。Area 方式是通过确定所需查看区域对角线的两角的位置来确定选框区域；Around Point 方式是通过确定所需察看区域中心位置和一个角的位置来确定用户选择区域。

注意：用户在设定了第一个位置点后，如果将光标放在工作区的边界上，图样将根据用户指定的方向移动，因此，最终设定的选框区域可以比原来的工作区域大，也可以比原有的工作区域小，用户可根据自己的需要进行选择。

如果用户选择的区域的比例与工作平面的比例不相符合，则系统将自动调整显示图形的范围，故可能工作平面上显示的图形范围与用户选择的范围有差异。

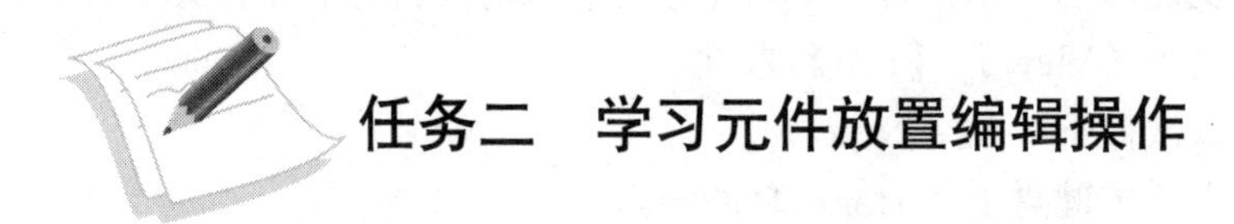

任务二　学习元件放置编辑操作

元件是原理图中最重要的部分，原理图的设计就是完成元件之间的电气连接，使之完成电路所要求的功能。

相关知识一　Protel 99 SE 简介

1. 放置元件

1）利用库文件面板放置元件

其操作步骤如下：

（1）选择待放置元件所在的元件库作为当前使用的元件库。单击 Add/Remove 按钮，将元件库文件 Miscellaneous Devices.ddb 和 Sim.ddb 装入到元件库列表窗口内。

（2）在元件库列表窗口内，找出并单击 Miscellaneous Devices.Lib 文件，使它成为当前元件库，如图 2-7 所示。元器件库列表窗口元器件筛选元器件列表窗口。

（3）在元件列表窗口内找到并单击所需的元件。通过滚动元件列表窗内的上下滚动按钮，在元件列表窗口内找到并单击“NPN”元件，如图 2-7 所示。

为了提高操作效率，也可以在如图 2-7 所示的 Filter（元件过滤器）文本盒中输入“NPN”并按 Enter 键，这样元件列表窗口内仅显示元件名称前只含有“NPN”字符串的元件。

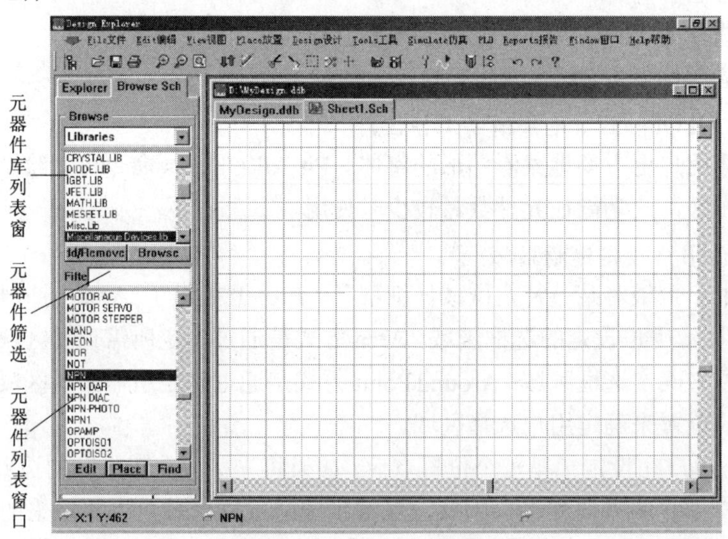

图 2-7　在元器件列表窗内选择目标元件

（4）放置元件：单击元件列表窗口下的“Place”（放置）按钮，将 NPN 三极管的电气图形符号拖到原理图编辑区内。

注意：从元件库中拖出的元件，在单击鼠标左键前，一直处于悬浮状态，元件的位置会随鼠标的移动而移动。移动鼠标，将元件移到编辑区内的指定位置后，单击鼠标左键固定元件，然后再单击鼠标右键或 Esc 键退出放置状态，这样就完成了元件放置操作，如图 2-8 所示。

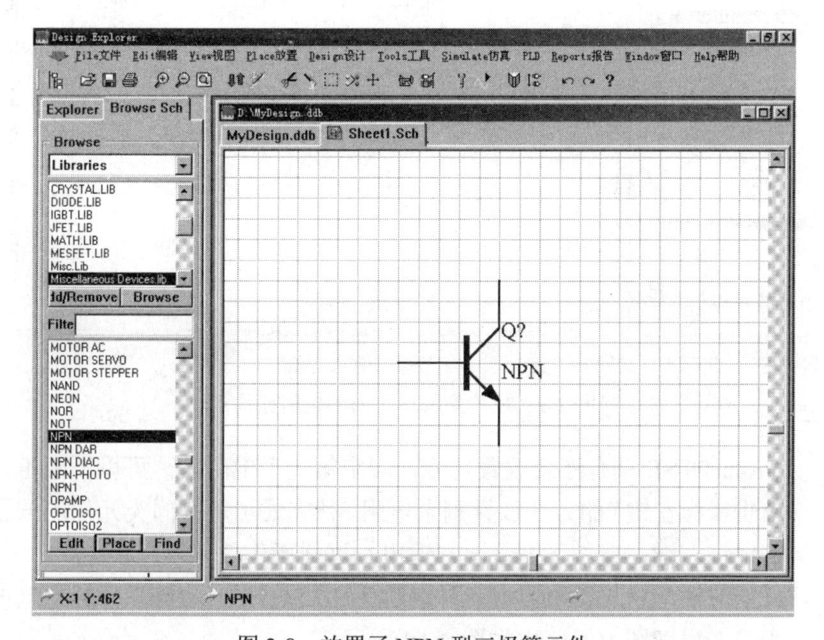

图 2-8 放置了 NPN 型三极管元件

在图 2-8 中，三极管电气图形符号上的“NPN”是元件的型号，“Q？”是元件的序号（这显然不是我们期望的），单击“Place”按钮后，可直接按下 Tab 键，进入元件属性设置对话框进行修改。关于如何修改元件属性，后面将详细介绍。

由于 Protel 99 SCH 原理图编辑器具有连续操作功能，这样完成某一操作后，必须单击鼠标右键或 Esc 键结束目前的操作，返回空闲状态。

放置电阻：滚动元件列表窗口内的上下滚动按钮，在元件列表窗内找到并单击“RES2”元件，然后再单击“Place”按钮，将电阻器的电气图形符号放置到编辑区内，如图 2-9 所示。

在元件未固定前，可以通过下列快捷按钮调整元件的方向。

空格键：每按一次空格键，元件沿逆时针方向旋转 90 度。

X：左右对称翻转。

Y：上下对称翻转。

通过上述按键调整电阻方向，并移到适当位置后，单击鼠标左键固定。

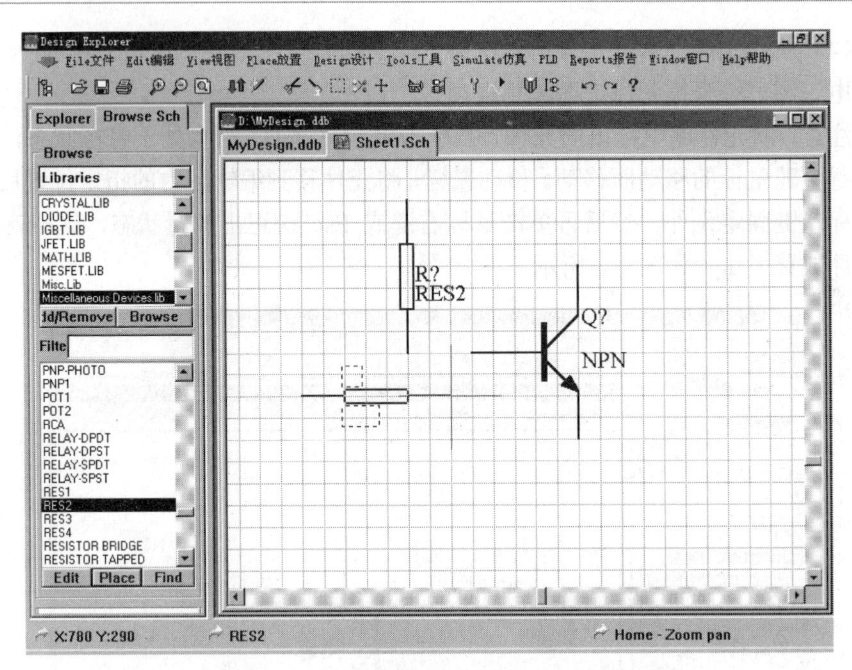

图 2-9　放置到编辑区内的电阻元件

由于 Protel 99 SE 具有连续放置功能，固定第一个电阻后，可以不断重复“移动鼠标→单击鼠标左键”的方法放置剩余电阻，待完成了所有同类元件的放置操作后，再单击鼠标右键（或按下 Esc 键）退出，这样操作效率较高。

按同样的方法，将极性电容（元件名称为 ELECTRO1）等元件的电气图形符号放置、固定在原理图编辑区内如图 2-10 所示。

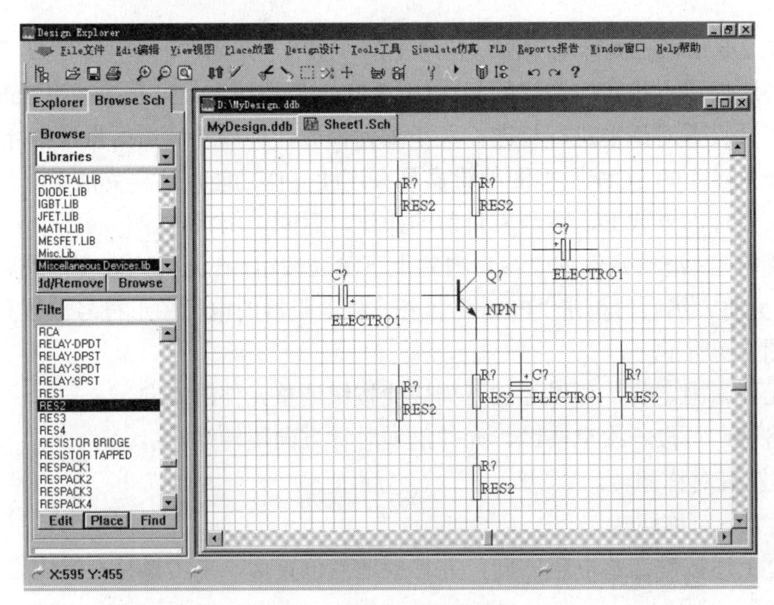

图 2-10　放置完元件的编辑区

可见，放置单个元件的操作过程可以概括为：选择元件（在元件列表窗内，找出并单击所需要的元件）→单击“Place”按钮→按下 Tab 键修改元件序号、型号等参数→移动悬浮元件到编辑区指定位置→单击鼠标左键固定→单击鼠标右键退出放置状态。

连续放置同类元件的操作过程：固定了同类元件中的第一个元件后，不断重复“按 Tab 键进入元件属性设置状态（必要时）→移动鼠标→单击鼠标左键”等操作来放置后续元件，最后单击鼠标右键（或按下 Esc 键）退出元件放置状态。

2）利用菜单命令放置元件

操作步骤如下：

（1）单击【Place】/【Part】菜单命令或依次按下 P 键、P 键，出现如图 2-11 所示对话框。

（2）在 Lib Ref 框中输入打算放入工作面的元件名称，如 Res2；在 Designator 框中输入对应的元件称号，如 12。

（3）此时光标变为十字状，且元件随着光标的移动而移动。用户选择合适位置后，单击鼠标左键将元件放入工作平面。图 2-12 显示了执行上述步骤放置好的电阻元件。

（4）当所有元件都放置到工作平面上后，单击鼠标右键或按 Esc 键退出放置元件命令状态。

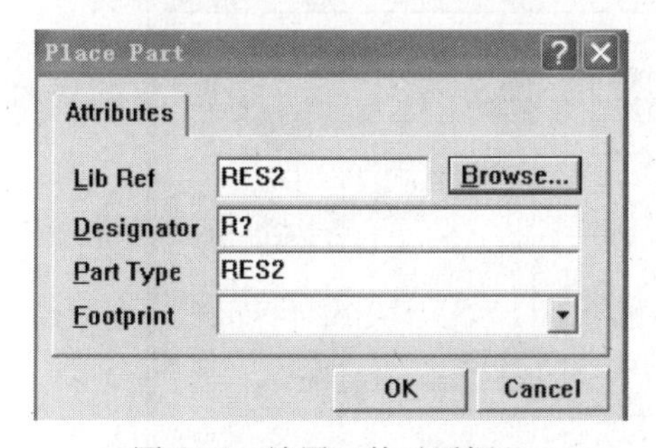

图 2-11　放置元件对话框

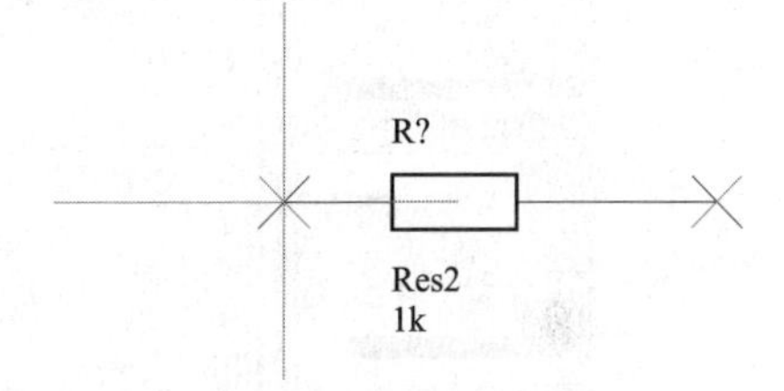

图 2-12　执行菜单命令将元件放到工作平面上

3）利用【Utilities】工具栏放置元件

Protel 提供了绘图工具、常用的数字器件、电源、仿真源，这些元件放置不需要加载元件库。图 2-13 所示为【Utilities】工具栏，可方便用户的使用。

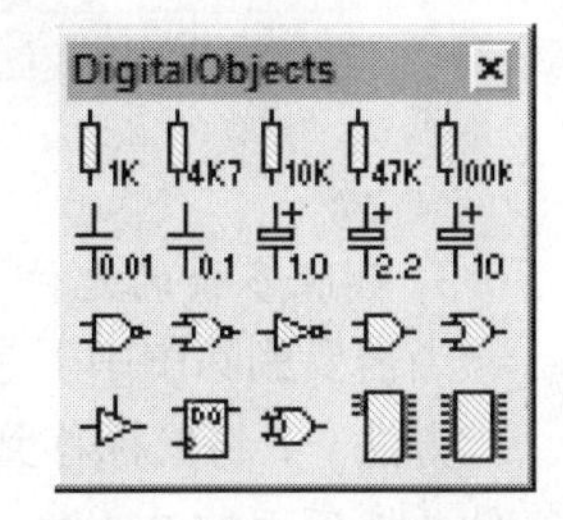

图 2-13　【Utilities】工具栏

4）利用【Wiring】工具

单击【Wiring】工具栏中的 ，弹出如图 2-11 所示的放置元件对话框，其后操作步骤同菜单命令放置元件操作。

2. **调整元件的位置和方向**

如果感到图中元件的位置、方向不合理。可通过如下方式调整。

方法一：将鼠标移到待调整的元件上，单击鼠标左键，选定目标元件，被选定的元件的四周将出现一个虚线框，如图 2-14 所示。再单击鼠标左键，被选定的元件即处于悬浮状态，然后就可通过移动鼠标来调整位置，或通过下列键调整方位：

空格键：每按一次空格键，元件沿逆时针方向旋转 90 度。

X：左右对称翻转。

Y：上下对称翻转。

当元件调整到位后，单击鼠标左键固定即可。

方法二：将鼠标移到目标元件上，按下鼠标左键不放，然后直接通过移动鼠标调整元件位置（或通过空格键、X 键、Y 键来调整元件的方位），当元件调整到位后，松开鼠标左键即可。

注意：为了确保生成网络表文件时元器件之间连接正确，在进行放置、移动元件操作时，必须保证彼此相连的元件引脚端点间距大于或等于 0，即两元件引脚端点可以相连或相离（靠导线连接），但不允许重叠。

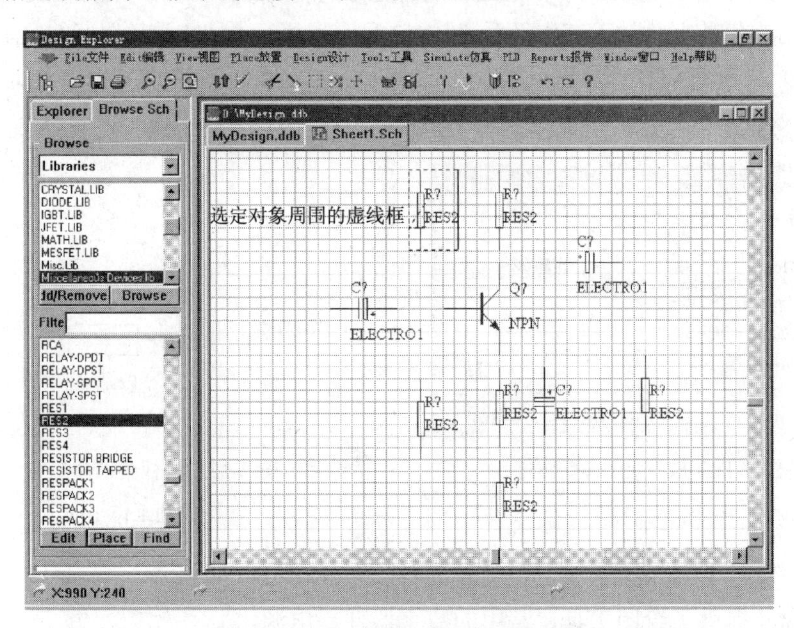

图 2-14　选定对象的周围出现虚线框

3. 删除多余的元件

当需要删除图中多余的某一个或某几个元件时，可通过如下方式实现。

方法一：将鼠标移到需要删除的元件上，单击鼠标左键，选定需要删除的目标元件，然后再按 Del 键。

方法二：执行【Edit】编辑菜单下的【Delete】命令，然后将光标移到待删除的元件上，单击鼠标左键即可迅速删除光标下的元件，然后单击鼠标右键退出删除状态（执行了 Protel 99 SE 中的某一命令后，一般需要通过单击鼠标右键或按 Esc 键退出）。该方法的特点是执行了【Edit】/【Delete】命令后，可通过“移动光标→单击鼠标左键”方式可迅速删除多个元件，操作结束后，再单击鼠标右键退出命令状态。

在删除操作过程中，如果误删除了其中的某一元件，可单击主工具栏中的“恢复”工具（等同于【Edit】菜单下的【Undo】命令）加以恢复。

方法三：当需要删除某一矩形区域内的多个元件时，最好单击“主工具”栏内的“标记”工具，然后将光标移到待删除区的左上角，单击鼠标左键，移动光标到删除区右下角，单击鼠标左键，标记待删除的元件；然后执行【Edit】菜单下的【Clear】命令，或者按快捷键 Ctrl+Del，即可将选中的多个元件删除。

任务三 学习元件的属性编辑

相关知识一 元件的属性编辑

在图中元件图形符号上的“R？”代表什么？它们就是元件序号。在缺省状态下，元件序号用“R？”表示，这显然不是我们期望的，元件属性的编辑可在元件放置过程中进行，也可在元件放置后完成。我们可以通过如下方法修改元件的序号、封装形式、型号（或大小）等属性。

1）在放置元件操作过程中修改

在放置元件的操作过程中，单击“Place”按钮将元件从元件库中拖出后，在没有单击鼠标左键前，元件一直处于悬浮状态，这时按下键盘上的 Tab 键，即可弹出元件属性设置对话框，如图 2-15 所示，其中各栏目含义如下：

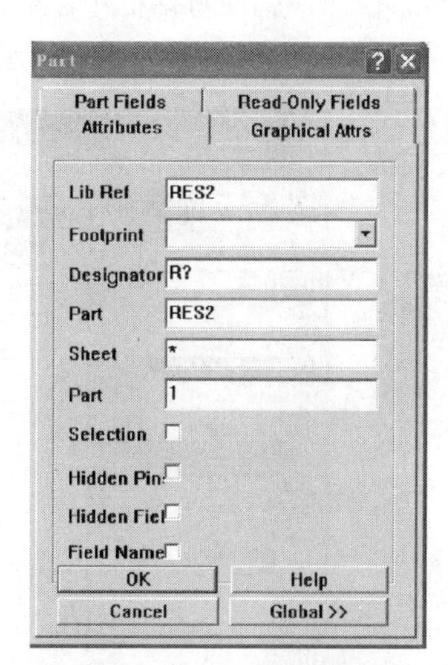

图 2-15 元件属性设置对话框

Lib Ref：元件在数据库文件包中的名称。不用修改，但可以更换为库内的另一元件名。

Footprint：元件封装形式。元件封装形式是印制板设计过程中自动布线操作的依据，因此必须给出，除非不打算设计做印制板，如仅用 Protel 99 SE 原理图编辑器画一张电路原理图。关于元件封装形式的知识，将在后面的学习中再作具体介绍。

Designator：元件序号（有时也称为元件的编号）。缺省时，Protel 99 SE 用“R？”“C？”“Q？”“U？”等表示。

元件序号，即该元件在电路原理图中的顺序号，一般需要给出。在放置元件操作作时，可以立即给出，也可以暂时用缺省的“R？”“C？”“Q？”或“U？”等表示，待整个电路编辑结束后，再逐个修改或让 Protel 99 SE 自动编号。

Part：元件属性设置对话框内的第一个“Part”参数的含义是型号或大小。缺省时，Protel 99 SE 将元件名称作为型号。对于电阻、电容、电感等元件来说，可在该项目栏内输入元件的大小，如 1 k、20 k（电阻值）或 10 μF（电容值）等；对于二极管、三极管、集成电路芯片来说，可以在该项目栏内输入元件的型号，如 1N4148（二极管型号之一）、9013（三极管型号之一）、74LS00（74 系列数字集成电路芯片中的四套 2 输入与非门电路）等。

第二个“Part”的含义是同一封装中的第几套电路。许多集成电路芯片，同一封装内含有多套电路，例如 74LS00 芯片内就含有四套 2 输入与非门电路，这时就需要指定选用其中的第几套电路。

Selection：当选择该项时，固定后的元件自动处于选中状态。

Hidden Pins：当选择该项时，将显示隐含的元件引脚，如集成电路芯片中的电源引脚 VCC 和接地端 GND。当该项处于非选项时，不显示定义为隐藏属性的元件引脚名称及编号。在多数情况下，该项是处于非选项。

Hidden Field：显示元件仿真参数的数值。

Field Name：显示元件仿真参数的名称。

2）激活后修改

将鼠标移到元件上，直接双击也可以弹出如图 2-15 所示的元件属性设置对话框，在元件属性对话框中，重新设定元件编号、型号（或大小）以及封装形式等选项参数后的结果如图 2-16 所示。

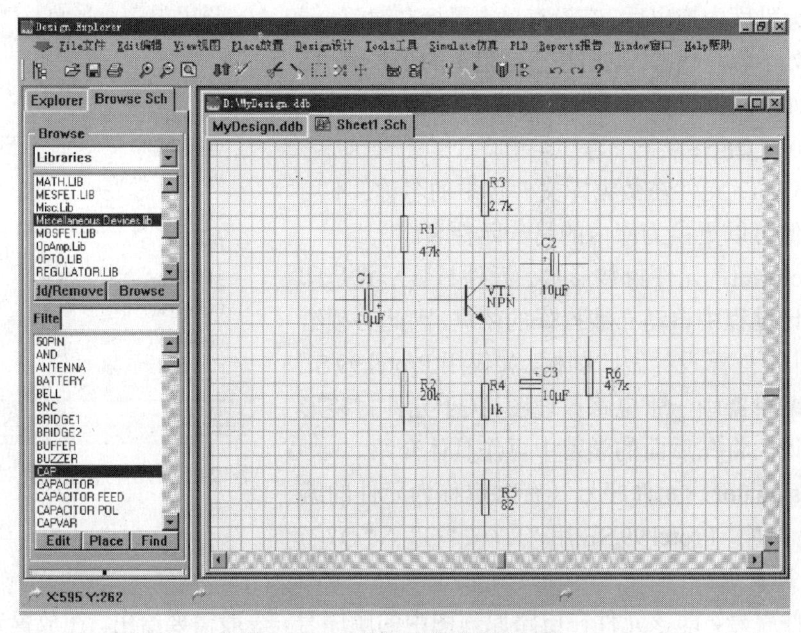

图 2-16 元件属性修改好的结果

3）修改、调整元件编号、型号（大小）

在 Protel 99 SE 中，许多对象（如元件、元件编号、型号等）均具有相同或相似的属性和修改操作方法。例如将鼠标移到 R4 的编号“R4”上，按下左键不放，移动鼠标即可将该编号移到另一位置。在移动过程中，按下空格键还可以旋转编号字符串。

将鼠标移到编号上，双击鼠标左键，还可以调出“编号”的选项属性设置对话框。例如将鼠标移到“R1”编号上，双击鼠标左键即可调出“R1”编号的选项属性设置对话框，如图 2-17 所示。图中各栏目含义如下：

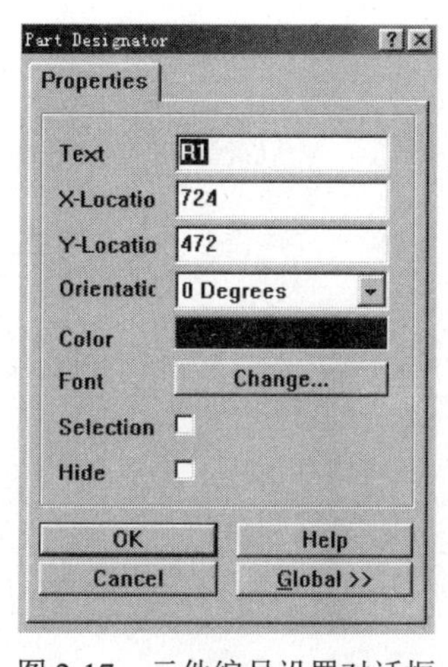

图 2-17 元件编号设置对话框

Text：当前元件的编号。在其框内可输入新的编号，也可以删除，即不输入任何字符。

X-Location：编号在图中位置的 X 轴坐标。

Y-Location：编号在图中位置的 Y 轴坐标。

Orientation：编号中的字符方向（0 表示水平放置，没有旋转；90、180、270 表示旋转了相应的角度）。

Change…：单击该按钮，将调用的字体设置窗口，用于修改编号的字体、字型及字号（即字体大小）。

Color：表示编号字体的颜色，缺省时为蓝色（对应的颜色值为 223）。修改方法与修改图纸底色的操作方法相同。

Hide：隐藏选项。若处于选中时，表示将编号隐藏（注意隐藏与不存在不同）。

Selection：选中选项。

注意：由于元件属性具有继承性（即封装形式、型号、大小等不变，编号自动递增），因此，当原理图中的元器件编号需要人工编号时，强烈推荐在放置元件过程中，按下 Tab 键调出元件属性设置对话框，给出元件编号、封装形式、型号（大小）等参数，这样放置了同类元件的第一个元件后，即可通过“移动鼠标→单击鼠标”方式放置图中剩下的同类元件。在放置后续同类元件时将会发现：元件编号自动递增，如第一个电阻的编号是 R1，再单击鼠标左键放置第二个电阻时，其编号自动设为 R2，省去了每放一个元件前均需按 Tab 键修改元件选项属性的操作，从而提高了效率。

相关知识二 元件的自动编号

当电路中元器件数目较多时，手工编号效率低且容易重复、遗漏或跳号，在编译的时候就容易出错。Protel 提供的自动编号功能，可以彻底避免这种情况。下面以图 2-18 所示稳压电源电路为例，介绍其操作步骤。

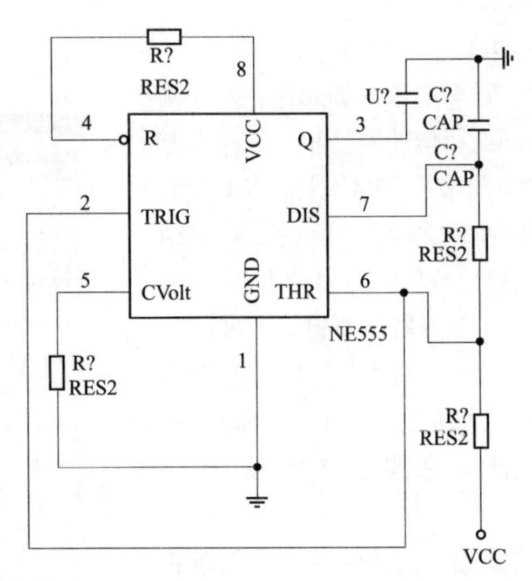

图 2-18　稳压电源电路

单击菜单命令【Tool】/【Annotate】，弹出如图 2-19 所示对话框。

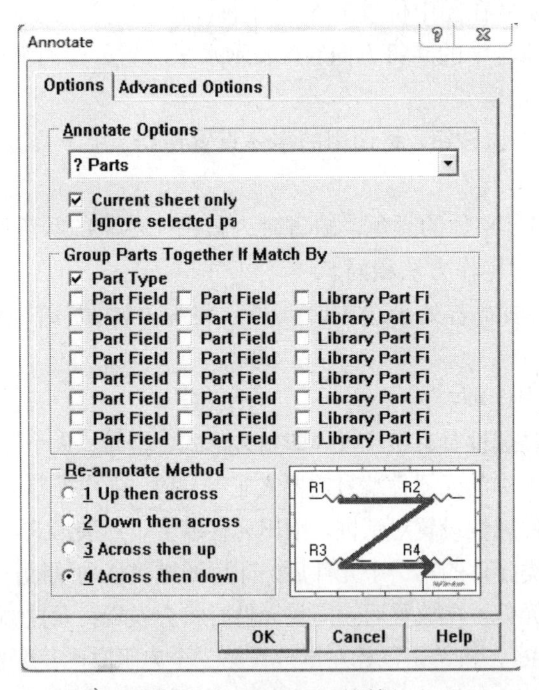

图 2-19　Annotate 对话框

图 2-19 中 Annotate Options 下拉列表框共有三项，其中 All Parts 用于对所有元件进行标注；? Parts 用于对电路中尚未标注的元件进行标注；Reset Designators 则用于取消电路中元件的标注，以便重新标注。Current Sheet Only 复选框设置是否仅修改当前电路中的元件标号；而下文的 Group Parts Together if Match By 用于选择元件分组标注，一般取 Part Type；Re-annotate Method 区设置重新标注的方式。

对于图 2-18 的电路进行重新标注，系统产生元件重新标注的报告表，如图 2-20 所示。经过重新标注，并设置好标称值的电路如图 2-21 所示。

```
MyDesign.ddb | Documents | Sheet1.Sch | Sheet1.REP
Protel Advanced Schematic Annotation Report for 'Sheet1.Sch' 16:27:02 29-May-2013

R?                    => R1
R?                    => R2
R?                    => R3
R?                    => R4
U?                    => U1
C?                    => C1
C?                    => C2
```

图 2-20　重新标注报告表

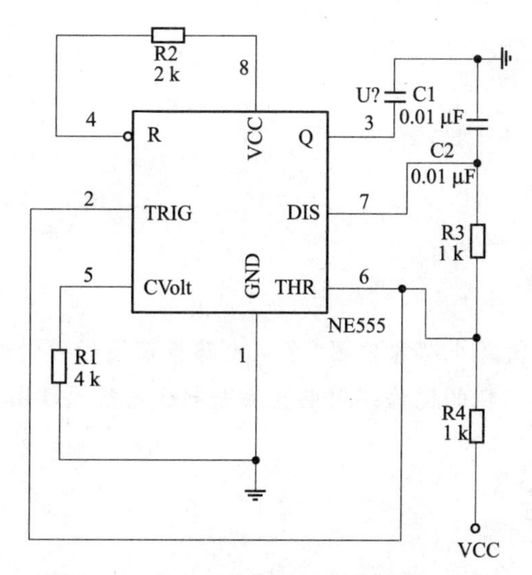

图 2-21　完成自动编号后的稳压电源电路

1. 新建一张电路原理图，设置图纸尺寸为 1 800 mil×1 300 mil，图纸纵向放置，标题栏采用 ANSI 标准。

2. 新建一个项目设计文件和原理图设计文件，保存在 D 盘 evices.ddb（最基本的分立元器件数据库）中的元器件（如电阻、电容、电感、二极管、三极管、电位器等）的电气图形符号。在题 1 新建的原理图中，放置一个 3.2 k 的电阻、10 μF 的电容、1N4001 的二极管、2N2222 的三极管、4 脚连接器。

项目三 绘制单管放大器电路原理图

课题内容

通过绘制单管放大器电路原理图，了解电路原理图的设计流程；掌握原理图对象排列方法和连线工具栏的操作；用电气法则测试电路原理图及报表的生成。

训练任务

项目分析：

1. 绘制如图3-1所示单管放大器的电路原理图。

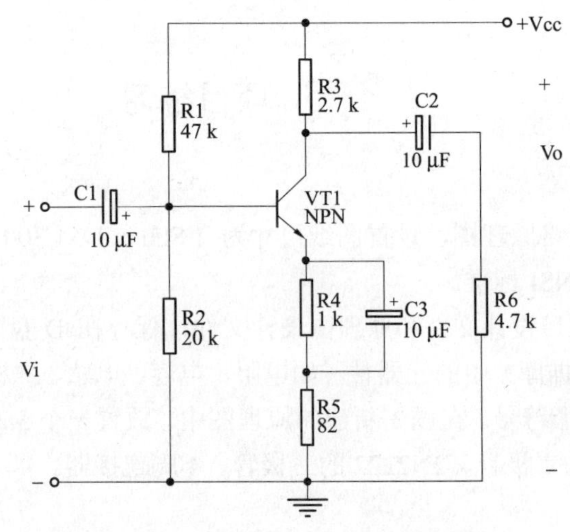

图3-1 单管放大器的电路原理图

2. 掌握绘制单管放大器电路原理图的步骤：

（1）启动 Protel 99 SE，进入电路原理图设计系统，即进入 Protel 99 SE SCH（原理图编辑器）。

（2）设置图纸的大小、规格，设置好电路原理图编辑器的环境参数。

（3）将所需元件从元件库中选择出来，放置到图纸上，并且同时进行设置元件的序号（编号）、参数和元件封装的定义等设置工作。

（4）为了电路图的美观，需要对元件进行修改、对齐、调整位置等操作。

（5）根据电路原理图的需要，放置连线关系（例如:连线、节点、总线、网络标号等），即将各个元件通过具有电气意义的导线、符号连接起来，构成一个完整的电路原理图。

（6）运行电气法则检查（ERC 测试），找出原理图中可能存在的缺陷。

（7）输出各种报表，如网络表、元器件列表等，其中最重要的是网络表。

（8）通过打印机输出电路原理图。

学习目标

1. 学习电气原理图设计的基本步骤。
2. 熟悉原理图对象排列方法和视图操作。
3. 熟悉连线工具栏和绘图工具栏各按钮功能及操作步骤。
4. 掌握电气规则检查方法。
5. 掌握网络表、层次列表等报表的生成。

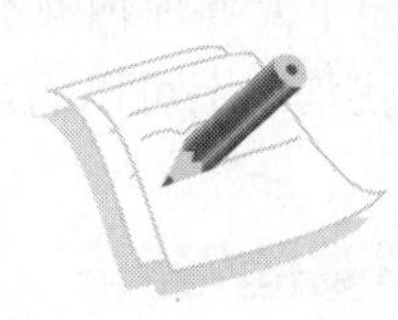

任务一　认识电路原理图绘制流程

相关知识一　电路原理图概念

电路设计的第一步是进行电路原理图设计。电路原理图设计主要是利用 Protel 99 SE SCH（原理图编辑器）来绘制一张正确、精美的电路原理图。在此过程中，要充分利用原理图编辑器所提供的各种绘图工具、元件库以及各种编辑功能来实现原理图的绘制。

所谓“电路原理图”就是指说明电路中各个电子元器件的连接情况的图纸，它不涉及元器件的具体大小、形状，而只关心元器件的类型和相互之间的连接关系；绘制电路原理图的过程，就是将设计思路用标准的电子元器件图形符号在图纸上表达出来的过程。在 CAD（计算机辅助设计）技术用于电路设计之前，人们只能用手工绘制电路原理图，用手工制图时，每一个元器件的图形符号以至每一根线条，都要由人工绘制在图纸上。不难想象，对于一个较为复杂的电路设计项目来说，绘制电路原理图的工作，将是一项多么艰苦繁琐的劳动。

相关知识二 Protel 99 SE 中元器件

在 Protel 99 SE 中，元器件的电气图形符号都存放在 Design Explorer 99\Library\Sch 子目录下的不同数据库（.ddb）文件内。DDB（即 Design Data Book 的简称）实际上是一个数据库文件包。在 DDB 数据库文件包内可能包含一个或多个.lib 元件库文件，例如在仿真测试用元器件的电气图形符号 Sim.ddb 数据库文件包内就包含了 28 个.lib 元件库文件；而分立元件，如电阻、电容、电感、二极管、三极管、电位器等元器件的电气图形符号存放在 Miscellaneous Devices.ddb 数据库文件包中；而集成电路芯片按制造商分类存放在各自公司相应的数据库（.ddb）文件包中，例如 AMD 公司生产的集成电路芯片就分类存放在如下数据库文件包中：

AMD Analog.ddb （AMD 公司模拟元件的电气图形符号库）
AMD Asic.ddb （AMD 公司特殊功能芯片的电气图形符号库）
AMD Converter.ddb （AMD 公司转换器件的电气图形符号）
AMD Interface.ddb （AMD 公司接口器件的电气图形符号库）
AMD Logic.ddb （AMD 公司数字逻辑电路芯片的电气图形符号库）
AMD Memory.ddb （AMD 公司存储器芯片的电气图形符号库）
AMD Miscellaneous.ddb （AMD 公司混合器件的电气图形符号库）

由于每一个数据库文件包都含有许多元件库，而每一个元件库内又有很多元器件，因此，只要选择几个常用的元器件数据库文件包，就基本上可以满足设计的要求，常用的元器件数据库文件包有以下几个：

- Miscellaneous Devices.ddb （最基本的分立元器件数据库）
- Sim.ddb （仿真元器件数据库）
- Protel DOS Schematic Libraries.ddb （DOS 版本的 Protel 公司元件数据库）
- NSC Databooks.ddb（美国国家半导体公司数据手册）

但必须说明，Protel 99 SE 元件库中的电气图形符号并不严格遵守某一特定的标准，甚至同一元件具有两种或两种以上的电气图形符号，原因是可能各大公司使用的电气图形符号并不统一。必要时，可用 Protel 99 SE 提供的原理图元件编辑器（SCH.Lib）进行编辑、修改。

任务二　学习原理图对象的编辑

相关知识一　对象的选取

在 Protel 原理图编辑器中，对象的选取方法较多，常用的有利用菜单命令选取、鼠标选取和鼠标加键盘选取三种选取方法。

图件选取有记忆和标记的功能，可选取单个图件，也可同时选取多个图件，选中的图件周围出现淡蓝色控点。图件选中后可对其进行复制、粘贴、删除和移动等操作。

1. 选取图件参数的设置

执行菜单命令【Tool】/【Preferences】，在弹出的系统参数对话框中，单击【Graphical Editing】标签，如图 3-2 所示。

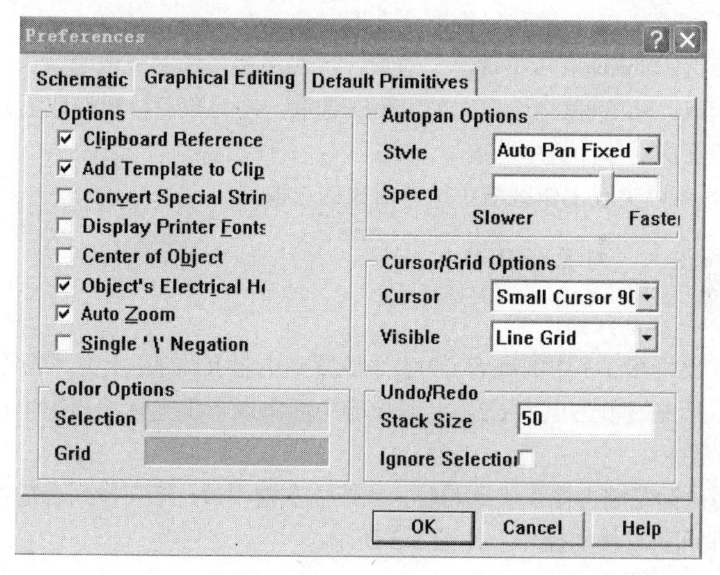

图 3-2　Graphical Editing 标签

2. 利用菜单命令或热键选取

1）逐次选取多个元件

逐次选取多个元件可选择【Edit】/【Toggle Selection】选项，或者依次按下 E 键、N 键。执行操作后，光标变为十字形，移动光标到目标元件，单击鼠标左键，则目标元件周围出现控点外框，即表示被选中。

2）同时选中多个元件

用户需要同时选中一个区域内的多个元件时，可选择【Edit】/【Select】/【Inside Area】选项，或者依次按下 E 键、S 键、I 键。

用户需要同时选中一个区域外的多个元件时，可选择【Edit】/【Select】/【Outside Area】选项。或者依次按下 E 键、S 键、O 键。

注意：在执行【Edit】/【Select】/【Inside Area】和【Edit】/【Select】/【Outside Area】选项选定图形范围的过程中，不能松开鼠标左键。

3）选中整个工作区的元件

选择【Edit】/【Select】/【All】选项，或者依次按下 E 键、S 键、A 键。执行以上操作后，可将图样上所有的元件都选中。

3. 鼠标选取

鼠标选取对象包括两种方式：点选和选取。点选就是单击某一对象，其周围出现控点即表明对象处于选中状态。选取是拖动鼠标选取对象，其操作方法是：将鼠标移动到待选对象左上方，按住左键并拖动鼠标至右下方后松开鼠标，即可选取对象。

4. 鼠标+键盘

在【Tool】/【Preferences】/【Graphical】/【Click Clears Selection】选项处于选中状态时，可通过 Shift 键和鼠标配合选取对象。

对于点选，Shift+鼠标左键单击对象，可实现逐个选取或取消。

对于选取，Shift+鼠标选取对象，可在选取一些对象后，再选取另外的一些对象并能保持前次对象的选中状态。

用 Ctrl+A 可实现工作区域中所有对象的选取。

相关知识二　对象的移动

1. 单个元件的移动

假设需要将图 3-3 中的电容 C2 水平放置到电阻 R1 的正上方，操作如下：

（1）鼠标左键单击电容 C2，此时电容中间出现十字光标，周围出现虚框，表明选定了该目标。

（2）用鼠标左键再次点中此目标，且按住左键不放，将其拖到合适的位置后释放左键，即可完成移动操作，如图 3-3 所示。

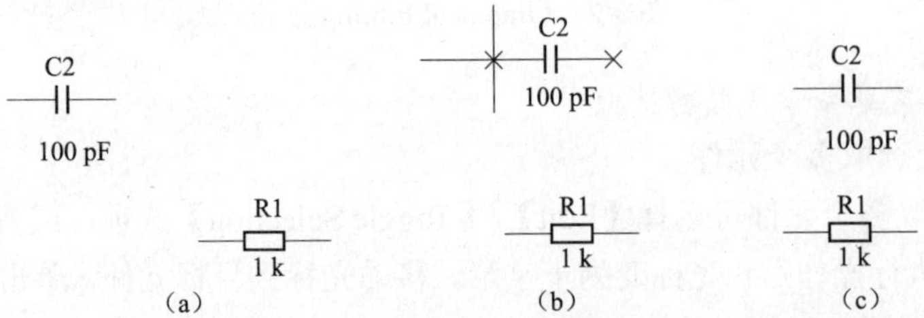

图 3-3　单个元件的移动

（a）元件移动前位置；（b）电容元件在移动中；（c）移动后元件位置

2. 多个元件同时移动

用户选中多个元件后，可用以下方法同时移动所选中的元件组。

(1)用鼠标左键点中被选中的元件组中的任意一个元件不放，将其移动至合适的位置，松开鼠标左键。

(2)选择【Edit】/【Move】/【Move Selection】选项(或依次按E、M、S键)，用十字光标单击被选中的元件组中的任意一个元件，即可将选中的元件组粘贴在光标上而不必按住鼠标左键不放，移动到适当位置后，再次单击鼠标左键把元件组放置好。

(3)选择【Edit】/【Move】/【Drag Selection】选项(或依次按E、M、R键)，此后的操作与第二种方法的后续操作相同。

注意：用第一种方法移动元件组时，在元件组移动的过程中，不可松开鼠标左键。而用后两种方法移动元件组，由于所选的元件组已粘贴到光标处，因此不必按住鼠标左键不放。

相关知识三 对象的删除

1. 每次删除一个元件

(1)选择【Edit】/【Delete】选项，或者依次按下E键、D键。

(2)系统进入“删除文件”工作状态，光标变成十字形。移动光标到要删除的元件上单击鼠标左键，即可从工作平面上将此元件删除。

2. 同时删除多个元件

(1)用“同时选中多个元件”的方法将要删除的所有元件同时选中。

(2)选择【Edit】/【Clear】选项，或依次按下E键、C键，或单击Del键，或同时按下快捷键Ctrl+Del，所有选中的元件将同时被删除。

相关知识四 元件选择的取消

要撤销元件的选中状态，可根据用户的具体情况，选择通过菜单命令取消选中框内的元件、选中框外的元件或所有元件的选中状态，或是单击工具栏中的“撤销功能”按钮取消所有选中状态，或是在工作区空白处单击鼠标左键也可取消对象的选中状态。

通过菜单命令操作的方法有以下三种：

1) 撤销某一区域内的元件的选中状态

操作如下：

(1)选择【Edit】/【Deselect】/【Inside Area】选项，或依次按E、E、I键。

(2)将十字光标移动到需要撤销选中状态的图形区域的左上角，按住鼠标的左键加以确认；拖住光标到要求撤销选中状态的图形区域的右下角，松开鼠标左键，即可将选中状态撤销。

2）撤销某一区域外元件的选中状态

操作如下：

（1）选择【Edit】/【Deselect】/【Outside Area】选项，或依次按下 E、E、O 键。

（2）其余操作同 1）。

3）撤销所有元件的选中状态

操作如下：

选择【Edit】/【Deselect】/【All On Current Document】选项，或依次按下 E、E、A 键，此时图样上所有的淡蓝色控点消失，表明选中状态被撤销。

相关知识五　对象的复制/剪切与粘贴

Protel 2004 的复制/剪切与粘贴操作完全和 Windows 操作相同，在原理图中对象的复制/剪切与粘贴除了菜单命令操作之外，快捷键 Ctrl+C、Ctrl+X、Ctrl +V 同样适用。

1. 对象的复制/剪切与粘贴

（1）利用对象的选取方法，将要复制的对象选中；

（2）执行菜单命令【Edit】/【Copy】(【Cut】)，或依次按下 E、C（E、T）键，或按 Ctrl+C、Ctrl+X。

（3）执行复制/剪切命令后，光标变成十字状，移动光标到所选对象上单击左键或按 Enter 键确定复制/剪切的参考点，完成复制/剪切。

（4）执行菜单命令【Edit】/【Paste】，或依次按下 E、P 键，或按 Ctrl+V。执行粘贴命令后，十字光标上带着复制的对象虚影出现在工作区，将其移动到合适位置后单击左键或按 Enter 键，即可完成粘贴操作。

2. 对象的阵列粘贴

Protel 2004 中的阵列粘贴不仅可以一次粘贴多个对象，而且可以自动修改元器件的编号，在涉及总线、总线分支、网络标号的电路中应用特别广泛。具体操作如下：

（1）选中要进行阵列粘贴的对象。

（2）执行复制命令，将选中的对象复制到粘贴板上。

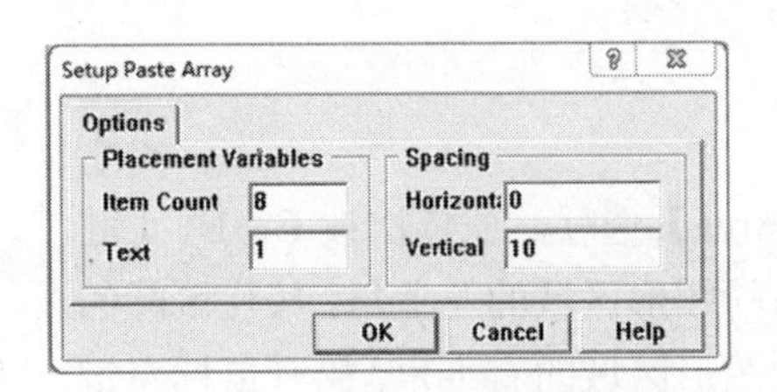

图 3-4　Setup Paste Array 对话框

（3）执行阵列粘贴命令。单击【Utilities】工具栏中的陈列粘贴功能按钮，或执行菜单命令【Edit】/【Paste Array】，或依次按下热键 E、Y，系统弹出如图 3-4 所示的 Setup Paste Array 设置阵列参数对话框。对话框中有两类选项：Placement Variables（放置变量）和 Spacing（间距设置）。用户可在 Placement Variables 选项里设置所要放置的 Item Count（文本阵列数量）和 Text（增量数目）；在 Spacing 选项里设置阵列的 Horizontal（水平）和 Vertical（纵向）间距。

（4）阵列粘贴属性设置完成后单击“OK”按钮，然后将十字光标移动到工作区选定位置单击左键，对象即可放置到鼠标单击处。

例如：用阵列粘贴的方法放置 8 个网络标号和总线分支，操作如图 3-5 所示。

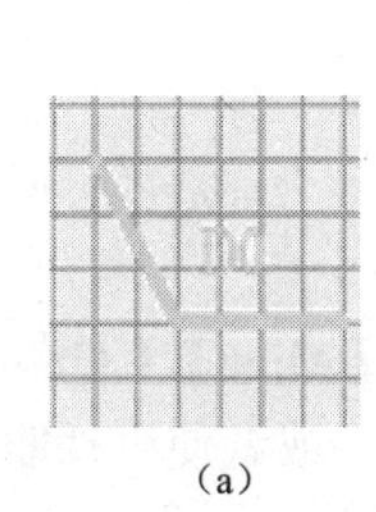

（a）

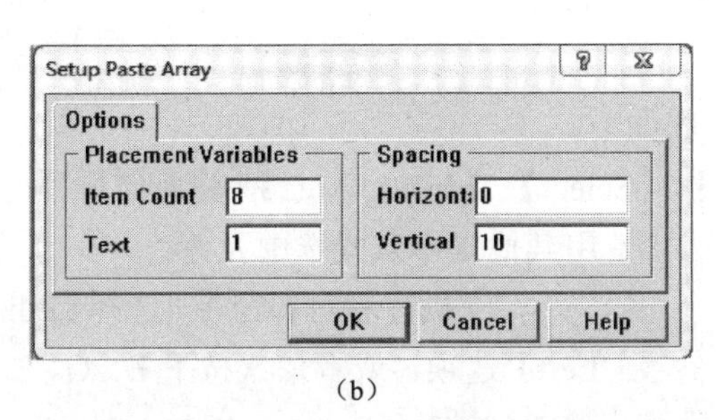

（b）

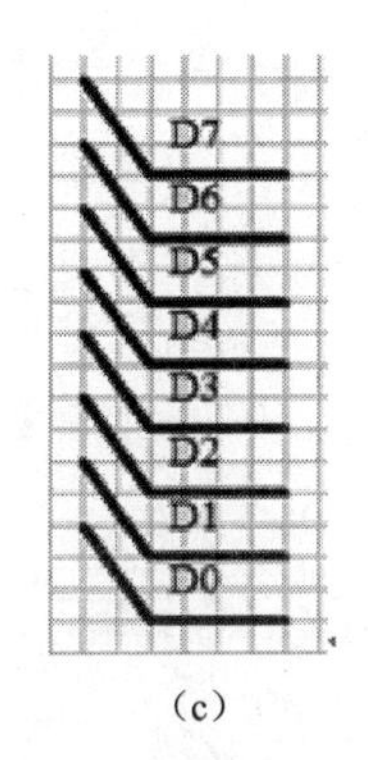

（c）

图 3-5 阵列粘贴放置 8 个网络标号和总线分支

（a）选中复制对象；（b）设置阵列粘贴对话框；（c）放置好后的结果图

注意：此处设置的 Item Count（文本阵列数量）是对象增加的个数，阵列粘贴后的对象数目是 Item Count（文本阵列数量）加 1 个。

相关知识六 对象的旋转和镜像

1. 对象的旋转

为方便布线，有时需对元件进行旋转。如需将某元件作 90° 旋转，可进行以下操作：

（1）选中该元件。

（2）按住鼠标左键不放，同时按下空格键，每按一次元件旋转 90° 。

（3）当元件调整到位后，松开鼠标左键即可。

2. 元件的镜像

如需将某元件作水平或垂直翻转，可进行以下操作：

（1）选中元件。

（2）按住鼠标左键不放，同时按下 X 键或 Y 键，每按一次元件翻转一次（即旋转 180° ）。

（3）当元件调整到位后，松开鼠标左键即可实现元件的水平或垂直镜像。

相关知识七　对象的排列对齐

Protel 提供了多种图形和元件排列的功能，如左、右对齐和水平平铺等。合理利用这些功能，可以方便快捷地实现图形和元件的有序排列。

下面以图3-6所示的几个随意放置的元件为例，简要介绍排列的方法，以及执行这些命令后的结果。

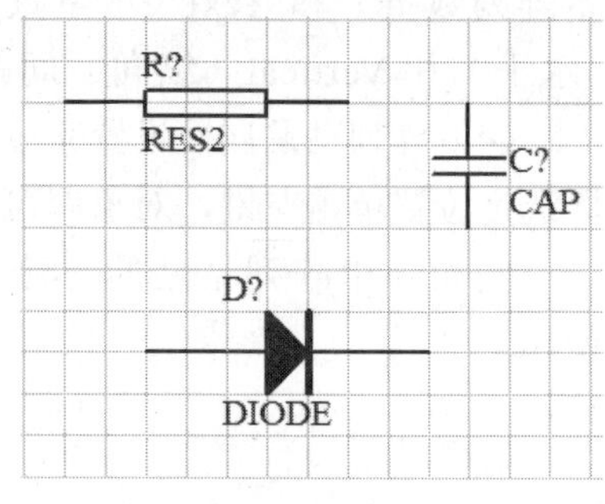

图 3-6　随意放置的元件

1. 左对齐

实现左对齐的步骤如下：

（1）选择【Edit】/【Select】/【Inside Area】，将所需排列的元件全部选中，或用其他操作方式选中元件。

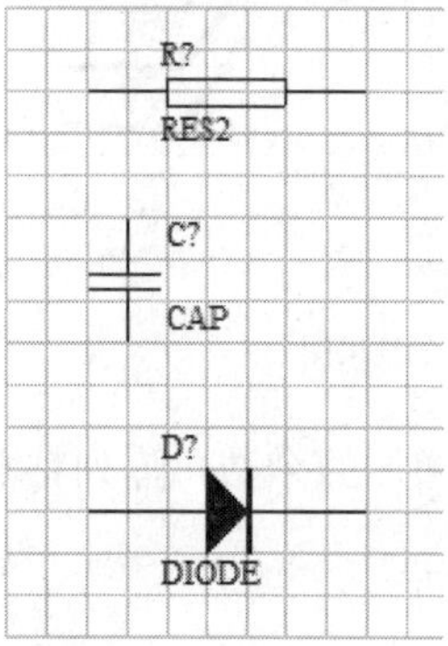

（2）执行左对齐命令，选择【Edit】/【Align】/【Align Left】选项，或者依次按下 E、G、L 键，或者使用功能键 Shift+Ctrl+L。

（3）执行此命令后，图形排列结果如图 3-7 所示。从图中可以看出，原先随意分布的元件的最左边的点处于同一条直线上，并且与原来最左端的图形的左端点对齐。

图 3-7　左对齐排列

注意：此命令相当于将所有图形或元件向最左端移动，因此，如果所选取的图形在水平方向上有重叠后，可能造成元件的重叠，因此，对水平排布的图形需谨慎使用。

2. 右对齐

（1）将所需排列的元件选中。

（2）执行右对齐命令，选择【Edit】/【Align】/【Align Right】选项，或依次按下 E 键、G 键、R 键，或者使用快捷键 Shift+Ctrl+R。

（3）执行此命令后，图形排列如图 3-8 所示。从图中可以看出，原先随意分布的元件向选中范围的右边移动，并且所有元件的最右边的点都排列在同一直线上。

注意：如果所选取的图形在水平方向上有重叠部分，则执行此命令后，将造成元件的重叠。因此，该命令比较适用于垂直排列的图形或元件。

3. 图件按水平中心线对齐

图形与元件按水平中心线对齐，其操作如下：

（1）将所需排列的元件全部选中。

（2）选择【Edit】/【Align】/【Center Horizontal】选项，或者依次按下 E、G、C 键。

（3）执行此命令后，图形排列的结果如图 3-9 所示。从图中可以看出，原先随意分布的元件向选中范围的水平中心线对齐。

注意：如果选取的元件的图形在水平方向上有重叠部分，则执行此命令后，将造成元件的重叠。因此，该命令比较适用于垂直排列的一组图形或元件。

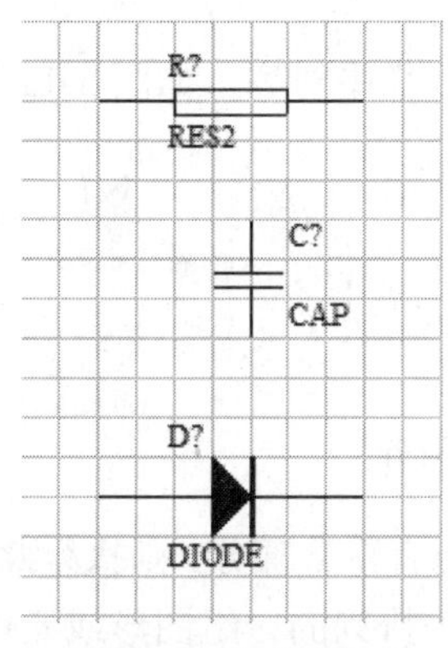

图 3-8 右对齐排列

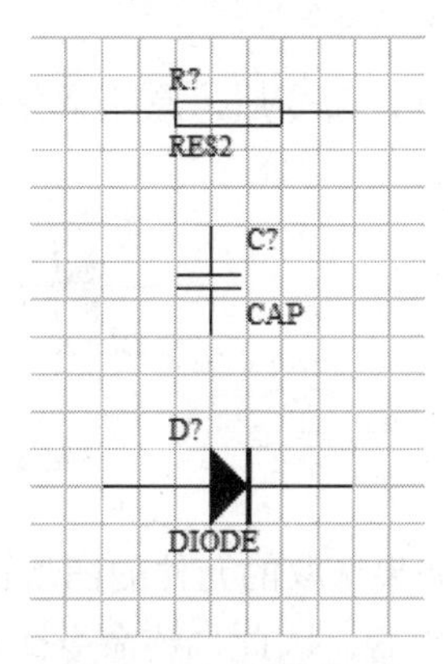

图 3-9 水平中心对齐

4. *图件顶端对齐*

（1）将所需排列的元件选中。

（2）选择【Edit】/【Align】/【Align Top】选项，或依次按 E 键、G 键、T 键，或者使用快捷键 Ctrl +T。

（3）执行此命令后，图形排列的结果如图 3-10 所示。从图中可以看出，原先随意分布的元件以选中范围中最顶端的图形的上边为基准，向上移动使顶端对齐。

注意：如果选取的元件的图形在垂直方向上有重叠部分，则执行此命令后，将造成元件的重叠。因此，该命令比较适用于水平排列的一组图形或元件。

5. *图件底端对齐*

（1）将所需排列的元件全部选中。

（2）选择【Edit】/【Align】/【Align Bottom】选项，或者依次按下 E 键、G 键、B 键，或者使用功能键 Ctrl +B。

（3）执行此命令后，图形排列的结果如图 3-11 所示。从图中可以看出，原来随意分布的元件以选中范围最底端图形的下边为基准，向下移动使底端对齐。

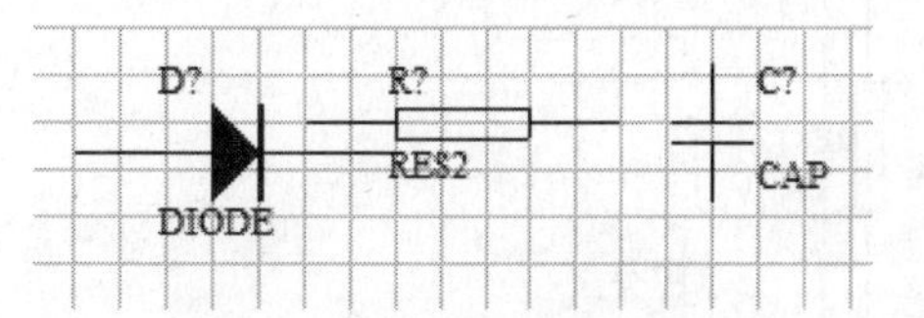

图 3-10 顶端对齐排列

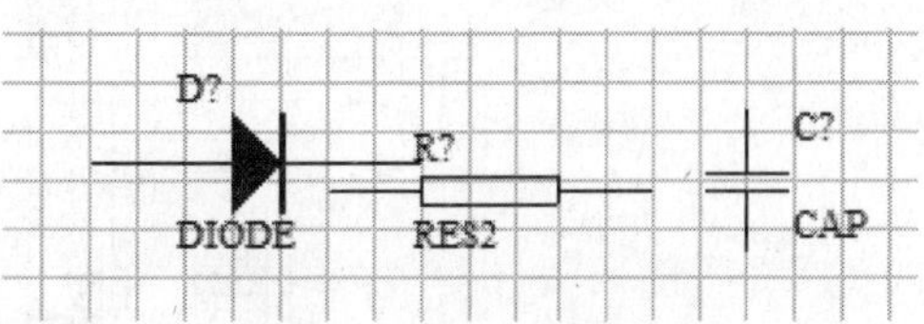

图 3-11 底端对齐排列

注意：如果选取的元件的图形在垂直方向上有重叠部分，则执行此命令后，将造成元件的重叠。因此，该命令比较适用于水平排列的一组图形或元件。

6. 图件垂直靠中对齐

（1）将所需排列的元件全部选中。

（2）选择【Edit】/【Align】/【Center Vertical】选项，或者依次按下 E 键、G 键、V 键。

（3）执行此命令后，原随意分布的元件垂直靠中对齐，如图 3-12 所示。

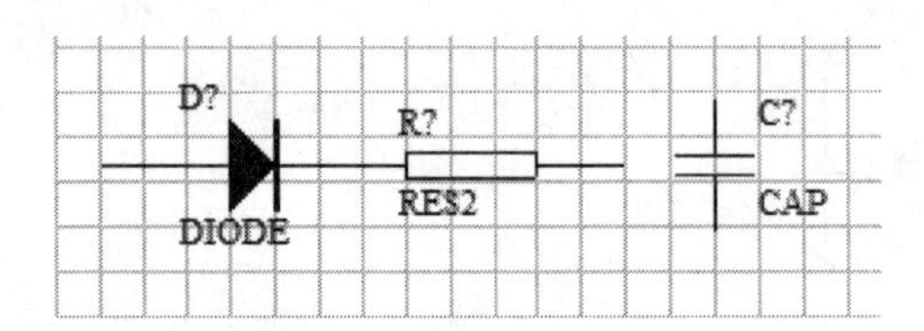

图 3-12 垂直靠中对齐

注意：如果选取的元件的图形在垂直方向上有重叠部分，则执行此命令后，将造成元件的重叠。因此，该命令比较适用于水平排列的一组图形或元件。

7. 图形水平分布

如果要使图 3-13 所示的一组电阻水平均布，操作如下：

（1）将所需排列的元件全部选中。

（2）选择【Edit】/【Align】/【Distribute Horizontally】选项，或者依次按下 E 键、G 键、V 键，或者使用快捷键 Shift+Ctrl+V。

（3）执行此命令后，图形排列的结果如图 3-14 所示。

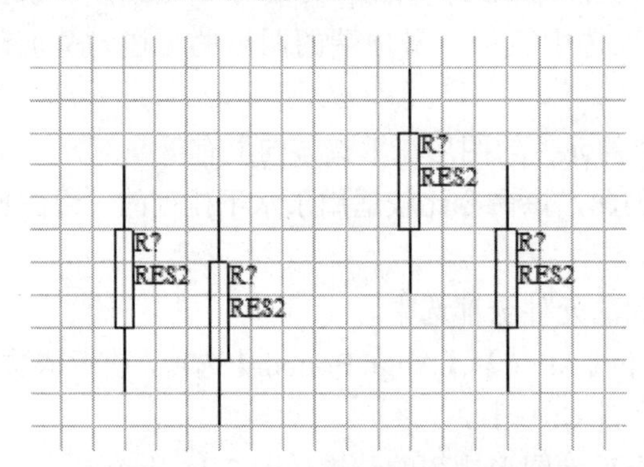

图 3-13 一组随意放置的电阻元件

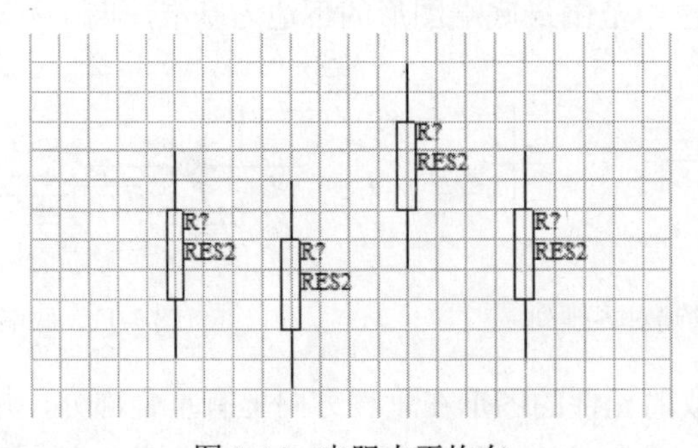

图 3-14 电阻水平均布

8. 图件纵向均布

如果要使图 3-15 所示的一组稳压管纵向平均分布，其操作如下：

（1）将所需排列的元件全部选中。

（2）选择【Edit】/【Align】/【Distribute Vertically】选项，或者依次按下 E 键、G 键、V 键，或者使用快捷键 Shift+Ctrl+V。

（3）执行此命令后，图形排列的结果如图 3-16 所示。

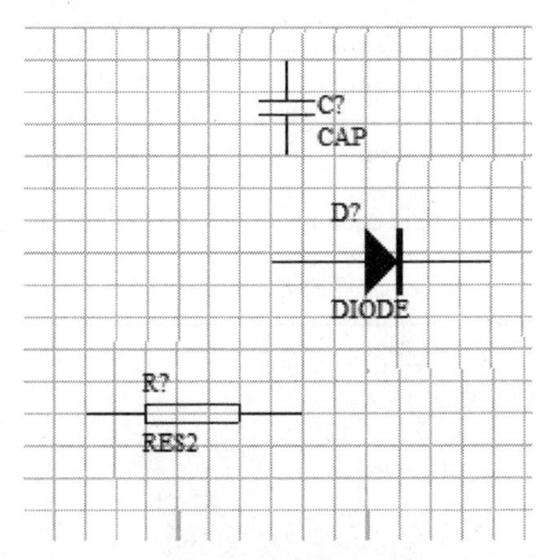

图 3-15 一组随意放置的稳压管

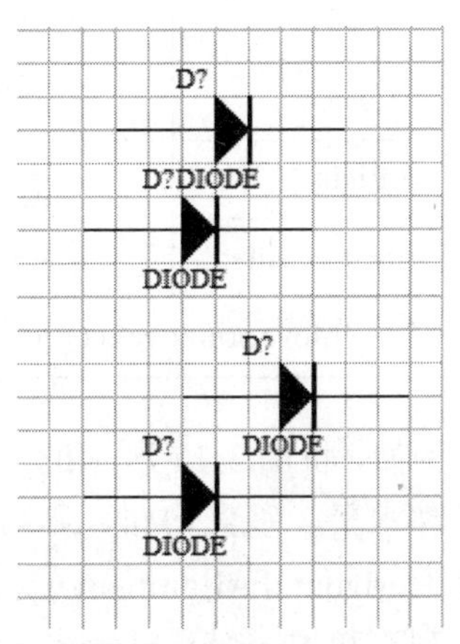

图 3-16　一组稳压管纵向均匀分布

9. 图件同时作两种排列或均布

在编辑原理图的过程中，往往会遇到更复杂的情况，如要将图 3-17 所示的元件水平均布并且底端对齐，需要分别执行两个不同命令。操作如下：

（1）将所需排列的元件全部选中。

（2）选择【Edit】/【Align】/【Align】选项，或者依次按下 E 键、G 键、A 键。

（3）弹出如图 3-18 所示的【Align Objects】对话框。此框中有两大部分选项：Horizontal Alignment 和 Vertical Alignment。各部分选项的定义参见表 3-1。

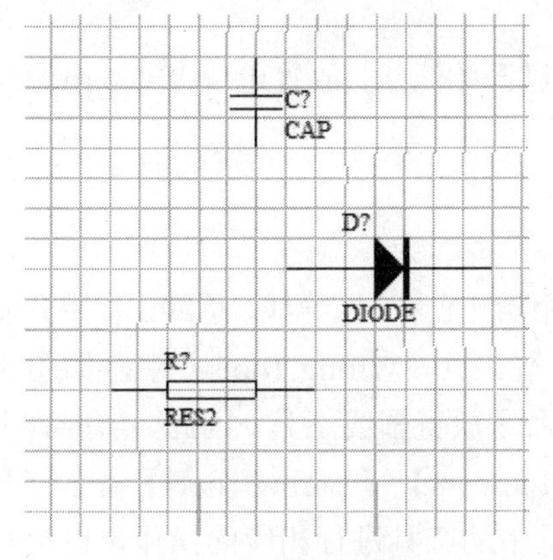

图 3-17　一组随意放置的元件

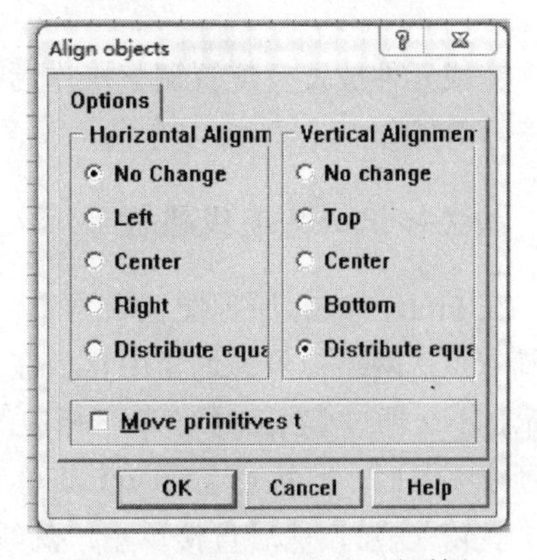

图 3-18　Align Objects 对话框

（4）根据需要设定排列选项对话框，用鼠标左键单击“OK”按钮确认。此时系统将完成设置操作。

表 3-1 Align Objects 对话框各选项定义

Horizontal Alignment（水平排列选项）		Vertical Alignment（垂直排列选项）	
No Change	位置不变	No Change	位置不变
Left	左对齐	Top	顶端对齐
Center	中间对齐	Center	中间对齐
Right	右对齐	Bottom	底部对齐
Distribute equally	水平均布	Distribute equally	垂直均布
Move primitives cogrid		将图件移动到栅格上	

例如，将图 3-17 所示的一组元件水平、垂直均布，则可选择 Horizontal Alignment（水平排列）和 Vertical Alignment（垂直排列）中的 Distribute equally 选项，最终的排列结果如图 3-19 所示。

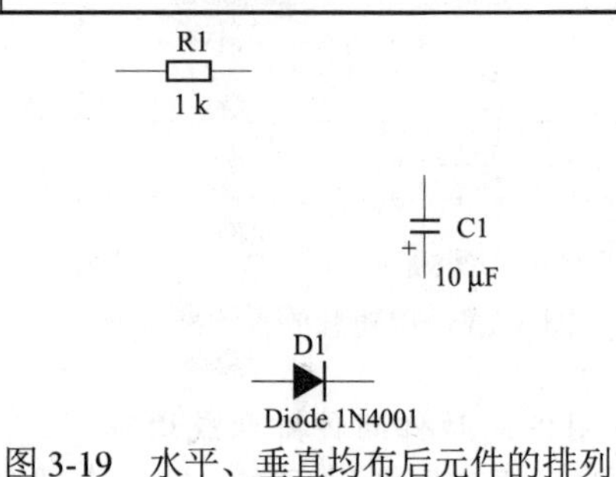

图 3-19 水平、垂直均布后元件的排列

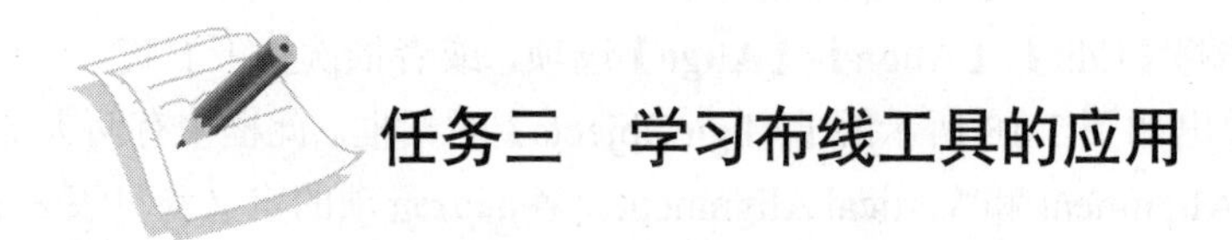

任务三 学习布线工具的应用

完成元件放置及位置调整操作后，就可以开始连线，放置电气节点、电源及接地符号等操作。

相关知识一 连线操作

在 Protel 99 SE 原理图编辑器中，原理图绘制工具，如导线、总线、总线分支、电气节点、网络标号等均集中存放在“画线”工具（Wiring Tools）中，如图 3-20 所示，不必通过【Place】菜单下相应的操作命令放置画线工具。因此，当屏幕上没有画线工具时，可执行【View】菜单下的【Toolbars】/【Wiring Tools】命令打开画线工具窗（栏），然后直接单击“画线”工具中的工具进行相应的操作，以提高原理图的绘制速度。

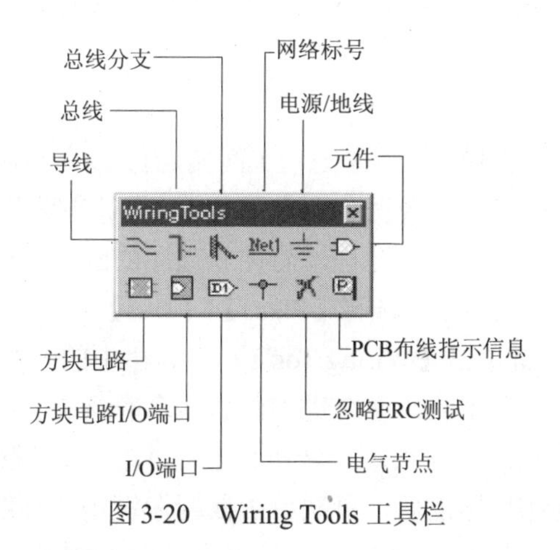

图 3-20 Wiring Tools 工具栏

1. 绘制导线

电路中一个元件引脚要与另一个元件引脚用导线连接起来，将电容 C1 和电阻 R1 连接起来，其操作步骤如下：

（1）选择【Place】/【Wire】选项，或依次按下 P 键、W 键，或者鼠标左键单击【Wiring Tools】工具栏中的 按钮。

（2）此时光标变成“十”字状，系统进入画导线命令状态，将光标移动到电容 C1 需要连接的引脚上，单击鼠标左键，确定导线的起点，如图 3-21（a）所示。

（3）移动光标拖动导线，在转折点处单击鼠标左键，如图 3-21（b）所示。

（4）当到达导线的末端时，再次点击鼠标左键确定导线的终点，如图 3-21（c）所示。一条导线绘制完成后，整条导线的颜色将变为蓝色，如图 3-21（d）所示。

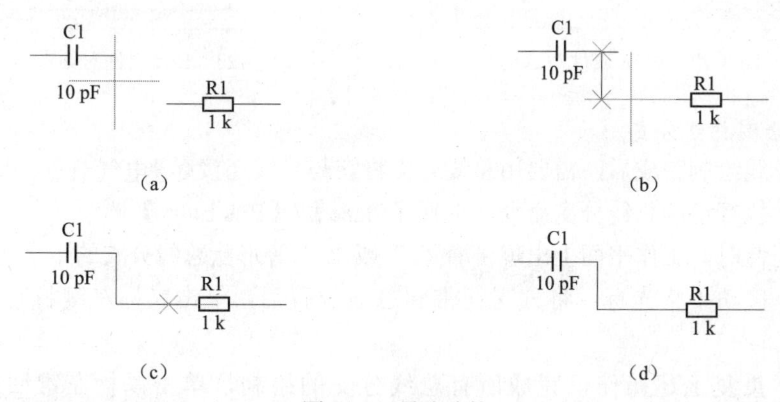

图 3-21 导线连接

（5）画完一条导线后，系统仍然处于画导线命令状态。将光标移动到新的位置后，重复前面 4 步继续绘制其他导线。

（6）如果对某条导线（如导线宽度、颜色等）不满意，用户可用鼠标双击该条导线，此时将出现【Wire】对话框，如图 3-22 所示，用户可以在此对话框中重新设置导线的线宽和颜色。

2. 绘制总线

总线是一种用于多个模块（或子系统）间传送信息的公共通道，通过总线，计算机各组成部分可以进行各种数据和命令的传输。设计电路原理图的过程中，合理地设置总线可缩短绘制原理图的过程，简化原理图的画面，使图样简洁明了。

（1）执行绘制总线的命令。选择【Place】/【Bus】选项（或者依次按下 P 键、B 键），或者用鼠标左键单击【Wiring Tools】工具栏中的按钮。

（2）光标变成“十”字状，系统进入画总线命令状态。

（3）移动光标拖动总线线头，在转折位置单击鼠标左键确定总线转折点的位置。当导线的末端到达目标点后，再次单击鼠标左键确定导线的终点。

（4）单击鼠标右键或按 Esc 键，结束这条导线的绘制过程。双击总线弹出其属性对话框，如图 3-23 所示，可对其进行设置。

（5）画完一条总线后，系统仍然处于画总线命令状态。此时单击鼠标右键或按 Esc 键，光标从“十”字状还原为箭头形。

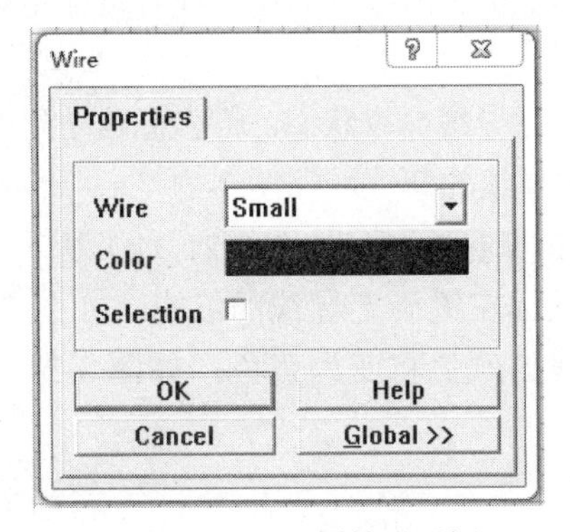

图 3-22 Wire 属性对话框

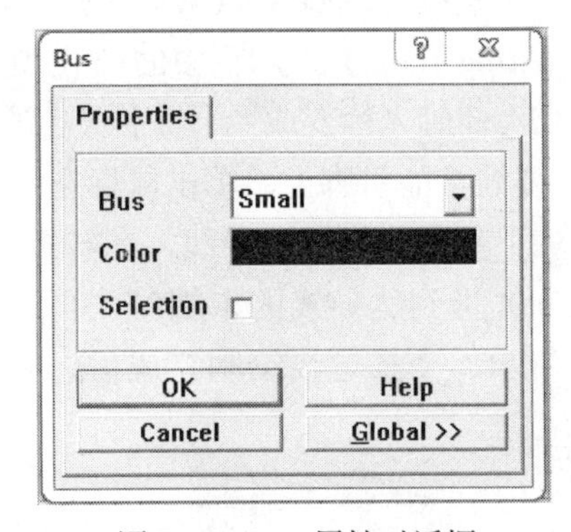

图 3-23 Bus 属性对话框

3. 绘制总线分支

在总线绘制完成后，需要用总线分支将它与导线连接起来。

（1）执行绘制总线分支命令。选择【Place】/【Bus Entry】选项。

（2）此时，工作平面上出现带着“/”或“\”等形状总线分支的十字光标。

（3）移动十字光标，将分支线带到总线位置后，单击鼠标左键将它们粘贴上去。

（4）重复上述操作，完成所有总线分支的绘制，单击鼠标左键回到闲置状态。

（5）放置后，双击总线分支，弹出如图 3-24 所示的属性对话框，设置其颜色、坐标、线宽。

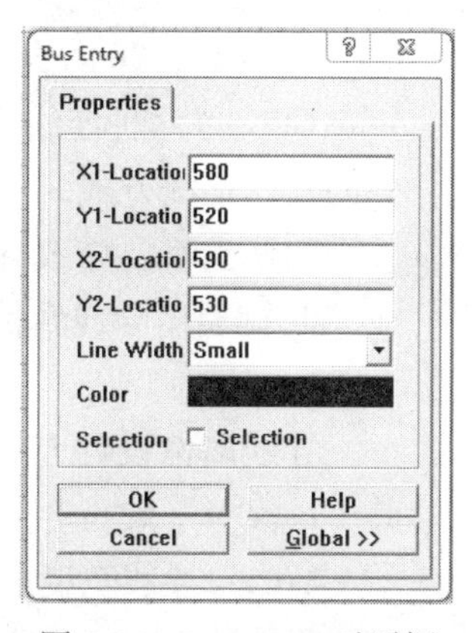

图 3-24　Bus Entry 对话框

做一做：单击画线工具中的导线工具（注意在连线时一定要使用【Wiring Tools】工具中的导线），SCH 原理图编辑器即处于连线状态，将光标移到元件引脚的端点、导线的端点以及电气节点附近时，光标下将出现一个黑圆圈（表示电气节点所在位置），如图 3-25 所示。

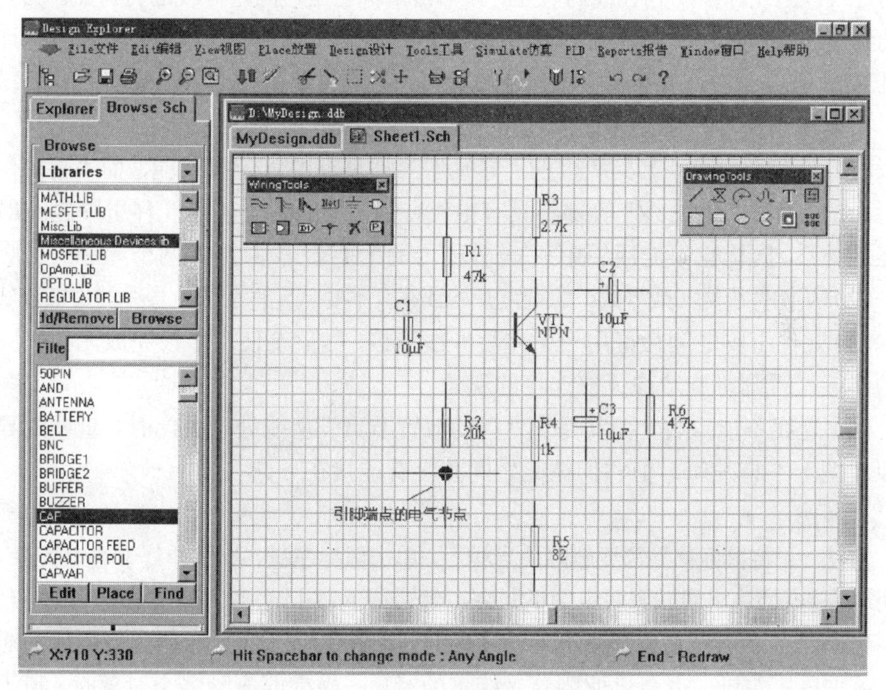

图 3-25　电气节点处光标下出现的黑圆圈

连线过程如下：

（1）单击导线工具。

（2）必要时按下空格键切换连线方式。Protel 99 SE 提供了 Any Angle（任意角度）、45 Degree Start（45 度开始）、45 Degree End（45 度结束）、90 Degree Start

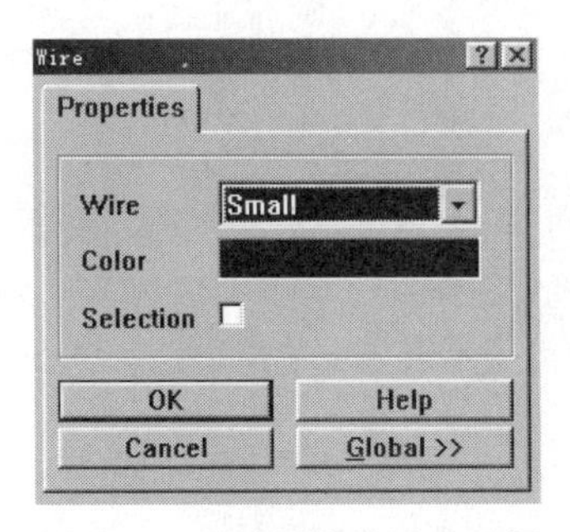

图 3-26　导线属性设置对话框

（90 度开始）、90 Degree End（90 度结束）和 Auto Wire（自动）六种连线方式。一般选择“任意角度”外的任一连线方式。

（3）当需要修改导线属性（宽度、颜色）时，按 Tab 键调出导线属性设置对话窗，如图 3-26 所示。

导线属性设置选项包括导线宽度、导线颜色等，其中：

Wire：导线宽度，缺省时为 Small。SCH 提供了 Smallest、Small、Medium、Large 四种导线宽度。当需要改变导线宽度时，可单击导线宽度列表的下拉按钮，指向并单击相应规格的导线宽度即可。一般情况下，选择 Small（即细线），以便与总线相区别。

Color：导线的颜色，缺省时为蓝色（颜色值为 223）。

（4）将光标移到连线起点，并单击鼠标左键固定；移动光标，即可观察到一条活动的连线，当光标移动到导线拐弯处时，单击鼠标左键，固定导线的转折点；当光标移动到连线终点时，单击鼠标左键，固定导线的终点，再单击鼠标右键结束本次连线（但仍处于连线状态，如果需要退出连线状态，必须再单击鼠标右键或按下 Esc 键）。

在连线操作过程中必须注意几点：

（1）只有“画线”工具栏内的“导线”工具具有电气连接功能，而“画图”工具栏内的“直线”、“曲线”等均不具有电气特性，不能用于表示元件引脚之间的电气连接关系。同样也不能用“画线”工具栏内的“总线”工具连接两个元件的引脚。

（2）从元件引脚（或导线）的端点开始连线，不要从元件引脚、导线的中部连线。

（3）元件引脚之间最好用一条完整导线连接，尽量不使用多段完成元件引脚之间的连接，否则可能造成无法连接的现象。

（4）连线不能重叠，尤其是当“自动放置节点”功能处于关闭时，重叠的导线在原理图上不易发现，但它们彼此之间并没有连接在一起。

4. 删除连线

方法一：将鼠标移到需要删除的导线上，单击鼠标左键，导线即处于选中状态（导线两端、转弯处将出现一个灰色的小方块），然后按下 Del 键，即可删除被选中的导线。

方法二：执行【Edit】菜单下的【Delete】命令后，将光标移到待删除的对象上，单击鼠标左键，也会迅速删除光标下的对象。当需要删除多个对象时，可不断重复“移动光标→指向元件→单击鼠标左键”的操作过程，连续删除多个对象。删除操作结束后，单击鼠标右键，退出命令状态。

相关知识二　放置电气节点

单击“画线”工具中的“放置电气节点”工具，将光标移到“导线与导线”或

“导线与元件引脚”的“T”形或“十”字叉点上，单击鼠标左键即可放置表示导线与导线（包括元件引脚）相连的电气节点，如图 3-27 所示。

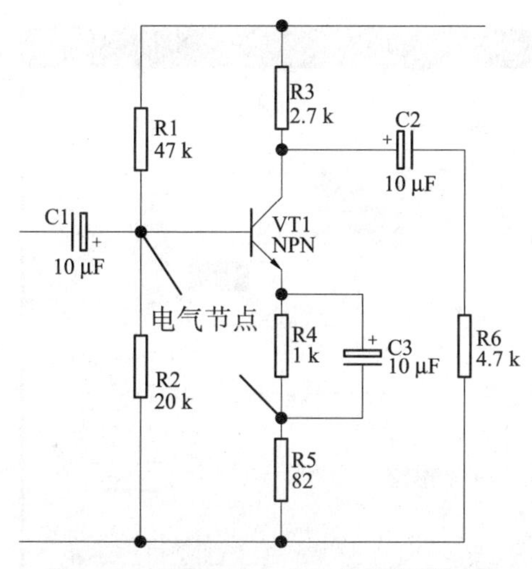

图 3-27　放置了电气节点的电路原理图

在放置电气节点操作过程中，单击“放置电气节点”工具后，必要时也可以按下 Tab 键激活电气节点属性设置对话框，在电气节点选项属性设置窗内，选择节点大小、颜色等。

删除电气节点的方法有：

方法一：将鼠标移到某一电气节点上，单击鼠标左键，选中需要删除的电气节点，再按 Del 键即可。

方法二：执行【Edit】菜单下的【Delete】命令后，将光标移到待删除的对象上，单击鼠标左键，也会迅速删除光标下的对象。

相关知识三　放置网络标号

网络标号对应的物理意义是电气连接点，在电路原理图上具有相同的网络标号的电气连线是连在一起的。它可以起到简化电路连接，使原理图更加美观的作用。因此，网络标号多用于层次式电路或多重式电路的各个模块电路之间的连接，即在两个以上没有相互连接的网络中，把应该连接在一起的电气连接点定义成相同的网络标号，使它们在电气含义上真正属于同一网络。这个功能在绘制印制电路板的布线时十分重要。

设置网络标号的具体步骤如下：

（1）选择【Place】/【Net Label】选项（或依次按下 P 键、N 键），或左键单击【Wiring Tools】工具栏中的 Net 按钮。

（2）光标变成“十”字状，且粘着一个标号在工作区内移动，此标号的长度是按最近一次使用的字符串的长度确定的。接着按下 Tab 键，工作区内将出现如

图 3-28 所示的【Net Label】对话框以定义网络标号的属性，Net Label 中各栏的意义见表 3-2 所列。

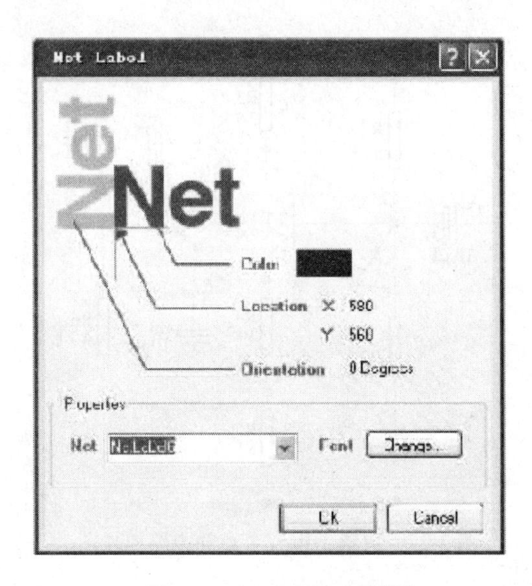

图 3-28 Net Label 对话框

表 3-2 Net Label 对话框

栏名称	意　　义
Net	网络名称定义
Location X	插入点的横坐标
Location Y	插入点的纵坐标
Orientation	网络标号的角度
Color	网络标号的颜色
Font	字体的设置

（3）设定结束后，单击“OK”按钮加以确认。

（4）如果网络标号的角度不满足要求，可在网络标号的命令状态下，按空格键使标号作 90° 旋转。

（5）放置完后，单击鼠标右键或 Esc 键，退出“放置网络标号”命令状态，回到待命状态。

注意：总线、总线分支和网络标号三者通常配合使用。

相关知识四　放置电源和接地符号

利用“画线”工具栏中的、按钮可完成电源和接地符号的绘制；或者利用【Utilities】工具栏，可方便电源和接地符号的绘制。

1. 利用“画线”工具栏绘制电源及接地符号

单击“画线”工具中的“电源/接地”工具，然后按下 Tab 键，调出“电源/接地”符号属性设置对话框，如图 3-29 所示。

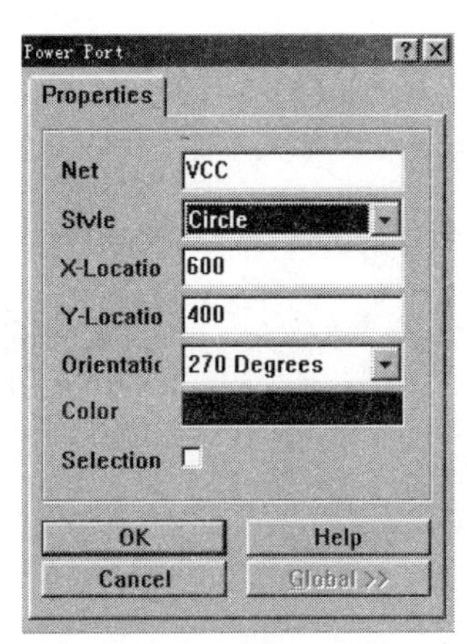

图 3-29　电源/接地符号属性设置对话框

Net：网络标号，缺省时为 VCC 或 GND。在 Protel 99 SE 中，将电源、接地符号视为一个元件，通过电源或接地的网络标号区分，也就是说即使电源、接地符号形状不同，但只要它们的网络标号相同，也认为是彼此相连的电气节点。因此，在放置电源、接地符号时要特别小心，否则电源和接地网络会通过具有相同网络标号的电源和接地符号连在一起而造成短路，或通过具有相同网络标号的电源符号将不同电位的电源网络连接在一起造成短路。

一般情况下，电源的网络标号定义为“VCC”，接地的网络标号定义为“GND”。

Style：在此选项中，选择“电源/接地”符号的形状。Protel 99 SE 的原理图编辑器提供了十余种电源/接地符号，可通过“电源/接地”符号选项属性设置对话框内的“Style”列表框进行选择。

2. 利用【Utilities】工具栏

Protel 提供了【Utilities】工具栏，方便使用。用户可直接用鼠标单击图 3-30 所示的【Utilities】工具栏中放置的电源与接地的各个按钮，选择合适的电源及接地符号。

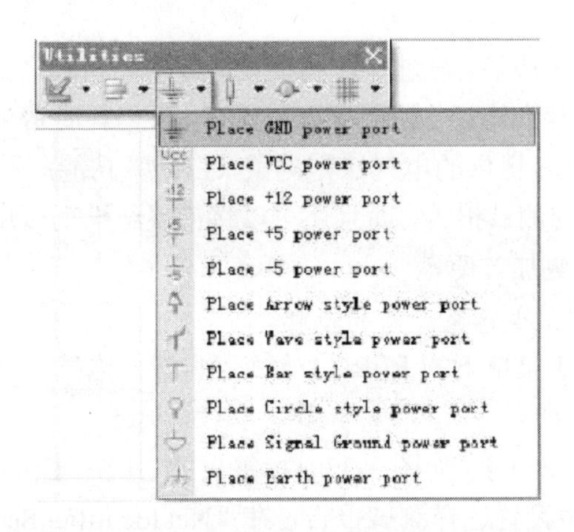

图 3-30　电源接地符号对话框

完成连线并放置“电源/接地”符号后，（图 3-1）单管放大电路的绘制就基本完成了，结果如图 3-31 所示。

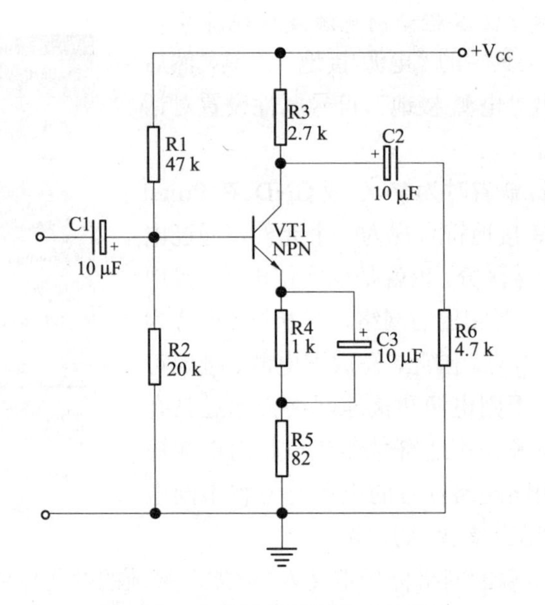

图 3-31　完成原理图编辑后的结果

在原理图编辑的过程中以及结束后，单击主工具栏内的“存盘”工具或“File”（文件）菜单下的【Save】命令将编辑的原理图文件存盘。

任务四　用电气法则测试电路原理图

电路原理图设计完成后，在进行印制板设计或电路仿真之前，应检查一下原理图在电气连接上是否存在错误。如果靠人工检查，不但耗时费工，而且不易查出存在的错误。Protel 99 SE 提供的电气法则测试（ERC）功能，不但能够对设定项目进行检查，生成详细的测试报告，而且还可以将错误结果直接反映在原理图上，非常直观，使修改设计更加方便。

1. 用电气法则测试电路原理图的步骤

（1）执行【Tools】菜单下的【ERC】命令，将弹出电气法则测试对话框，进入设置状态，如图 3-32 所示。

（2）在对话框【Setup】（如图 3-33）标签页的“ERC Options”栏中设置测试项目，“Options”栏中设置选择测试报告，在“Net Identifier Scope”栏中选择网络名称适用范围。

（3）设置了测试“Setup”页中各项目后，单击“OK”按钮，即可进行 ERC 测试并显示检测报告文件（.ERC）的内容。

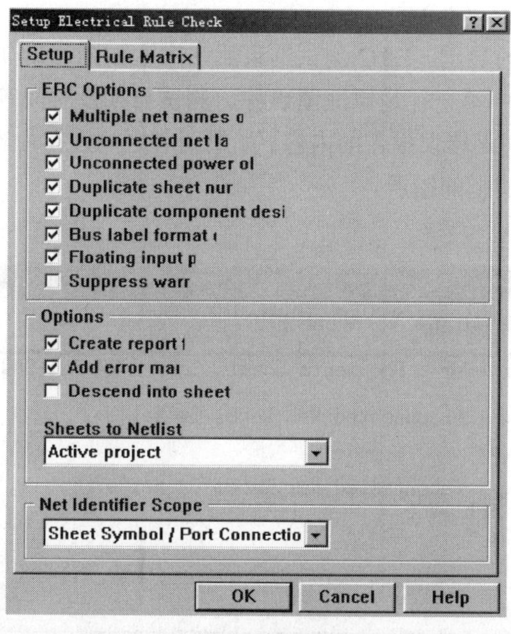

图 3-32　电气法则测试设置对话框

（4）必要时，可在图 3-32 所示的电气法则测试设置对话框中，单击“Rule Matrix”标签，调出如图 3-33 所示窗口，在此可对检查规则作更细致的设置。不过，一般并不需要用户重新设置这些检查规则，因此这里不作详细介绍。

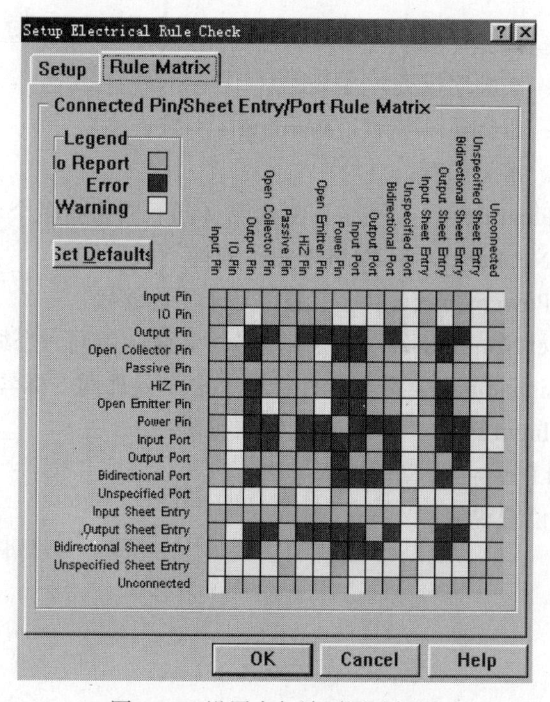

图 3-33　设置电气法则测试规则

2. 测试结果及相关知识

（1）测试结果的显示。ERC 测试结束后，产生如图 3-34 所示 ERC 测试报告文件（*.ERC）。其中第一行是原理图名称、测试日期及时间等信息，最后一行是结束标志，两者之间是错误报告的内容。如果两者之间没有内容，则说明未发现所设定要测试的那些类型的错误。

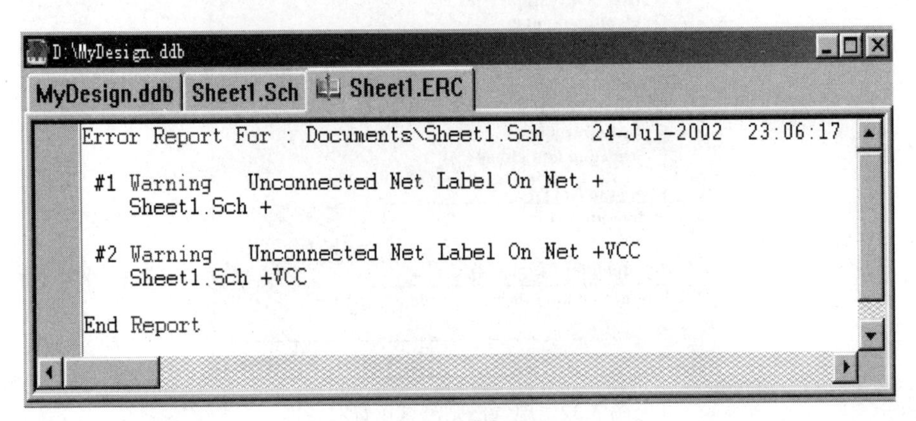

图 3-34 ERC 测试报告文件

（2）错误报告格式及常见错误类型。错误报告内容和格式如下：

#1 Warning Unconnected Net Labels On Net Data [0/15] Test.Sch Data [0/15]

a b c d

其中各部分内容的含义如下：

a 错误序号：按顺序排列。

b 错误级别：Error——错误，Warning——警告。

c 错误类型。常见的有：

Multiple Net Identifiers——网络重复命名（同一网络有多个名称）；

Unconnected Net Labels——网络未实际连接；

Unconnected Power Objects——电源符号未实际连接；

Duplicate Sheet Numbers——电路图重号（多张图用同一个编号）；

Duplicate Designators——重复元件标号（多个元件同一标号）；

Unconnected Input Pin——未连接的输入管脚；

Floating Input Pin——浮动的输入管脚。

d 错误所在位置说明。

任务五　生成网络表与打印原理图

电路原理图设计的最终目的是设计印制电路板。网络表是印制电路板自动布线的灵魂，也是原理图设计与印制电路板设计之间的桥梁，网络表可以直接从原理图转化得到。本任务主要学习网络表的生成和原理图的打印。

相关知识一　生成网络表

1. 网络表的作用和格式

从原理图编辑器中提取的网络表文件是印制电路板设计过程中自动布局、自动布线的依据，同时绘制、编辑电路原理图也是电路性能仿真测试的前提，其主要作用是支持印制电路板设计中的自动布线。

网络表文件格式如下：

[：元件描述开始标志。

R201：元件编号。

AXIAL0.4：封装形式。当电路原理图中没有给出元件的封装形式时，该行不存在。

270：元件参数、型号。

]：元件描述结束标志。

(：网络描述开始标志。

N001：网络名称，即节点编号。

R201-1：与节点相连的元件引脚，例如 R201-1 表示元件编号为 R201 的电阻的第 1 引脚与该节点相连。

……：其他元件引脚（如果还有其他元件的引脚连接到 N001 节点上时）。

)：网络描述结束标志。

由此可见，网络表文件由两大部分组成，其中第一部分记录了原理图中元件的编号、封装形式和参数等元器件的基本信息。每一元件基本信息以“[”开始，以“]”结束。第二部分描述了原理图中各元器件的连接关系，每一节点以“(”开始，以“)”结束。

2. 网络表的生成

在完成了电路原理图的绘制、(ERC）检查后，就可以通过执行“Design”菜单下的“Create Netlist…”命令从原理图中获取网络表文件（.net)，这是获得网络表文件最基本的方法。

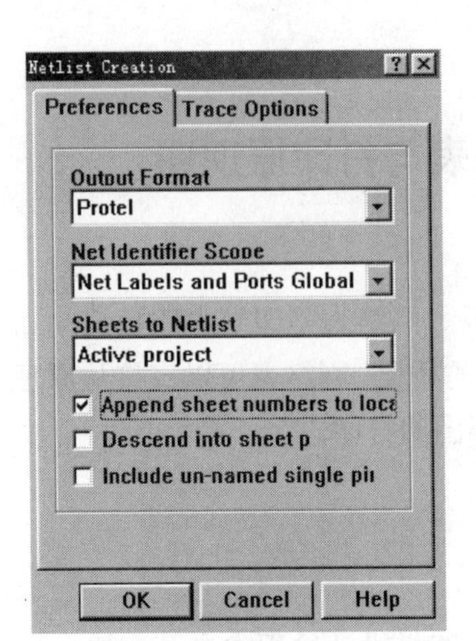

图 3-35 创建网络表文件对话框

下面以如图 3-1 所示的单管放大器电路为例，介绍从电路原理图中获取网络表文件的操作过程：

（1）在原理图编辑状态下执行“Design”菜单下的“Create Netlist...”命令。

（2）在如图 3-35 所示的“Netlist Creation”设置框内，指定网络表文件的输出格式、网络标号作用范围等选项。

设定完毕，按“OK”按钮，即产生网络表文件，网络表文件的扩展名为.net，而文件名与原理图文件名相同（扩展名不同）。网络表文件存放在原理图文件所在的文件夹内。图 3-1 所示的单管放大器电路产生的网络表文件如下：

```
[
C1
RAD0.2
10μF
]
[
C2
RAD0.2
10μF
]
[
C3
RAD0.2
10μF
]
[
R1
AXIAL0.4
47k
]
[
R2
AXIAL0.4
20k
]
[
R3
AXIAL0.4
2.7k
]
[
R4
AXIAL0.4
1k
]
[
R5
AXIAL0.4
82
]
[
R6
AXIAL0.4
4.7k
]
[
VT1
TO-92A
NPN
]
(
GND
R2-1
R5-1
R6-1
)
(
NetR1_1
C1-1
R1-1
R2-2
VT1-1
)
(
NetR1_2
R1-2
R3-2
)
(
NetR4_1
C3-2
R4-1
)
(
NetR6_2
C2-2
R6-2
)
```

相关知识二　生成元器件清单报表

生成元件清单文件（.xls）的目的是为了获得一个设计项目或一张电路图所包含的元件类型、封装形式、数目等，以便采购或进行成本预算。获取元件清单的操作过程如下：

（1）在原理图编辑状态下执行“Reports”菜单下的“Bill of Material”命令，启动元件清单表向导，出现如图 3-36 所示的初始画面，在其中设置生成元件清单表的范围，按“Next”按钮进行下一步。

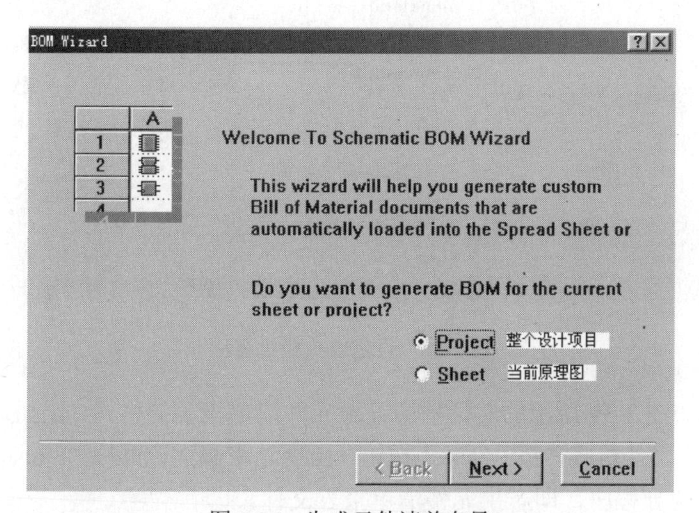

图 3-36　生成元件清单向导

（2）在如图 3-37 所示的对话框中，选择报表内容，一般选定“Footprint”（封装形式）和“Description”（元件说明）栏。按“Next”按钮，进入下一步。

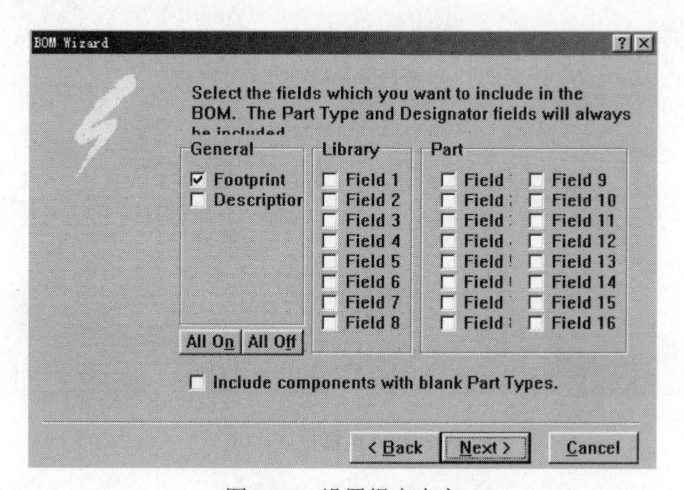

图 3-37　设置报表内容

（3）在如图 3-38 所示的对话框中设定各栏名称，如可将“Footprint”设定为“封装形式”、“Part Type”设定为“参数型号”等，按“Next”按钮，进入下一步。

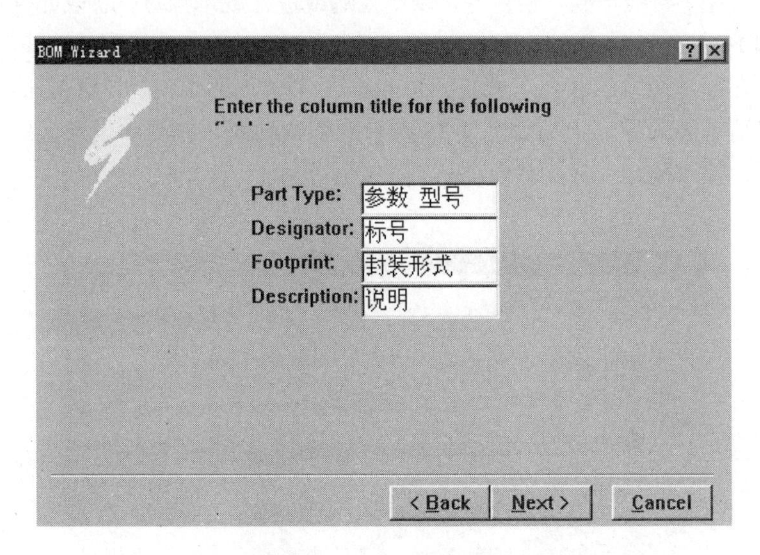

图 3-38 设定表头栏目名称

（4）在如图 3-39 所示的对话框中设定元件清单报表的格式，比如选择“Client Spreadsheet”文件格式，按“Next”按钮，出现结束画面，再按“Finish”按钮，结束元件清单向导程序，即产生元件清单报表文件。

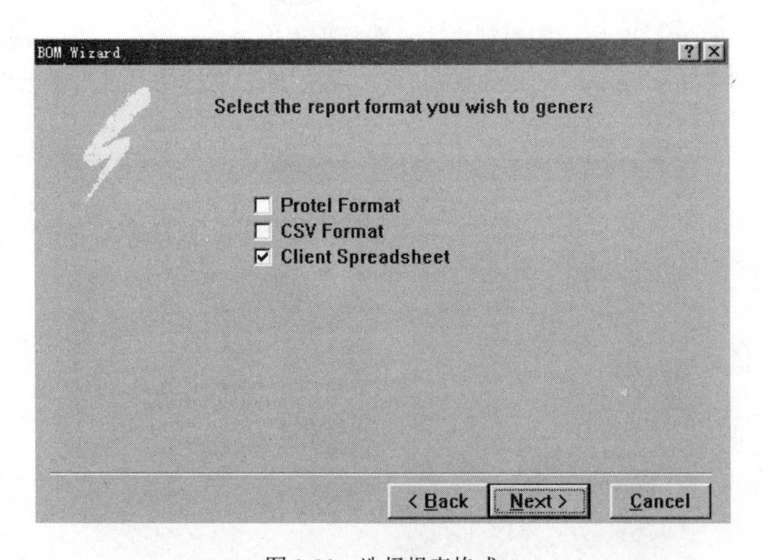

图 3-39 选择报表格式

Protel 99 SE 产生的“Client Spreadsheet（电子表格格式）”元件清单报表如图 3-40 所示。

D:\MyDesign.ddb

MyDesign.ddb　图2-7.XLS

D14

	A	B	C	D
1	参数 型号	标 号	封装形式	说明
2	47K	R1	AXIAL0.4	RES2
3	20K	R2	AXIAL0.4	RES2
4	2.7K	R3	AXIAL0.4	RES2
5	1K	R4	AXIAL0.4	RES2
6	82	R5	AXIAL0.4	RES2
7	4.7K	R6	AXIAL0.4	RES2
8	10u	C1	RAD0.2	Capacitor
9	10u	C2	RAD0.2	Capacitor
10	10u	C3	RAD0.2	Capacitor
11	NPN	VT1	TO-92A	NPN Transistor
12				

Sheet1

图 3-40　产生的 Client Spreadsheet 元件清单表格式

相关知识三　打印电路原理图

电路原理图设计结束后，可通过打印机输出，以便保存。Protel 99 SE 是 Windows 的应用程序之一，支持的打印机与 Protel 99 SE 应用程序无关，只要在 Windows 下安装了相应打印机的驱动程序，即可使用。

1. 打印前的设置

在打印原理图前，根据需要，单击“Design”菜单下的“Options...（选择）”命令，并在文档选项设置窗口内，单击“Sheet Options”（图纸选择）标签，在“Document Options”的文档选择设置窗内，重新设置图纸边框、参考边框、标题栏的状态，以及图纸底色（打印时，最好将图纸底色设为白色，以便获得没有背景的打印件），然后再单击“File”菜单下的“Setup Printer”命令对打印机进行设置，以便获得满意的打印效果。

打印机设置过程如下：

（1）单击“File”菜单下的“Setup Printer”命令。

（2）在如图 3-41 所示的打印机设置对话框内选择打印机类型、颜色模式、打印纸大小、边框等参数后，再单击“Print”按钮，启动打印过程。

（3）打印机属性设置。设置打印机属性时，可以直接单击图 3-41 中的“Properties”按钮，启动打印机属性设置对话框。当然也可以在 Windows95/98 操作系统的“控制面板”窗口内单击“打印机”图标或在“我的电脑”窗口内双击“打印机”图标，启动打印机属性设置对话框，如图 3-42 所示。

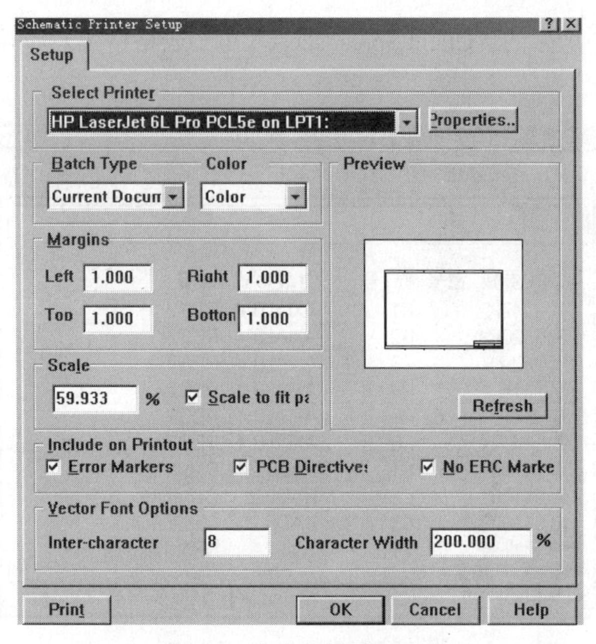

图 3-41　打印机设置对话框

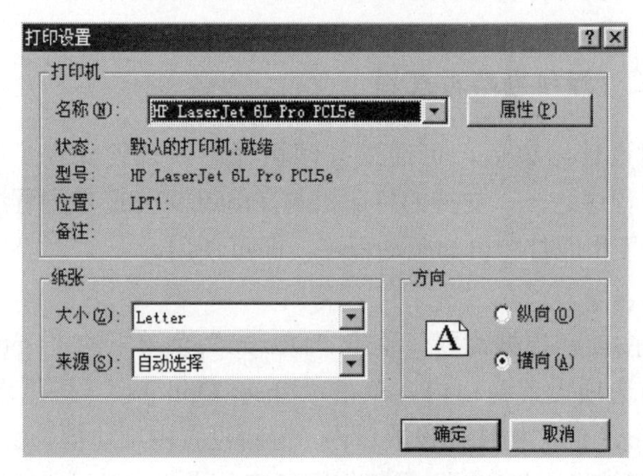

图 3-42　打印机属性设置

设置打印机属性后，单击“确定”按钮，返回到如图 3-42 所示的窗口，将会发现打印比例明显提高。

2. 打印

设置了打印机属性和打印参数后，即可按如下步骤打印原理图：

（1）如果打印机电源没有打开，则先打开打印机电源，装上打印纸，等待片刻。

（2）当打印机准备就绪后，单击图 3-41 中的“Print”按钮，启动打印过程。或单击“OK”按钮，返回到编辑原理图状态，需要打印时直接单击主工具栏内的“打印”工具（或“File”菜单下的【Print】命令）开始打印。

项目练习

1. 绘制图 3-43 所示稳压电源电路，将电路图中所有电阻标号改为六号字。

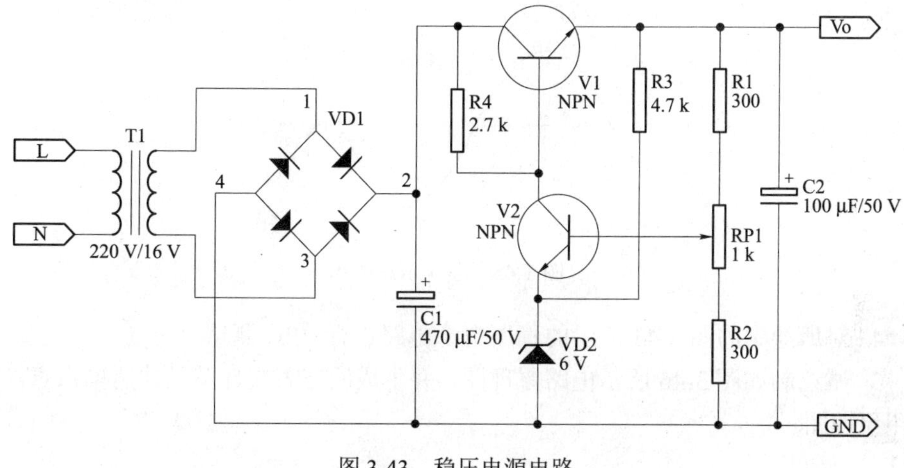

图 3-43　稳压电源电路

2. 熟悉总线、总线分支、网络标号工具的使用（完成如图 3-44 所示电路图）。

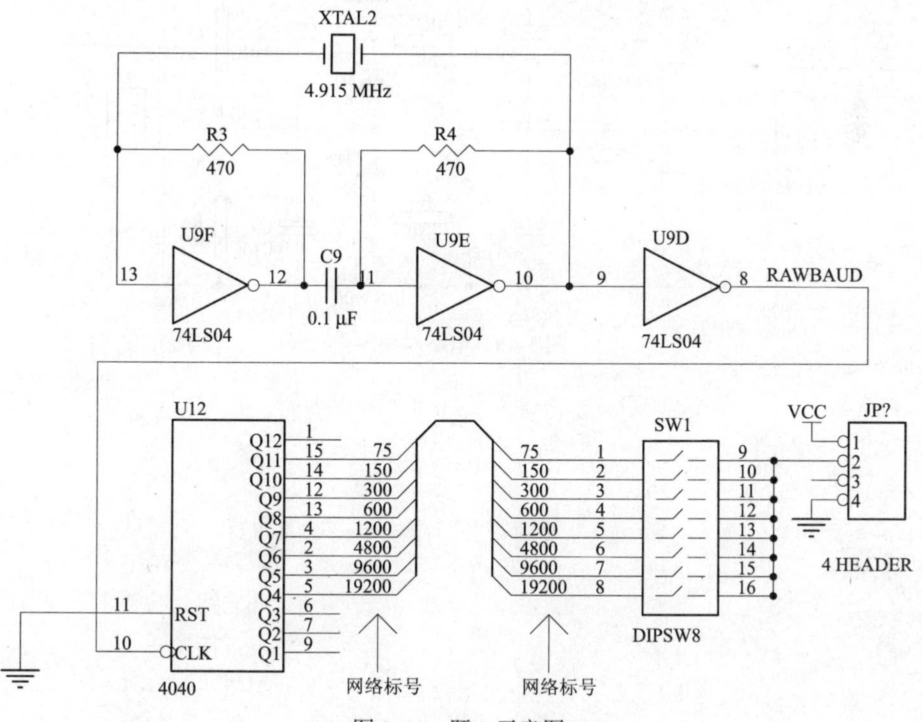

图 3-44　题 2 示意图

3. 利用画图工具为图 3-45 添加说明性图形和文字。

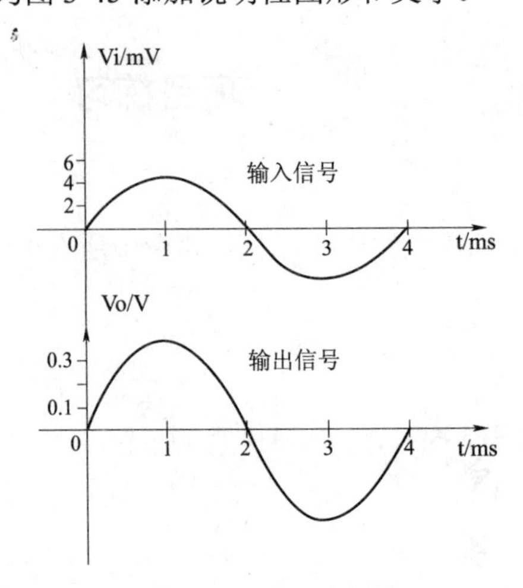

图 3-45 题 3 示意图

4. 对所绘制的图 3-43 所示的稳压电源电路进行 ERC 测试。

5. 试绘制如图 3-46 所示电路原理图，并生成网络表文件及元件清单报表，并打印原理图。

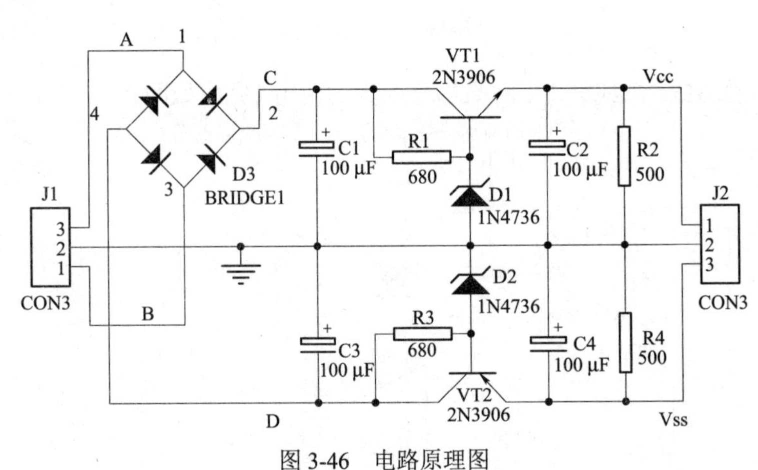

图 3-46 电路原理图

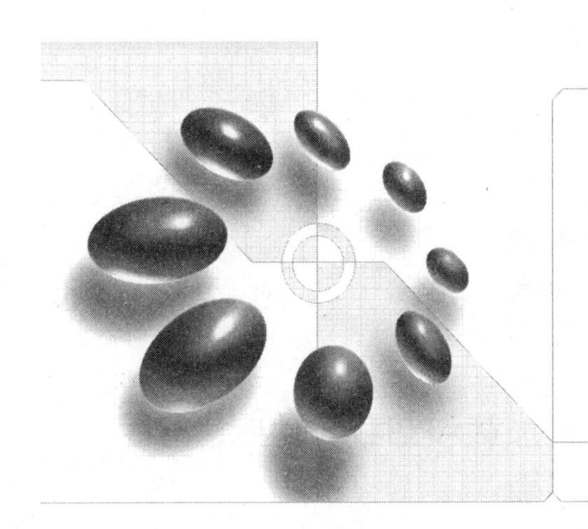

项目四
LED 显示电路的绘制

课题内容

通过一个LED显示电路的绘制来学习如何加载和卸载元件库，以及如何编辑、创建原理图元件。

训练任务

1. 绘制 74HC164 驱动的 LED 显示电路，如图 4-1 所示。

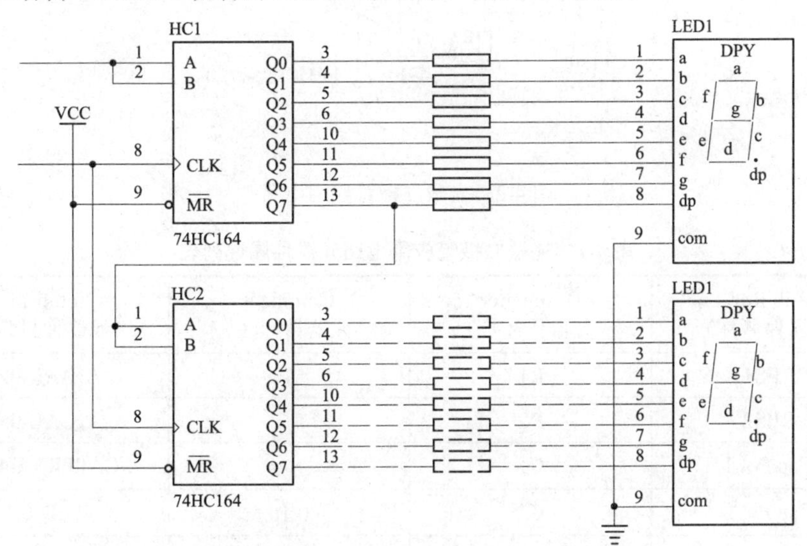

图 4-1　74HC164 驱动的 LED 显示电路设计（共阴）

2. 掌握绘制 74HC164 驱动的 LED 显示电路原理图的步骤。
3. 学会编辑、创建原理图元件。

学习目标

1. 掌握元件库的加载和卸载。
2. 会对库中元器件的图形符号进行修改。
3. 会创建新的原理图元器件的图形符号。

任务一 加载和卸载元件库

相关知识一 认识 Protel 99 SE 中的元件库

绘制如图 4-2 的光敏二极管应用电路。电路一般由各种元器件构成，该软件的常用元器件均是现成的，它们都放在元件库中，如表 4-1 所列，若用户需要可直接调用。

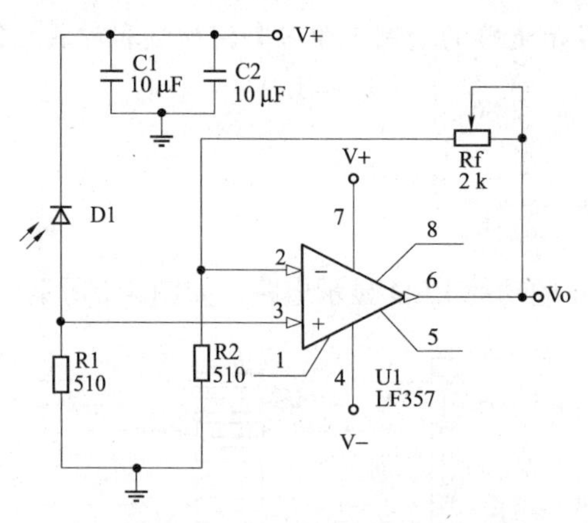

图 4-2 光敏二极管应用电路

表 4-1 光敏二极管应用电路元器件属性列表

Lib Ref （元器件名称）	Designator （元器件标号）	Comment （元器件标注）	Footprint （元器件封装）
RES1	R1	510	AXIAL-0.4
RES2	R2	510	AXIAL-0.4
Cap Pol 1	C1	10μ	CAPPR1.5-4x5
Cap Pol 2	C2	0.1μ	RAD-0.1
LF357H	U1	LF357	DIP-8

续表

Lib Ref（元器件名称）	Designator（元器件标号）	Comment（元器件标注）	Footprint（元器件封装）
Photo Sen	D1		PIN2
Rpot	Rf	2k	VR4
U1 在 C:/Program Files/Altium2004 SP2/Library/Motor ola/Motorola Amplifier Operational Amplifier. IntLib 中			
其余元器件在 C:/Program Files/Altium2004 SP2/Library/Miscellaneous Devices.IntLib			

集成库概念

1）元器件的电气符号和封装（如图 4-3 所示）

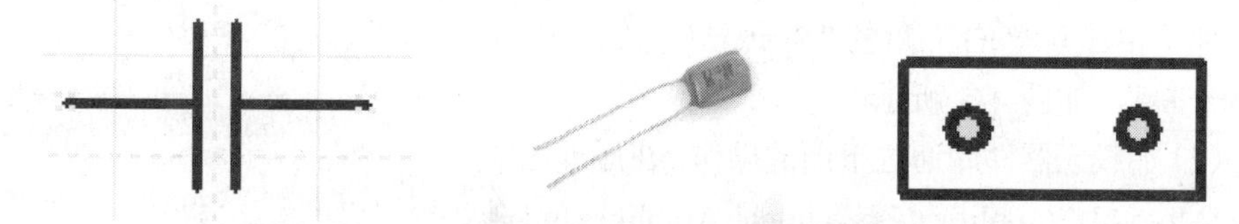

图 4-3　元器件的电气符号和封装

2）集成库概念

集成库文件的扩展名是. IntLib，如图 4-4 所示。

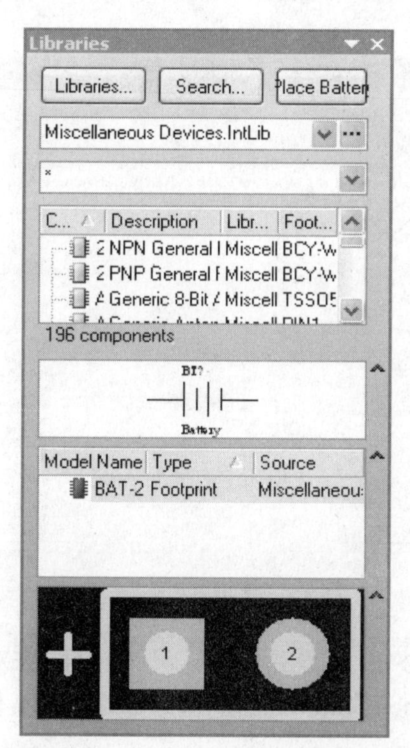

图 4-4　元器件库 Miscellaneous Devices. IntLib 中的电池的电气符号和参考封装

3）常用元器件库介绍

（1）常用电气元件杂项库 Miscellaneous Devices. IntLib 中包含了一般常用的分立元器件符号。

（2）常用接插件杂项库 Miscellaneous Connectors.IntLib 中包含了一般常用的接插件符号。它们放在 Protel 2004 安装目录下的“library”目录中。设计原理图之前要进行元件库的加载。

相关知识二　元件库的加载与卸载

1. 元件库的加载

1）通过元器件库“Libraries”面板进行加载

（1）打开元器件库“Libraries”面板。在原理图文件中单击屏幕右下角的“System”标签→选择“Libraries”，如图 4-5 所示。

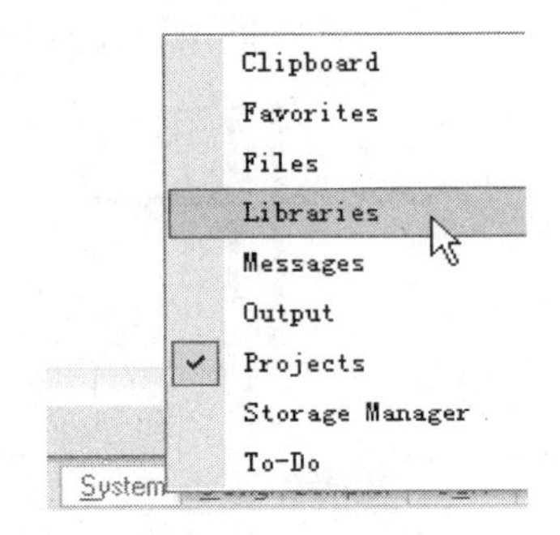

图 4-5　加载步骤

（2）加载元器件库通过下面的操作，在原理图中加载 Motorola Amplifier Operational Amplifier.IntLib 元器件。

（3）选择“Installed”标签，此时在“Installed Libraries”列表中显示系统默认加载的两个元器件库名，如图 4-6 所示。

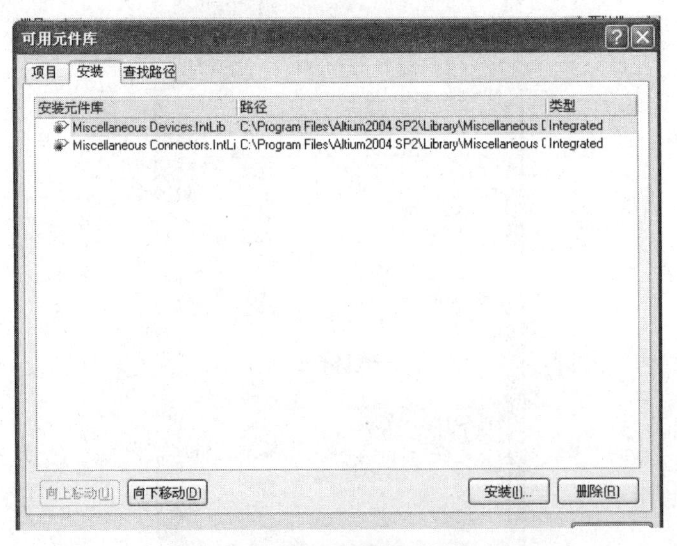

图 4-6　可用元件库对话框

（4）单击“Install”按钮，系统弹出“打开”对话框，在对话框中按照“Motorola Amplifier Operational Amplifier.IntLib”所在路径，选中该文件→单击“打开”按钮，如图 4-7 所示。

（5）此时，“Available Libraries”对话框变为如图 4-8 所示，“Motorola Amplifier Operational Amplifier.IntLib”文件名出现在列表中。

（6）单击“Close”按钮关闭“Available Libraries”对话框，则加载了 Motorola Amplifier Operational Amplifier.IntLib 元器件库。

图 4-7　加载 Motorola Amplifier Operational Amplifier.IntLib

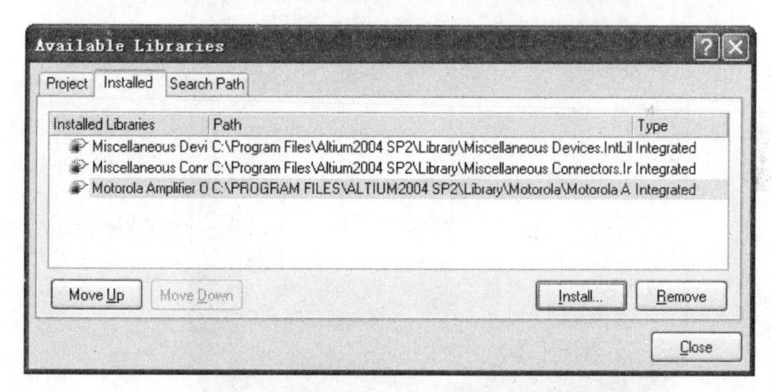

图 4-8　加载后的“Available Libraries”对话框

2）通过原理图编辑器和 PCB 编辑器进行加载

（1）打开原理图或 PCB 编辑器。

（2）如图 4-9 所示，单击【设计】/【追加/删除元件库】菜单命令，弹出（可用元件库）对话框。

（3）其他步骤同上。

2. 元件库的卸载

（1）在图 4-8 所示的“可用元件库”对话框

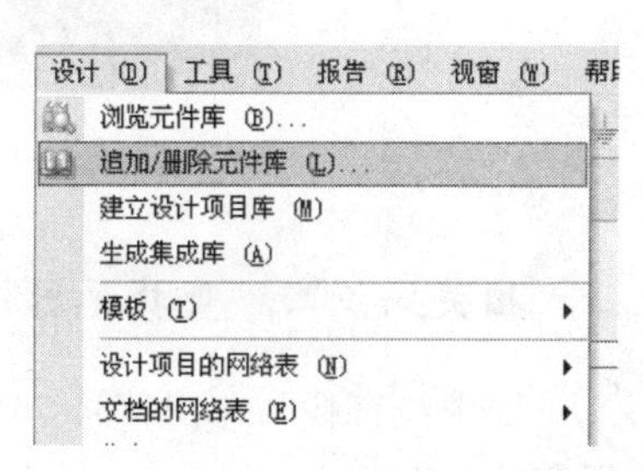

图 4-9　菜单命令

中，使用“向上移动”或“向下移动”按钮，选中要卸载的元件库。

（2）单击“删除”按钮，即可将该元件库从项目中删除。

（3）单击“关闭”按钮，完成卸载元件库的操作。

相关知识三　认识元件库的工作面板

在图 4-10 中，区域 1：“Libraries”面板当前显示的元器件库名称。区域 2：元器件过滤选项区。可以设置元器件列表的显示条件。区域 3：元器件列表区。显示区域 1 元器件库文件中所有符合区域 2 元器件过滤条件的元器件列表。区域 4：元器件符号图形显示。区域 5：元器件封装名显示。显示区域 4 中元器件符号图形对应的参考元器件封装名。区域 6：元器件符号封装图形显示。显示区域 5 中元器件封装名对应的元器件封装图形。

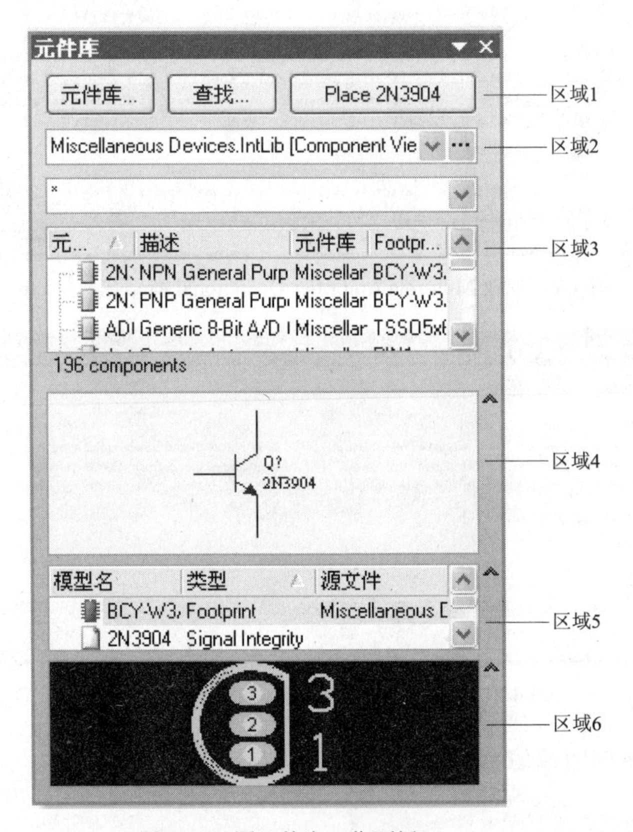

图 4-10　图元件库工作面板

相关知识四　查找元器件符号

要求：查找与非门符号 74LS32，了解存放该元器件的库文件名称，并将其放置到原理图中。

利用“元件库”工作面板查找元器件的方法有两种。第一种：利用“元件库”

面板的过滤功能。第二种：利用“查找”按钮的搜索功能。

（1）打开一个原理图文件。

（2）用鼠标左键单击屏幕右下角的“System”标签→在弹出的菜单中选择“Libraries”→在“Libraries”面板的最上边单击中间的“Search”（查找）按钮，系统弹出“Libraries Search（查找元器件）”对话框，如图4-11所示。

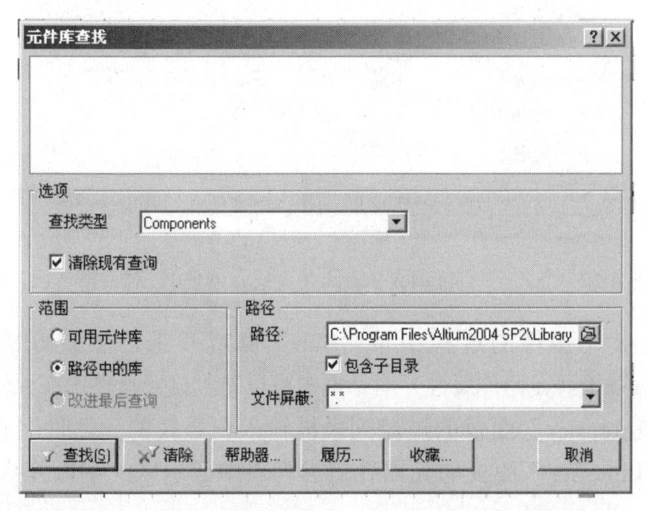

图4-11　“Libraries Search（查找元器件）”对话框

（3）对话框的最上部是一个文本框，在该文本框中输入要查找的元器件名称，如图4-12所示的74ls32。

（4）按图4-12（a）所示输入相应内容后，单击“Search”按钮，系统开始查找，查找结果如图4-12（b）所示。

（5）从图4-13的元器件列表中选择符合条件的元器件→单击“Place DM74LS32M”按钮，将元器件放置到原理图中。

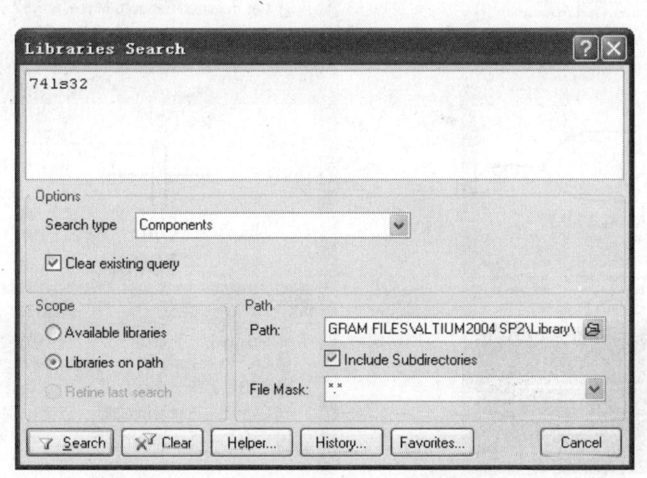

图4-12（a）　“Libraries Search（查找元器件）”对话框

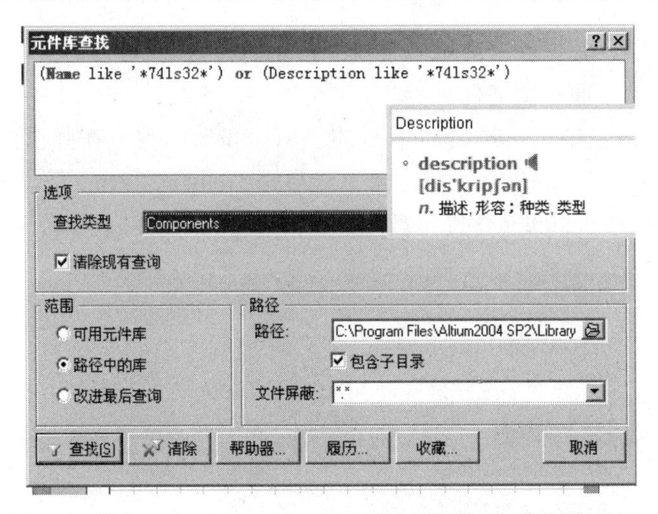

图 4-12（b） “Libraries Search（查找元器件）”对话框（续）

（6）在放置元器件的过程中按“Tab”键或双击已放置好的元器件，在“Component Properties（元器件属性）”对话框中可以看到该元器件所在元器件库等信息。

（7）在“Libraries”面板的过滤列表框输入要查找的元器件名称的第一个字母，系统在“Libraries”面板的元器件信息列表中显示以此字母开头的所有元件，如图 4-14 所示。

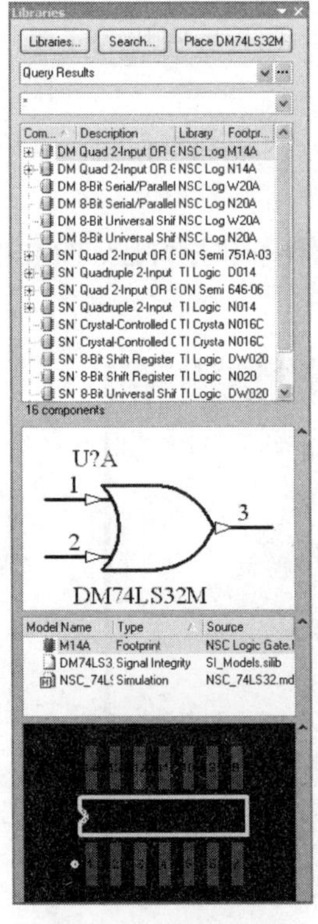

图 4-13 查找结果

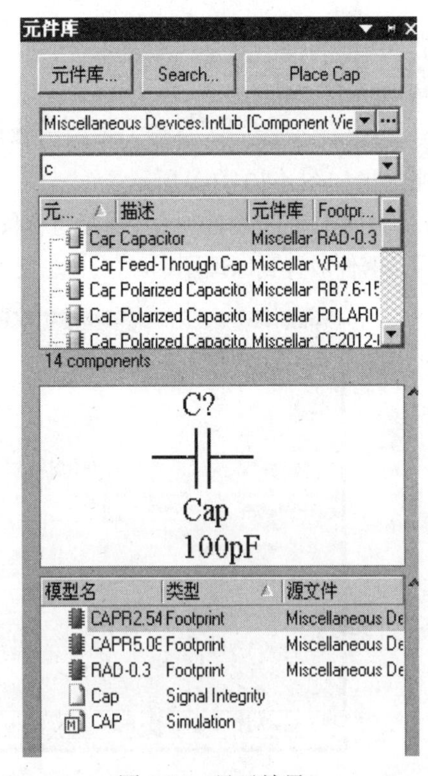

图 4-14 显示结果

任务二　编辑、创建原理图元器件

虽然 Protel 99 SE 提供了众多的元器件库，但在原理图设计过程中，难免会遇到库中元器件不能满足要求的情况。这时就需要用元器件编辑器对库中元器件进行修改或创建新的原理图元器件的图形符号。

相关知识一　认识原理图元器件及其元器件编辑器

1. 认识原理图元器件

如图 4-15 所示，原理图元器件由 3 部分构成。

（1）元器件图。元器件的主体和识别符号，没有实际的电气意义。

（2）元器件引脚。元器件的主要电气部分，每个引脚都有供程序识别的名称和编号，引脚的端点是原理图中的电气节点。

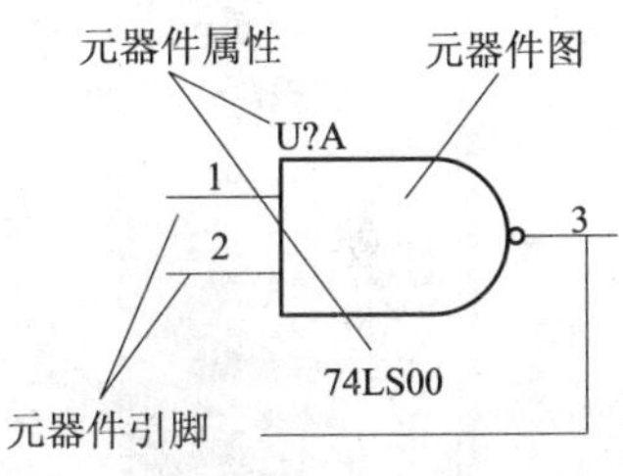

图 4-15　原理图元器件的构成

（3）元器件属性。包括可以看见的元器件名称、标号和隐藏的元器件封装形式说明、各种标注栏和说明，它们是进行电路仿真和设计印制板不可缺少的部分。

2. 认识元器件编辑环境（即 Sch.Lib 原理图元器件编辑器）

1）启动 Sch.Lib 原理图元器件编辑器（如图 4-16 所示）

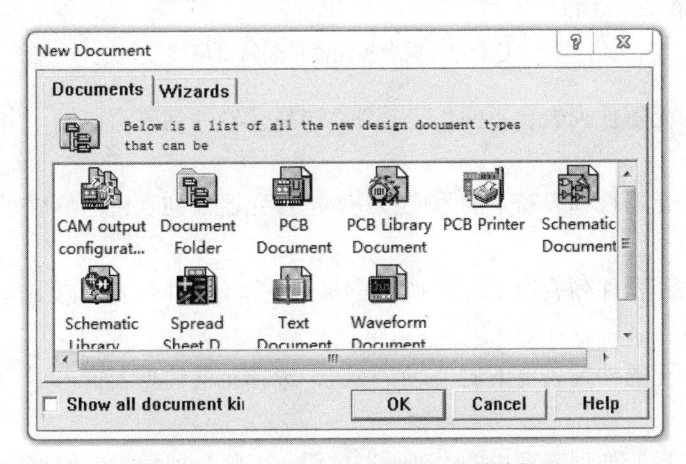

图 4-16　启动 Sch.Lib 原理图元器件编辑器

2）元器件编辑环境

启动 Sch.Lib 原理图元器件编辑器，进入元器件编辑状态。原理图元器件编辑器窗口如图 4-17 所示，它主要由 Components（元器件列表窗）、Group（元器件组列表窗）和 Pins（管脚列表窗）组成。

原理图元器件编辑器的操作界面与 SCH 编辑器相似，各菜单命令也基本相同或者相似，元器件编辑窗口分为四个象限，一般在第四象限附近绘制元器件图形。

（1）Components（元器件列表窗）元器件列表窗内的 Mask（元器件过滤器），其含义、作用与原理图编辑器中的 Filter 相同，元器件列表窗内显示的元器件名称由 Mask 决定，当 Mask 栏内为“*”时，将显示元器件库内所有元器件。为了提高操作效率，可以在图 4-17 所示的 Mask（元器件过滤器）中输入“PNP*”并按 Enter 键，这样，元器件列表窗内仅显示元器件名称前所含有 PNP 字样的元器件。

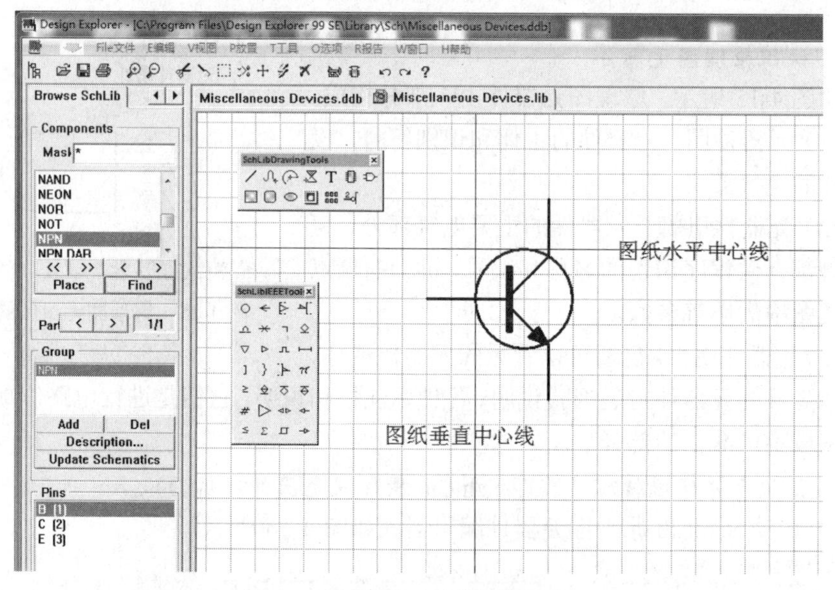

图 4-17　原理图元器件编辑器窗口

① 单击元器件列表窗下的“《”按钮，选择元器件列表窗内第一个元器件作为编辑元件；

② 单击元器件列表窗下的“》”按钮，选择元器件列表窗内最后一个元器件作为编辑元件；

③ 单击元器件列表窗下的“＜”按钮，选择元器件列表窗内上一个元器件作为编辑元件；

④ 单击元器件列表窗下的“＞”按钮，选择元器件列表窗内下一个元器件作为编辑元件；

⑤ 单击元器件列表窗内的“Place”按钮，可将当前编辑的原理图元器件放到原理图编辑器窗口中。“Find”（查找）按钮的作用与原理图编辑器窗口内的“Find”按钮相同。

（2）Group（元器件组列表窗）。元器件组列表窗内显示了与该元器件具有相同元器件符号的元器件名称，例如在 74 系列 TTL 集成电路芯片中，7400、74LS00、74HC00 等芯片的功能、引脚排列相同，因此将这些芯片的元器件符号归为同一组。

单击元器件组列表窗下的“Add”按钮，可将另一元器件符号加入到组内，这样就不必创建元器件符号完全相同而元器件名称不同的元器件图形符号，避免了元器件库的冗余。

单击元器件组列表窗下“Description”按钮，调出说明对话框，可定义选定元器件的属性。

对元器件图形修改后，单击元器件组列表窗下的“Update Schematic”按钮，将自动更新原理图中相应元器件的图形。

（3）pins（引脚列表窗）。在该列表窗内，显示元器件引脚的名称和编号。

3. 编辑环境的设置

（1）优选项参数设置。执行“Options/Preference”命令调出设置对话框。其中有“Schematics”（原理图参数）、“Graphical”（绘图参数）和“Default Primitives”（对象初始状态）三个页面设置内容。

（2）工作区参数设置。执行“Options”/“Documents Options”命令，调出如图 4-18 所示的对话框。可在其中设置工作区颜色、边框颜色、图纸规格、标题栏类型及栅格大小等参数。

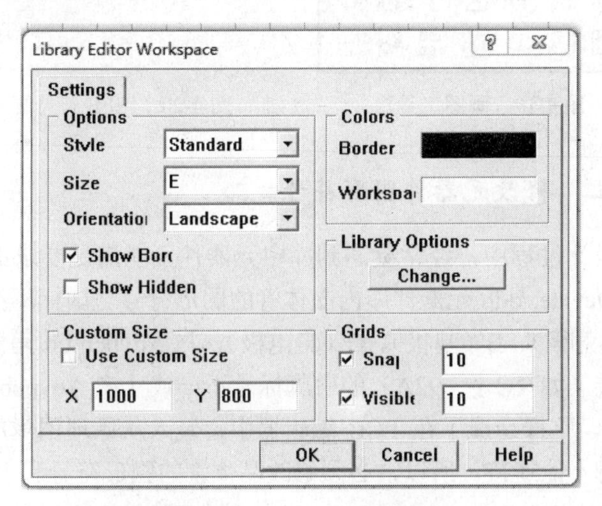

图 4-18 工作区参数设置

4. 画元器件图的工具栏

（1）画图工具栏。执行 View→Toolbars→Drawing Toolbar 或单击工具栏上按钮，可打开或关闭画图工具栏。

画图工具栏如图 4-19 所示，其中大部分与原理图画图工具栏相同，只有三个工具按钮是原理图画图工具中没有的。这三个工具按钮的图形及作用，如表 4-2 所列。

表 4-2 画图工具按钮功能说明

按钮图形	作　用
	添加新元器件（Tool/New Component）
	添加多元器件芯片中的元器件
	放置元器件的引脚（Place/Pits）

（2）IEEE 符号画图工具栏。IEEE 符号与我国的数字电路标准符号基本相同，对于绘制工程图和电路符号是非常有用的。IEEE 符号画图工具栏如图 4-20 所示。

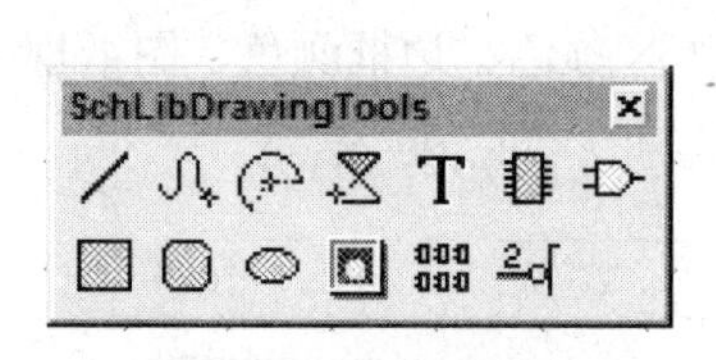

图 4-19 画图工具栏

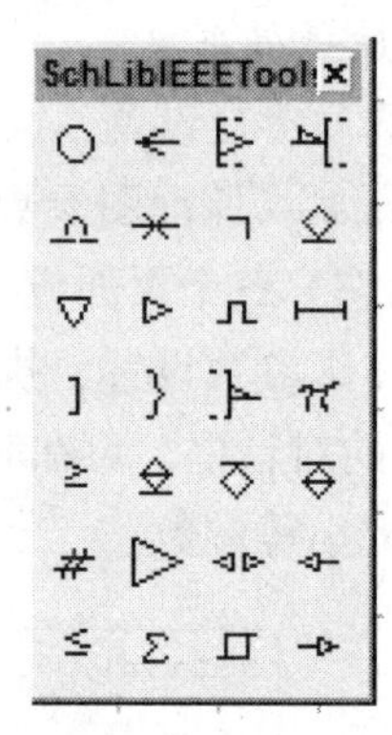

图 4-20 IEEE 符号画图工具栏

相关知识二 修改元器件图形符号

在原理图设计过程中，经常会遇到库中元器件不能满足要求的情况。例如，Miscellaneous Device. ddb 元器件库内晶体管的图形符号与国标不符，且元器件引脚标号为 E（发射极）、B（基极）、C（集电极），与 Advpcb.lib 元器件封装库中小功率晶体管封装（如 TO——92A）的引脚标号不一致（在 Advpcb.lib 中引脚编号分别为 1、2、3，这样造成了在 PCB 编辑器中，装入从原理图生成的网络表文件时，晶体管引脚不能连接。所以，必须修改晶体管的图形符号和引脚编号。

下面以修改 Miscellaneous Device. ddb 元器件库中 PNP 型晶体管的元器件符号为例，介绍元器件图形符号的修改过程。其操作步骤如下：

（1）在原理图编辑状态下通过原理图管理器选择所需元器件，单击“Edit”按钮进入原理图元器件编辑器（也可直接打开所需元器件库进入原理图元器件编辑器）。这里选择 Miscellaneous Device.ddb 元器件库中的 PNP（晶体管）元器件，如图 4-17 所示。

（2）单击放大、缩小工具按钮，适当放大编辑器窗口内的元器件图形符号。利用与 SCH 编辑器类似的对象操作方法，对图形符号组件（如图形、线条、文字、引脚等）进行选择、删除、移动等操作。在图 4-17 中，将鼠标移到晶体管外形的圆圈上，单击鼠标左键，选定待删除的对象，然后按下 Del 键，即可删除晶体管外形的圆圈。

（3）将鼠标移到晶体管的发射极引脚，双击鼠标左键，调出元器件引脚属性设置对话框，如图 4-21 所示，其中：

Name：引脚名称。一般为字符串，但也可以是数字，甚至空白。

Number：引脚编号。一般用数字作为引脚编号，但也可用字符串作为引脚编号，如图 4-21 所示。在此，将字符 E 用数字“1”代替。原理图文件中元器件的连接关系就是通过引脚编号与 PCB 元器件封装图形的引脚编号建立连接关系，因此引脚编号不能默认，且原理图元器件的引脚编号与 PCB 元器件封装图形的引脚编号要一致。

Color：引脚颜色。

Dot：负逻辑选项。

Clk：时钟引脚选项。

Electrical：定义引脚电气属性。

Hidden：隐藏引脚。当此项处于选中状态时，该引脚将处于隐藏状态，即在元器件图形符号上不显示该引脚，如集成电路芯片的电源引脚、地线引脚常处于隐藏状态。

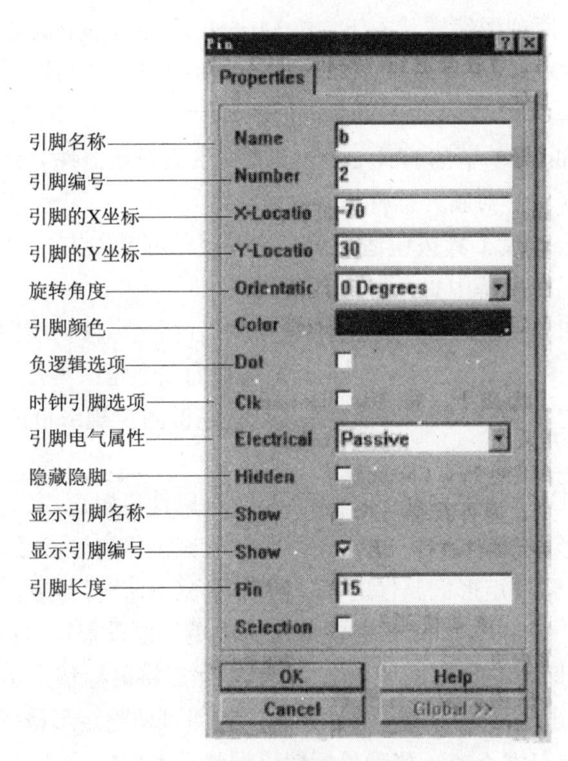

图 4-21　元器件引脚属性设置列话框

Show（Name）：引脚名称显示/隐藏选项。分立元器件（除晶体管、晶闸管外）的引脚名称一般处于隐藏状态，但集成电路芯片引脚名称一般处于显示状态。

Show（Number）：引脚编号显示/隐藏选项。当该项处于选中状态时，引脚编号就处于显示状态。除分立元器件引脚编号外，其他元器件引脚编号一般处于显示状态。

Pin：引脚长度。默认时为 30 个单位，一般取 5 的整数倍，如 10、20、30 等。

修改基极、集电极引脚属性操作与设置元器件引脚属性一致。

（4）修改结束后，单击“Update Schematic”按钮，自动更新原理图中 PNP 型晶体管的图形符号，必要时也可以单击主工具栏内的“保存”工具，将修改后的原理图元器件符号存盘。

相关知识三　制作元器件图形符号

科学技术的发展伴随着新型器件的不断产生，Protel 99 SE 所提供的元器件库不可能包罗万象。所以在设计电路时，往往会遇到一些 Protel 99 SE 元器件库中所没有的元器件，这时就必须自己来创建一个新元器件。

下面以在 Miscellaneous Devices. ddb 元器件库文件包中增加 LED 数码显示器为例，介绍从头制作一个元器件图形符号的操作过程。

（1）单击主工具栏内的“打开”工具按钮，或执行 File 菜单下的 Open 命令。将\Design Explorer 99\Library\Sch\Miscellaneous Device. ddb 文件作为当前编辑的元器件库文件。或在原理图编辑状态下，将 Miscellaneous Devices. ddb 库文件包内的 Miscellaneous Devices. ddb 作为当前库文件，然后单击“Edit”按钮，启动原理图元器件编辑器。

（2）单击 Tools 菜单下的 New component（生成新元器件）命令，即可获得一个新的绘图编辑窗口，对新元器件进行命名。

（3）不断单击放大工具按钮适当放大绘图区，移动左右、上下“滚动按钮”，使绘图区中心出现在屏幕中央。

（4）单击画图工具栏内的矩形工具按钮. 然后将光标移到绘图区水平和垂直中心线的交点附近，单击鼠标左键，固定外矩形框的左上角；再移动光标时即可看到矩形框右下角随光标的移动而移动，单击鼠标左键固定矩形框的右下角，即画出 LED 的外框。

在固定矩形框前，按下 Tab 键，激活矩形框属性设置窗口，如图 4-22 所示，以便重新选择矩形边框宽度、边框线条颜色、填充色等属性参数。

在 SchLib 中修改矩形框属性的操作方法与 SCH 编辑器中使用的方法相同。例如，将鼠标移到矩形框内，双击左键即可调出矩形框设置窗口；将鼠标移到矩形框内，单击左键，即可使矩形框处于选中状态，然后将鼠标移到矩形框的边框线或顶点上的小方块，按下鼠标左键不放，移动鼠标即可调整矩形框的大小；将鼠标移到矩形框内，按下左键不放，移动鼠标即可调整矩形框的位置。

图 4-22　矩形框属性设置窗口

利用同样的方法，再画出 LED 的内框，然后将内框移到外框里，结果如图 4-23 所示。

（5）单击画图工具栏内的直线工具按钮，画出 LED 的笔段；利用“画圆”工具绘制小数点笔段；操作结果如图 4-24 所示。

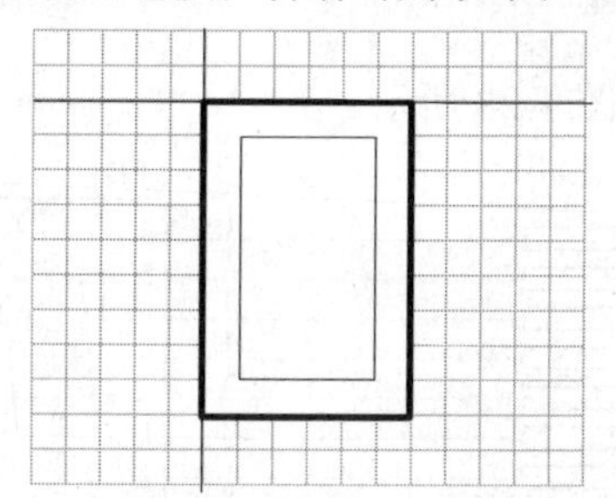

图 4-23　利用矩形工具绘制出 LED 的内外框

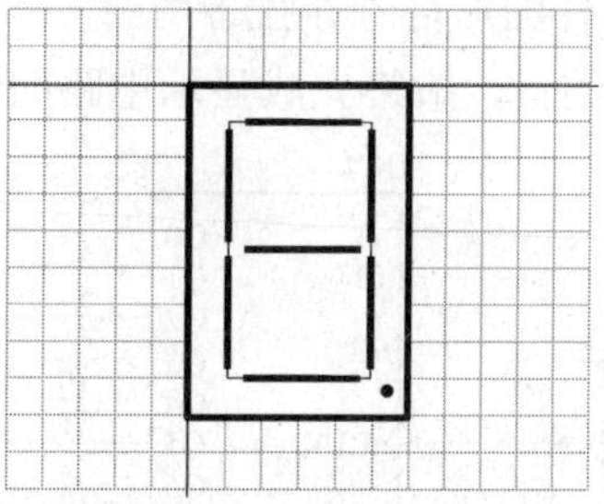

图 4-24　绘制 LED 笔段

（6）单击画图工具栏内的引脚工具按钮，并按下 Tab 键，进入引脚属性设置窗口，如图 4-21 所示。在引脚名称内输入“e”，在引脚编号内输入“1”，将引脚电气特性定义为 Passive，引脚长度定义为“20”，然后单击“OK”按钮，即可看到一根引脚随光标的移动而移动，再通过移动、旋转等操作，将引脚移到 LED 外框适当位置后，单击鼠标左键固定。

利用同样的方法，设置引脚 2（对应笔段 d）的属性，放置引脚 2；重复引脚放置操作，直到放置了所有引脚为止（注意 3、8 引脚是公共端，可以隐藏引脚名称）。放置好引脚的结果如图 4-25 所示。

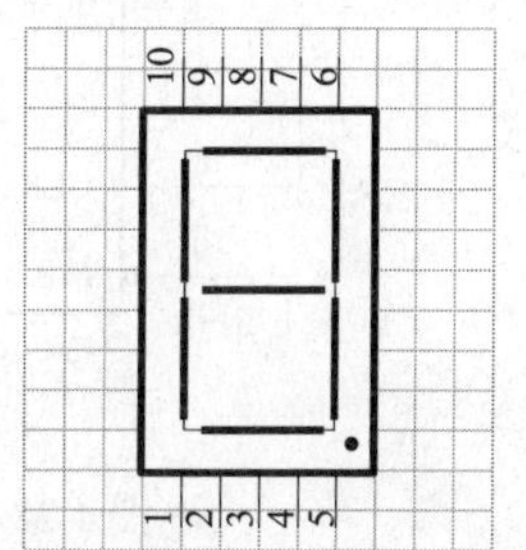

图 4-25　放置好引脚的结果

（7）单击画图工具栏内的文本工具按钮，再按下 Tab 键。必要时，也可以激活文字属性对话框，设置字体大小等，即可获得如图 4-26 所示的 LED 数码显示器。

为了方便在原理图中连线，在创建原理图元器件时，可能需要仔细安排引脚排列顺序，如将如图 4-26 所示的 LED 引脚排列改为如图 4-27 所示的形式，能使原理图绘制中的连线更方便。

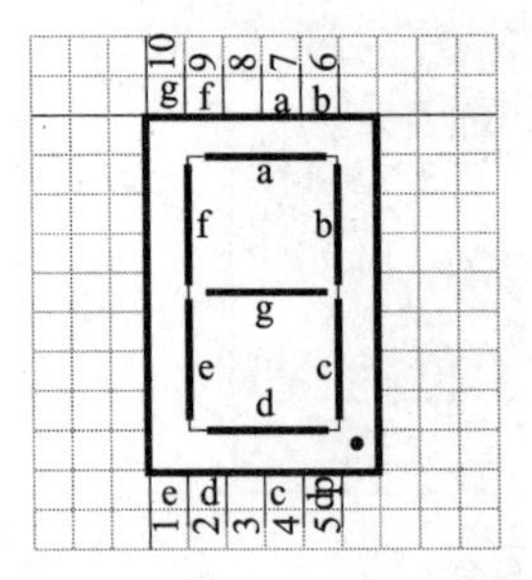

图 4-26 最后完成的 LED 数码显示器

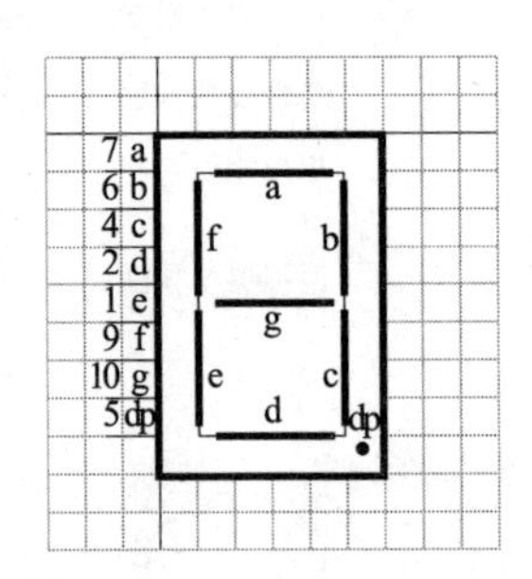

图 4-27 连接方便的 LED 数码显示

（8）单击“Description”按钮，在元器件描述窗口内，输入默认元器件编号、封装形式等参数。

（9）单击主工具栏内的“保存”按钮或执行菜单命令【File/Save】，将创建的 LED 元器件图形符号存盘备用。

这样的话，最终完成显示电路的绘制如图 4-28 所示。

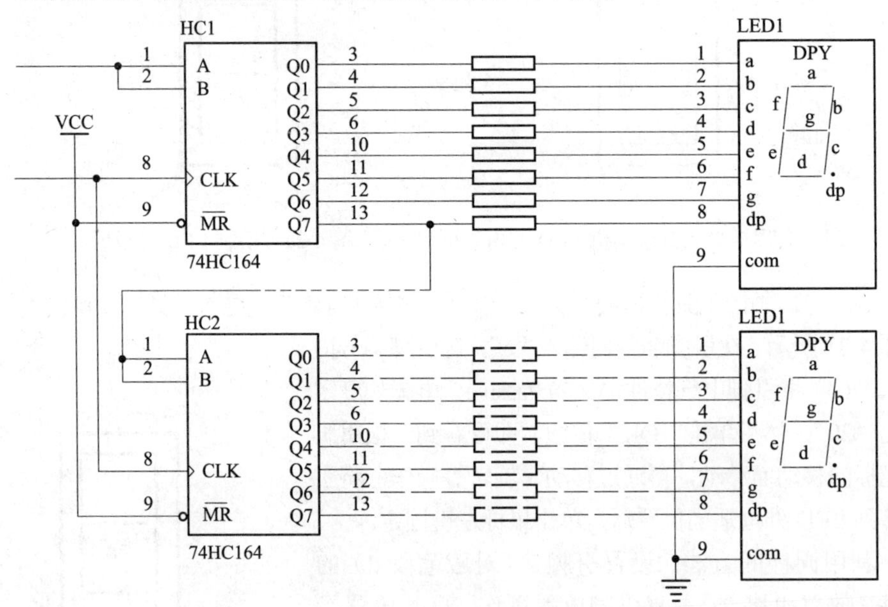

图 4-28 74HC164 驱动的 LED 显示电路设计（共阴）

虽然 Protel 99 SE 中提供了众多的元器件库，但在原理图设计过程中，难免会遇到库中元器件不能满足设计要求的情况，这时就必须对原有元器件进行修改或制作一个新的原理图元器件。其主要内容包括：原理图元器件编辑器的工作环境及设置、原理图元器件的修改、元器件库的创建以及制作原理图元器件的方法。通过本项目的学习使学生达到能编辑、会创建原理图元器件的目的。

1. 利用画元器件图的工具栏绘制如图 4-29 所示的图形。

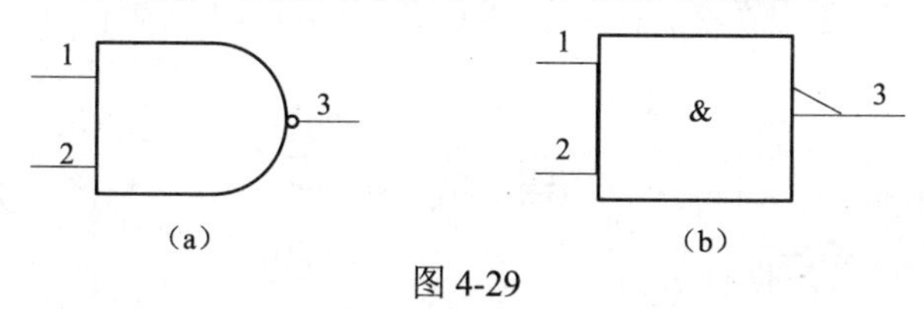

图 4-29

2. 修改 Miscellaneous Devices.ddb 元器件库内与非门、或非门的电气图形符号，使它们符合国标。

3. 创建一个设计数据库（设计数据库以“我的元器件库”命名），在设计数据库中建立“模电器件”原理图元器件（.Lib）文件，并创建图 4-30 中有关的元器件图形符号。

4. 调用题 3 中所创建的元器件，绘制如图 4-30 所示的电源电路原理图。

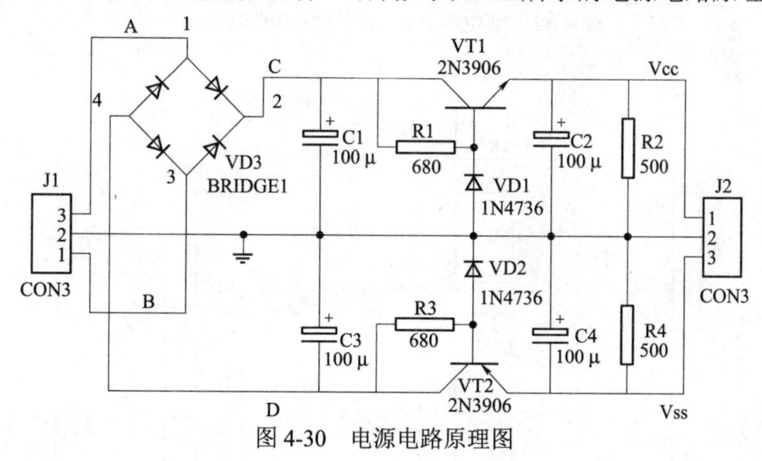

图 4-30 电源电路原理图

5. 在继电器、接触器控制电路中，经常需要如图 4-31 所示的各种元器件，试建立元器件库并绘制出这些元器件。

6. 试用练习题 5 所画的元器件，绘制如图 4-32 所示的继电器、接触器控制电路原理。

7. 试绘制如图 4-33 所示的电路原理图，注意绘图时需要自己创建触发器和门电路的元器件图。

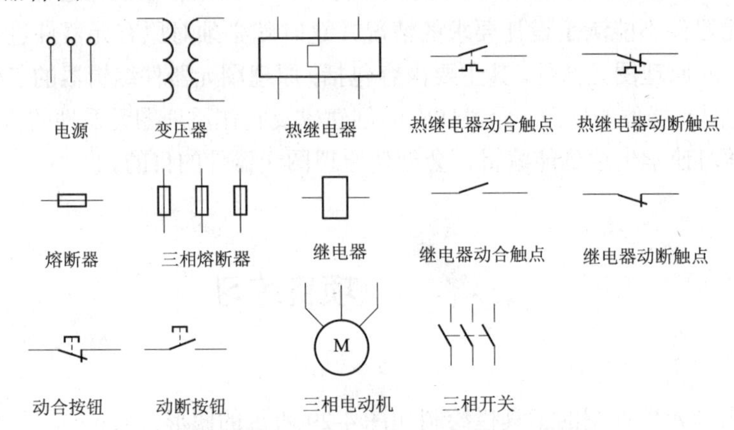

图 4-31　在继电器、接触器控制电路中的部分元器件图

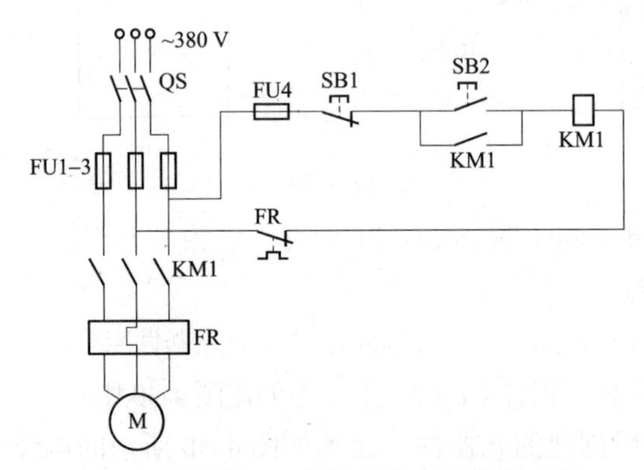

图 4-32　继电器、接触器控制电路原理图

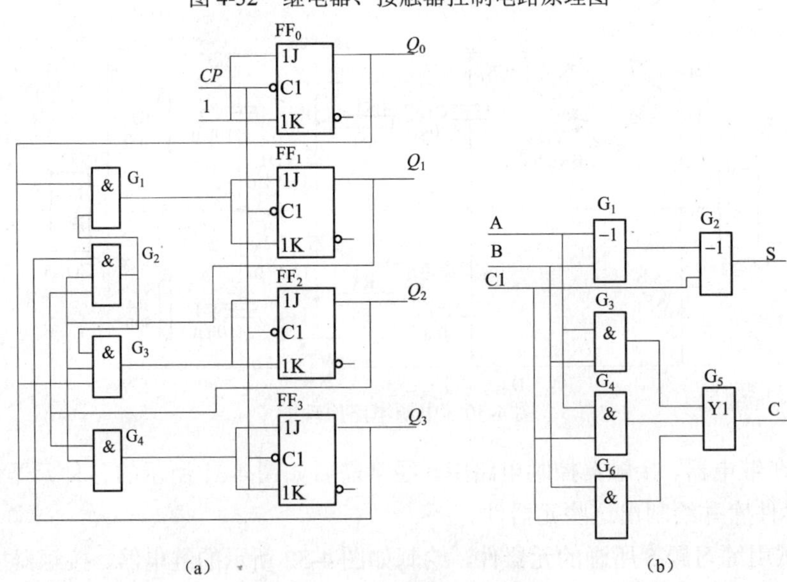

图 4-33　练习题中的电路图

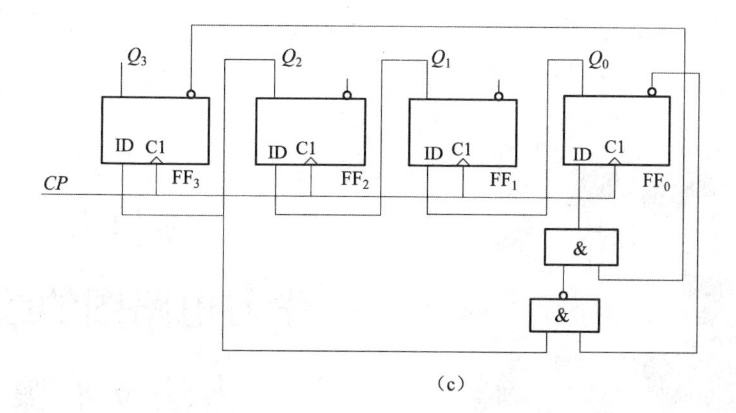

（c）

图 4-33　练习题中的电路图（续）

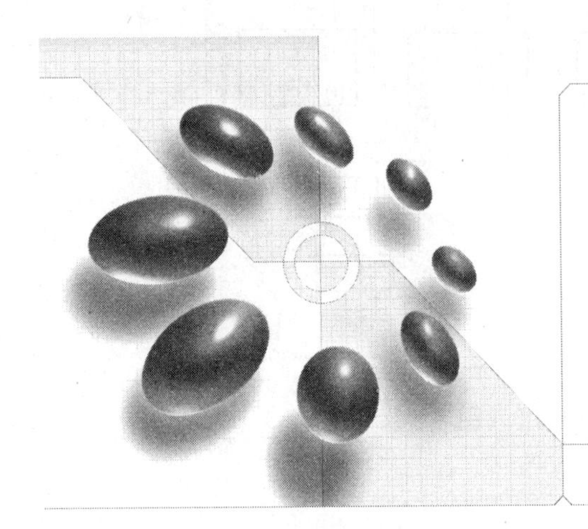

项目五 学习电路图的绘制方法及步骤

课题内容

学会识读电气原理图并了解绘图的方法及步骤。

训练任务

1. 分析机床电气控制图。
2. 绘制电路图。

学习目标

1. 学会识读电气原理图。
2. 了解电气原理图的绘制方法及步骤。

相关知识一 电气控制系统图

电气控制系统是由许多电气元件按照一定要求连接而成的。为了表达生产机械电气控制系统的结构、原理等设计意图，同时也为了便于电气系统的安装、调整、使用和维修，需要将电气控制系统中各电气元件及其连接用一定图形表达出来，这种图就是电气控制系统图。

为了提高电气系统图的通用性，国家标准局参照国际电工委员会（IEC）颁布的有关文件，制定了我国电气设备的有关国际标准。电气图形符号通常用于电气系统图，用以表示一个设备或器件的图形，文字符号适用于电气技术文件（包括电气系统图），用以标明电气设备、器件的名称、功能、状态及特征。

电气系统图一般有三种：电气原理图、电器布置图、电气安装接线图。我们将在图上用不同的图形符号表示各种电气元件，用不同的文字符号表示电器元件的名称、序号和电气设备或线路的功能、状况和特征，还要标上表示导线的线号与接点编号等，各种图纸有其不同的用途和规定的画法，下面分别加以说明：

1. 电气原理图

电气系统图中电气原理图应用最多，为便于阅读与分析控制线路，根据简单、清晰的原则，采用电气元件展开的形式绘制而成。它包括所有电气元件的导电部件和接线端点，但并不按电气元件的实际位置来画，也不反映电气元件的形状、大小和安装方式。

由于电气原理图具有结构简单、层次分明、适于研究和分析电路的工作原理等优点，所以无论在设计部门还是生产现场都得到了广泛应用。

1）识读图的方法和步骤

阅读继电器—接触器控制原理图（如图 5-1 所示）时，要掌握以下几点：

（1）电气原理图主要分主电路和控制电路两部分。电动机的通路为主电路，接触器吸引线圈的通路为控制电路。此外还有信号电路、照明电路等。

（2）原理图中，各电器元件不画实际的外形图，而采用国家规定的统一标准，文字符号也要符合国家规定。

（3）在电气原理图中，同一电器的不同部件常常不画在一起，而是画在电路的不同地方，同一电器的不同部件都用相同的文字符号标明，例如接触器的主触头通常画在主电路中，而吸引线圈和辅助触头则画在控制电路中，但它们都用 KM 表示。

（4）同一种电器一般用相同的字母表示，但在字母的后边加上数码或其他字母下标以示区别，例如两个接触器分别用 KM1、KM2 表示，或用 KMF、KMR 表示。

（5）全部触头都按常态给出。对接触器和各种继电器，常态是指未通电时的状态；对按钮、行程开关等，则是指未受外力作用时的状态。

（6）原理图中，无论是主电路还是辅助电路，各电气元件一般按动作顺序从上到下，从左到右依次排列，可水平布置或者垂直布置。

（7）原理图中，有直接联系的交叉导线连接点，要用黑圆点表示。无直接联系的交叉导线连接点不画黑圆点。

在阅读电气原理图以前，必须对控制对象有所了解，尤其对于机、液压（或气压）和电配合得比较密切的生产机械，单凭电气线路图往往不能完全看懂其控制原理，只有了解了有关的机械传动和液压（气压）传动后，才能搞清全部控制过程。

2）图面区域的划分

图纸上方的（1、2、3、…）数字是图区编号，它是为了便于检索电气线路，方便阅读分析和避免遗漏而设置的。图区编号也可以设置在图的下方。

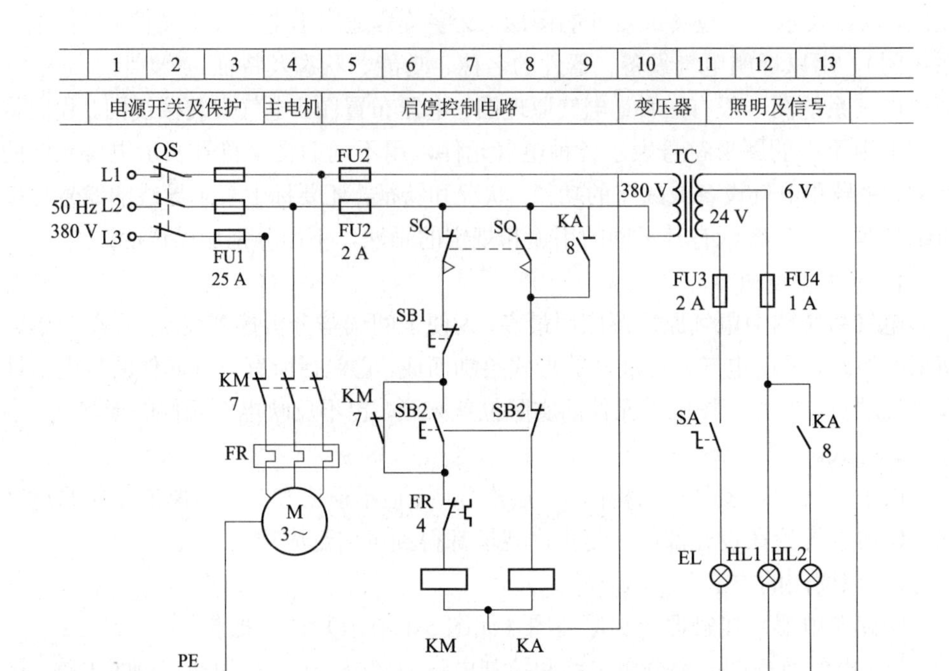

图 5-1 某机床电气原理图

图区编号下方的（电源开关及保护……）字样，表明对应区域下方元件或电路的功能，使读者能清楚地知道某个元件或某部分电路的功能，以利于理解全电路的工作原理。

3）符号位置的索引

符号位置的索引用图号、页次和图区编号的组合索引法，索引代号的组成如图 5-2 所示。

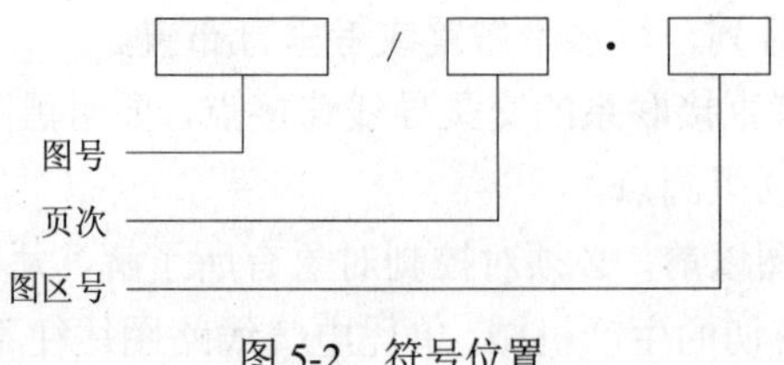

图 5-2 符号位置

如图 5-3 所示，KM 线圈及 KA 线圈下方的是接触器 KM 和继电器 KA 相应触头的索引。

KM

4	6	×
4	×	×
5		

KM

9	×
13	×
×	×
×	×

图 5-3　KM 及 KA 相应触头的索引

电气原理图中，接触器和继电器线圈与触头的从属关系应用如图 5-4 所示，即在原理图中相应线圈的下方，给出触头的图形符号，并在其下面注明相应触头的索引代号，对未使用的触头用“×”表明，有时也可采用上述省去触头的表示法。

对接触器，上述表示法中各栏的含义如下：

左栏	中栏	右栏
主触头所在图区号	辅助动合触头所在图区号	辅助动断触头所在图区号

图 5-4　接触器线圈与触头的从属关系应用

对继电器，上述表示法中各栏的含义如图 5-5 所示：

左栏	右栏
动合触头所在图区号	动断触头所在图区号

图 5-5　继电器线圈与触头的从属关系应用

4）电气原理图中技术数据的标注（如图 5-6 所示）

电气元件的数据和型号，一般用小号字体注在电器代号下面，如图 5-7 所示就是热继电器动作电流值范围和整定值的标注。

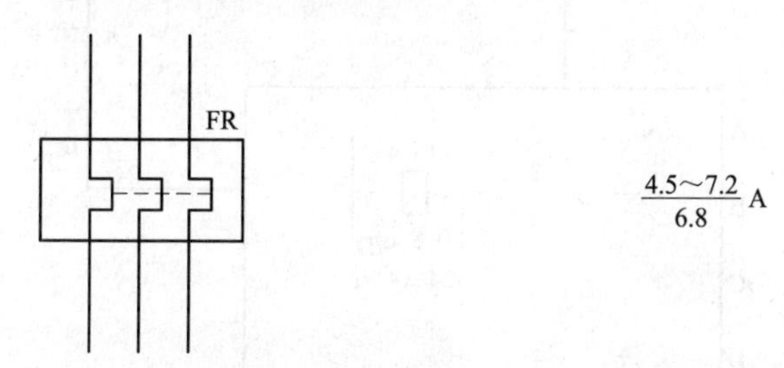

图 5-6　电气元件的符号

$$\frac{4.5\sim7.2}{6.8}\text{A}$$

图 5-7　热继电器动作电流值范围和整定值

2. 电器元件布置图

电器元件布置图主要是用来表明电气设备上所有电机电器的实际位置，为机械电气控制设备的制造、安装、维修提供必要的资料。以机床电器布置图为例，它主要由机床电气设备布置图、控制柜及控制板电气设备布置图、操纵台及悬挂操纵箱电气设备布置图等组成。电器布置图可按电气控制系统的复杂程度集中绘制或单独绘制。但在绘制这类图形时，机床轮廓线用细实线或点划线表示，所有能见到的及需表示清楚的电气设备，均用粗实线绘制出简单的外形轮廓。

3. 电气安装接线图

电气控制线路安装接线图，是为了安装电气设备和电器元件进行配线或检修电器故障服务的。在图中可显示出电气设备中各元件的空间位置和接线情况，可在安装或检修时对照原理图使用。它是根据电器位置布置并以合理经济等原则安排的，它表示机床电气设备各个单元之间的接线关系，并标注出外部接线所需的数据。根据机床设备的接线图就可以进行机床电气设备的安装接线。对某些较为复杂的电气设备，电气安装板上元件较多时，还可画出安装板的接线图。对于简单设备，仅画出接线图就可以了。实际工作中，接线图常与电气原理图结合起来使用。

相关知识一 电路图的绘制方法

为了便于寻找图形符号或中断线末端在图上的位置，应采用位置表示法。

1. 位置的表示方法

图上位置的表示法通常有图幅分区法、电路编号法和表格法三种。

1）图幅分区法

其基本方法是用行或列以及行列组合标记来表明图上的位置。通常对水平布置的电路，只标明行的标记；对垂直布置的电路，只标明列的标记；只有复杂的电路图才需标明组合标记。必要时还需注明图号、张次。在有些应用中也可引用项目代号。如图 5-8 所示。

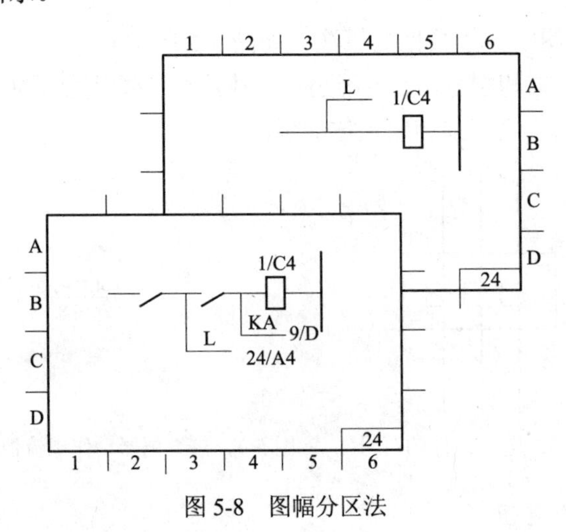

图 5-8 图幅分区法

2）电路编号法

电路编号法是指对电路或分支电路按一定顺序采用阿拉伯数字编号来表示其位置的方法，编号的阿拉伯数字按从左向右（垂直布置）或自上而下（水平布置）的顺序排列。这种方法常用于多分支电路，如图 5-9 所示。在这种表示方法中，一个数字代表一条支路，识读电路十分方便。

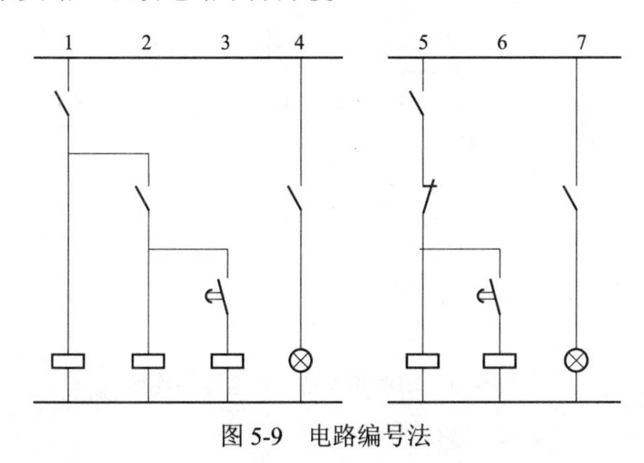

图 5-9　电路编号法

3）表格法

在电路图的外围绘制一个以项目代号分类的表格，重复标出项目代号，并与相应图形符号对齐如表 5-1 所列。项目代号应排列在表格的行（或列）内，对应最通用的元件（电容器、电阻器、继电器等)，每类占一行（或列)，其他所有的元件占一行（或列)，如图 5-10 所示。

表 5-1

电容器	C1	C2	C3
电阻器	R1	R2	R3R4
晶体管		VT1	

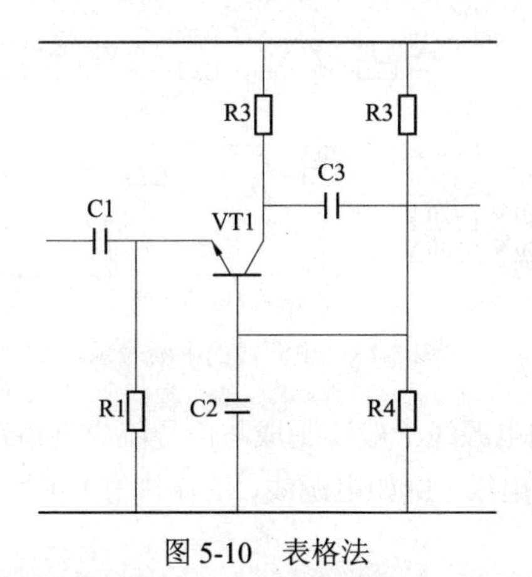

图 5-10　表格法

2. 电源电路的表示方法

（1）满足元器件供电要求的连接，在电路图中应示出，在其他简图中可以表示出，此种连接可以用图表示，也可以用表格或注释说明。如图 5-11 所示。

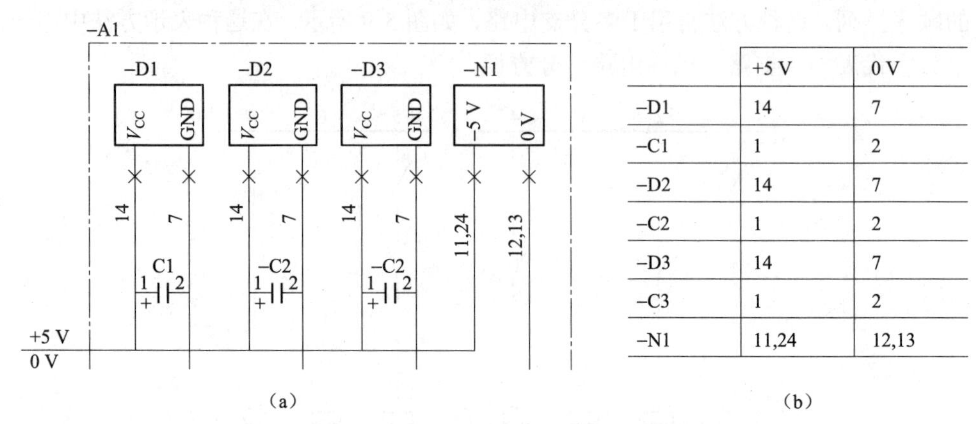

	+5 V	0 V
−D1	14	7
−C1	1	2
−D2	14	7
−C2	1	2
−D3	14	7
−C3	1	2
−N1	11,24	12,13

图 5-11 用图和表格表示电源的连接

（a）用图表示；（b）用表格表示

（2）在电路图中，电源线应在电路的各支路的两侧示出，或者集中到一侧：上部或下部。如图 5-12 所示。

（3）根据 GB/T 6988.1—1997 中中断线的描述，电源线也可以中断。如图 5-13 所示。

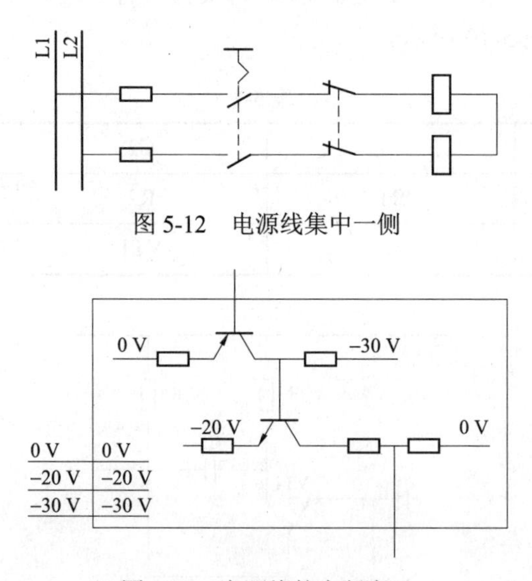

图 5-12 电源线集中一侧

图 5-13 电源线的中断表示

（4）方框符号上的电源线一般绘制成与信号流成直角，如图 5-14 所示。

（5）对于公用的供电线（例如电源线、汇流排等）可用电源的电压值来表示。如图 5-15 所示。

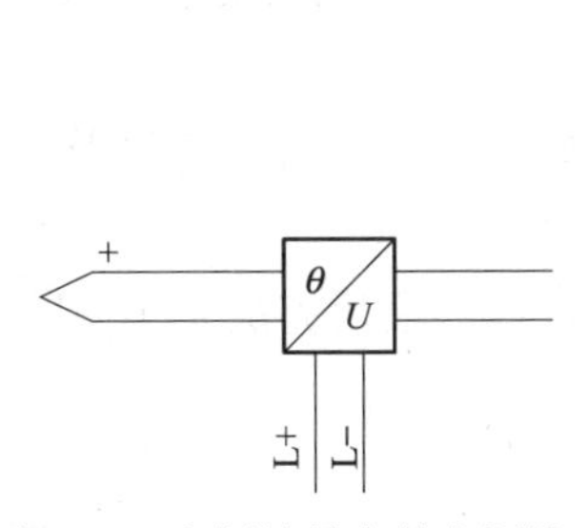

图 5-14　方框符号上的电源线

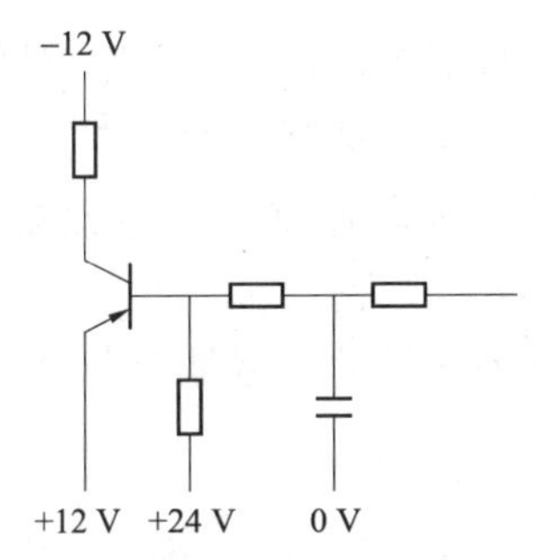

图 5-15　用电源的电压值来表示

3. 元器件和设备的表示方法

在电路图中，元器件和设备在表示时，应符合国家标准，采用图形符号表示，有时还需要采用简化外形来表示，同时画出其所有的连接。

4. 电路的布局要求

图形符号和电路的布置，应按照 GB/T 6988.1—1997 中的规定，着重强调过程和信号流以及功能关系。必要时，可以补充位置信息，但不影响布局。

电路的布局应遵守以下要求：

（1）为了强调信号流，连接线应尽可能保持直线。对于常用的基础电路，其固定模式在电路的简化中有所表示。

（2）为了强调功能关系，功能上相关项目的图形符号应集中在一起，彼此靠近。如图 5-16 所示。

（3）同等重要的并联支路应对称布置。如图 5-17 所示。

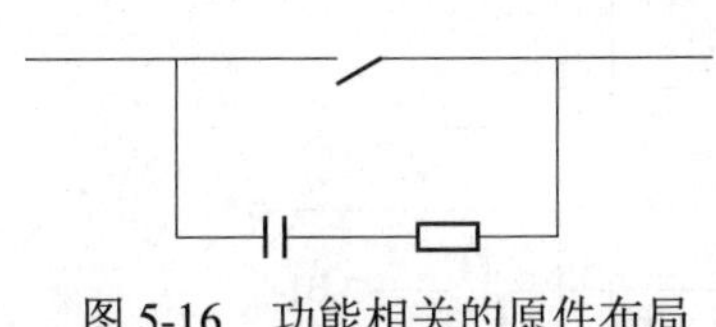
图 5-16　功能相关的原件布局

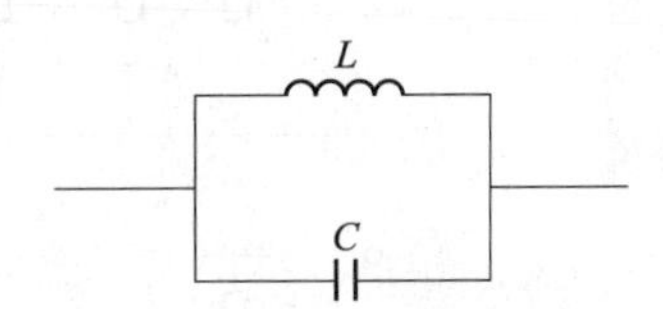

图 5-17　同等重要的并联支路布局

（4）垂直（水平）的分支电路中平行的类似项目应水平（垂直）对齐。如图 5-9 所示。

相关知识二　电路图的绘制步骤

绘制电路图时不但要按照电气图的制图规则来绘制，而且还要遵守电路图的作图规定。下面以图 5-18 为例，说明电路图的绘制步骤。

（1）电路图一般是由若干个单元电路按照信号的流向逐级连接而成，因此绘图时，要将全图分成若干段，以变压器、晶体管、集成电路等单元电路的主要元器件为中心，各主要元器件尽量布置在同一条水平线或垂直线上，如图 5-18（a）所示。

（2）分别画出各级电路之间的连接及相关元器件。作图时，应让同类元器件尽量横向或纵向对齐，从全局出发，对各级电路布置有缺陷的地方要加以适当调整，使全图布置均匀、清晰，如图 5-18（b）、（c）所示。

（3）画全其他附加电路及元器件，标注项目代号、端子代号及有关注释，如图 5-18（d）所示。

（4）查看全图的连接是否有误，布局是否合理，最后完成整个电路图。

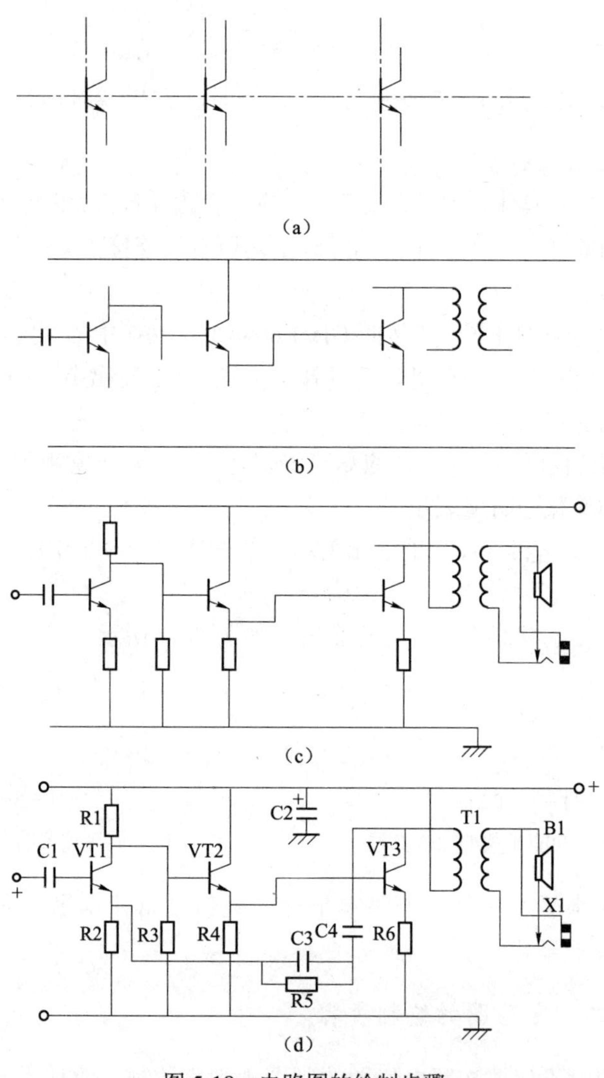

图 5-18　电路图的绘制步骤

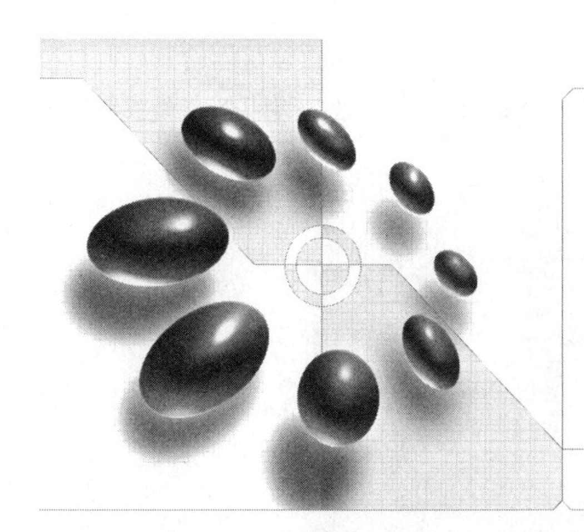

项目六 学习印制电路板的设计技术

课题内容

认识印制电路板、PBC 编辑器工作环境及其设置、印制电路板设计的基本操作、手工设计印制电路板和 PBC 元器件的创建等。

项目分析

1. 电路印制电路板的设计。
2. 两级放大电路印制电路板的设计。

学习目标

1. 了解印制电路板的概念、分类及相应的结构。
2. 掌握为原理图添加封装的方法，学会新建和保存印制电路板图文件的方法。
3. 掌握 PCB 板的参数设置及更新方法。
4. 掌握 PCB 的元件手工布局方法。

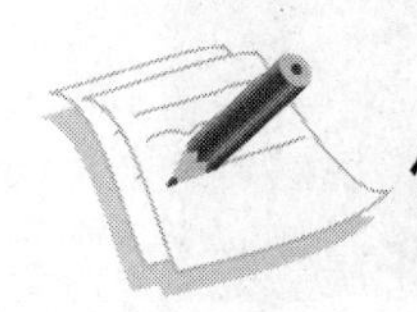

任务一　认识印制电路板

印制电路板是电子设备必不可少的重要组成部分，它既是电路元器件的支撑板，又能提供元器件之间的电气连接，具有机械和电气的双重作用。电子产品的许多性能指标，如稳定性、可靠性、抗震强度等不仅与原理图设计、元器件品质、生产工艺有关，而且在很大程度上取决于印制电路板的布局、布线是否合理。

图 6-1 至图 6-4 是 MF-47 型万用表和 ZX2018C 型充电器的印制电路实物图。

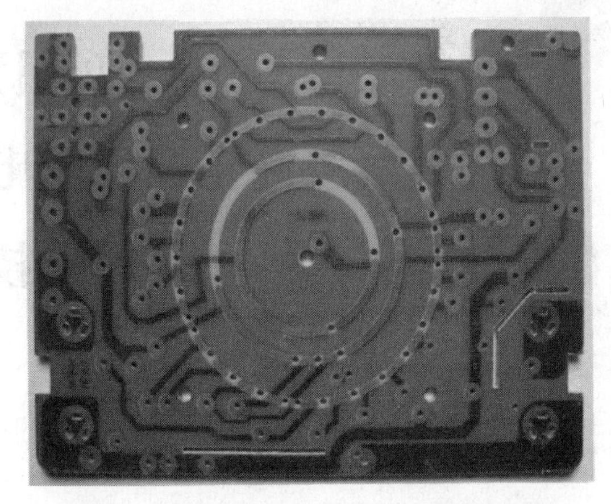

图 6-1　MF-47 型万用表印制电路板引线面

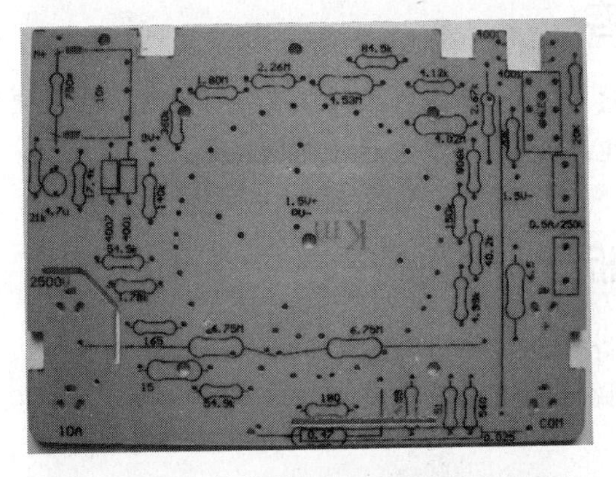

图 6-2　MF-47 型万用表印制电路板元件面

图 6-3　ZX2018C 型充电器电路板引线面

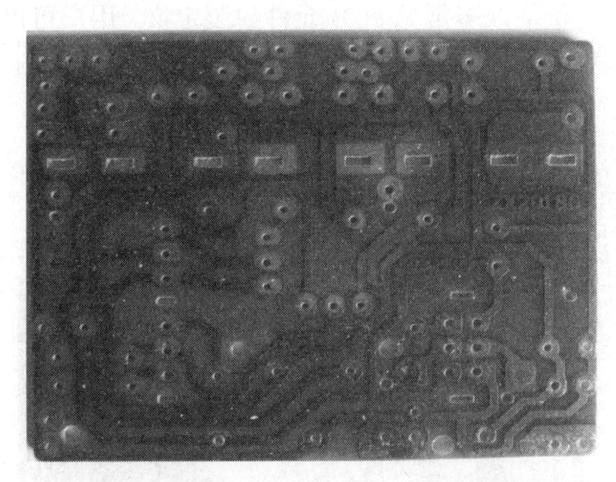

图 6-4 ZX2018C 型充电器电路板元件面

相关知识一

1. 有关印制电路板

1）印制电路板概念

印制电路板的英文全称为 Printed Circuit Board，简称为 PCB，是一种印制或蚀刻了导电引线的非导电材料，是电子产品的重要部件之一。电子元器件安装在印制电路板上，由引线连接各个元器件，进行装配，构成工作电路。

2）印制电路板设计系统

进行电路设计最终是要设计出一个高质量的可加工的 PCB，这是一个电子产品的基础。因而 PCB 设计系统的功能往往是用户在选用 EDA 软件时最关心的，而 Protel 99 SE 在这方面有着突出的表现。

（1）具有 32 位高精度设计系统。

Protel 99 SE 的 PCB 设计组件是一个 32 位的 EDA 设计系统，系统分辨率可达 0.000 5 mil（毫英寸，1 mil=0.025 4 mm），线宽范围为 0.001～10 000 mil（如图 6-5 所示），字符串高度范围为 0.012～1 000 mil。能够设计的工作层数达 32 个，最大板图的大小为 2 540 mm×2 540 mm，可以旋转的最小角度达到 0.001°，能够管理的元件、网络以及连接的数目仅受限于实际的物理内存，而且还能够提供各种形状的焊盘。

（2）丰富而灵活的编辑功能。

与原理图设计组件相似，Protel 99 SE 的 PCB 编辑器也提供了丰富而灵活的编辑功能，用户可以很容易地实现元件的选取、移动、复制、粘贴、删除等操作，能够直接通过双击鼠标左键打开对象属性对话框进行修改，PCB 编辑器也提供了全局属性修改，方便用户操控。

（3）功能完善的元件封装编辑和管理器。

Protel 99 SE 也提供了众多常见 PCB 元件封装定义，用户可以通过加载这些库元件方便地使用，同时也具备完善的库元件管理功能，用户可以通过多种方式方便快速地创建一个新的 PCB 元件封装定义。

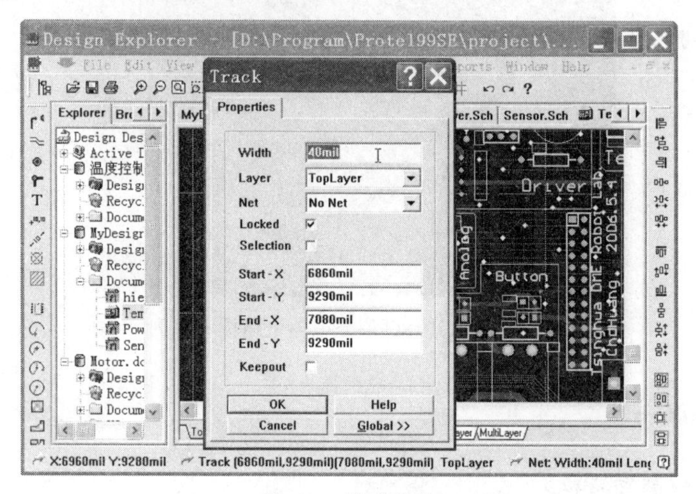

图 6-5 修改线宽

（4）强大的布线功能。

Protel 99 SE 强大的布线功能尤其引人注目。首先 Protel 99 SE 有一些极好的手动布线特性，包括绕障碍（slam-and-jam）方式，能够自动地弯折线，并与设计规则完全一致，结合拖拉线时自动抓取实体电气网格特性和预测放线特性，能够在很理想的网格上有效地布出带有混合元件技术的复杂板。其回路清除功能能够自动删除多余连线，具有智能推挤布线功能，同时还提供了任意角度、45°角、90°角、45°角带圆弧、90°角带圆弧等多种放线方式，可以通过 Shift+Space 键很方便地进行切换。

此外 Protel 99 SE 还提供功能强大的自动布线功能，能够实现设计的自动化。

（5）完备的设计规则检查（DRC）功能。

Protel 99 SE 支持在线 DRC 和批量 DRC，设计者可以通过设置选项打开在线 DRC，在设计过程中如果在布局、布线、线宽、孔径大小等方面出现了违规设计时，系统会自动提示错误，并以高亮显示，方便用户发现和修改。

Protel 99 SE 的自动布线组件是通过 PCB 编辑器实现与用户的交互的。其布局方法是基于人工智能，对 PCB 版面进行优化设计，采用了拆线重组的多层迷宫布线算法，可以同时处理全部信号层的自动布线，并不断进行优化。

2. 印制电路板的结构和分类

印制电路板是由绝缘板和附着在其上的导电图形（如元器件引脚焊盘、铜膜走线）以及说明性文字（如元器件轮廓、型号、参数）等构成。根据导电图形的参数不同，印制电路板可以分为以下几类：

（1）单面板：由一面敷铜的绝缘板构成，其结构如图 6-6（a）所示，一般包括

“元器件面”和“焊接面”两大部分。在 Protel 99 SE 编辑器中“元器件面”被称为 Top 顶层，“焊接面”被称为 Bottom 底层。单面板的特点是结构简单、生产成本低，对电路要求相对简单的电子产品一般采用单面板布线。

（2）双面板：由两面敷铜的绝缘板构成，其结构如图 6-6（b）所示，一般包括底层和顶层。由于可以两面走线，布线相对容易、布通率高，对多数电子产品如 VCD 机、DVD 机、单片机控制板等均采用双面板结构。双面板的特点是价格适中、布线容易，是目前制作印制电路板比较理想的选择。

（3）多层板：由数层绝缘板和数层导电铜膜压合而成，除了顶层和底层之外，还包括中间层、内部电源层和接地层。在多层板中，导电层的数目一般为 4、6、8、10 等，它主要适用于复杂的高密度布线场合，目前计算机设备中的主板、显示卡、声卡等均采用 4 层或 6 层印制电路板。图 6-6（c）所示是一种典型的 4 层印制电路板结构图。

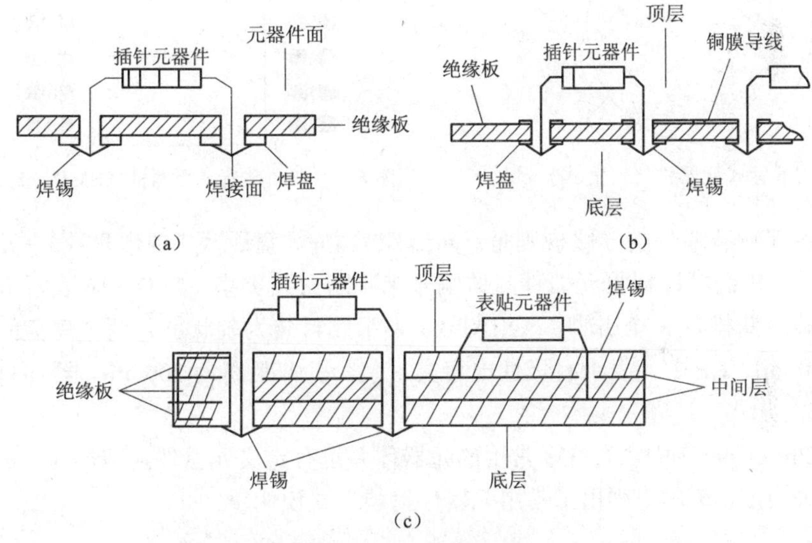

图 6-6　印制电路板结构

（a）单面板结构图；（b）双面板结构图；（c）四层印制电路板结构图

从图 6-6（c）可以看出，一个典型的 4 层印制电路板包括：顶层，两个中间层（Mid）和一个底层。顶层和底层用于布置印制导线，中间层一般是由整片铜膜构成的电源层或接地层，层与层之间是绝缘板，用于隔离各个板层，使之不受干扰。多层板的特点是布线容易，但制作工艺复杂，产品合格率低，生产成本高。

3. 印制电路板上的组件

1）元器件封装（Footprint）

元器件封装就是指实际元器件焊接到电路板时，所指示的外观形状尺寸和焊盘位置。它是一个空间上的概念。因此，不同元器件可以共用同一个元器件封装。另一方面，同类元器件也可以有不同的封装形式，如电阻就有：AXIAL0.4、

AXIAL0.5、AXIAL0.6 等多种封装形式，只有形状尺寸正确的元器件才能安装并焊接在印制电路板上。元器件封装有以下两大类：

（1）插针式元器件（直插式）封装，如图 6-7 所示。此类元器件在焊接的时候需要先将元器件引脚插入焊盘导孔中，然后再焊锡。由于插针式元器件（直插式）封装的焊盘导孔贯穿整个印制电路板，所以在焊盘的属性对话框中，"板层（Layer）"属性必须设置为"多层板（MultiLayer）"。

（2）表面贴着式元器件（SMD）封装，如图 6-8 所示。此类元器件的焊盘只限于表面板层，所以在焊盘的属性对话框中，"板层（Layer）"属性必须设置为单一表面，如"顶层（Top　Layer）"或"底层（Bottom　Layer）"。

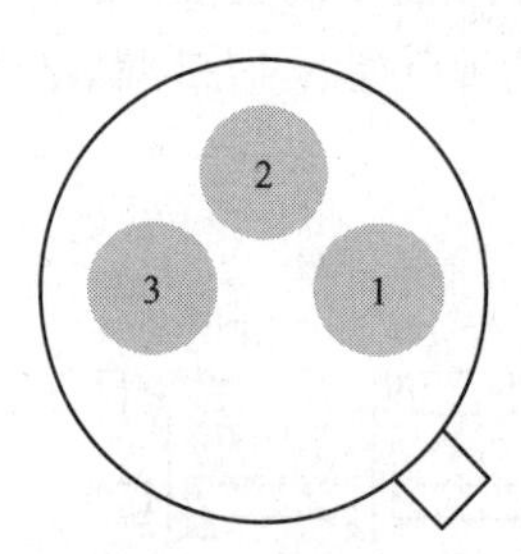

图 6-7　插针式元器件（直插式）封装

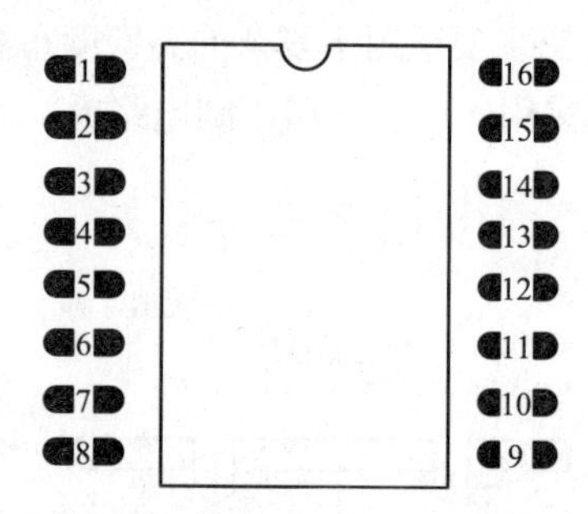

图 6-8　表面贴着式元器件（SMD）封装

元器件封装编号的一般规则是：元器件类型+焊盘距离（或焊盘数）+元器件外型尺寸。我们可以根据元器件封装编号来判断封装类型。如 DIP16 表示双列直插式封装，两排各 8 个引脚；AXIAL0.4 表示此封装为轴状的，两个焊盘间的距离为 400 mil，RB.2/.4 表示有极性电容类封装，引脚距离为 200 mil，器件直径为 400 mil。

在 Protel 99 SE 中，有许多常用的元器件并没有定义元器件封装形式，需要我们自己去指定，表 6-1 列出了常用元器件封装形式说明。

表 6-1　常用元器件封装形式说明

元器件	封装形式	说　明
二极管	DIODE0.4～DIODE0.7	其中数字表示焊盘间距，单位为英寸
晶体管	TO—XXX (TO—5、TO—18、TO—52、TO—220 等)	其中 XXX 为数字，表示不同的晶体管封装
无极性电容元器件	RAD0.1～RAD0.4	其中数字表示焊盘间距，单位为英寸
有极性电容元器件	RB.2/.4～RB.5/1.0	斜杠前的数字表示焊盘间距，斜杠后的数字表示器件直径，单位为英寸
电阻类无源元器件	AXIAL0.3～AXIAL1.0	其中数字表示焊盘间距，单位为英寸
单列直插	SIPXX	其中 XX 表示引脚数

续表

元器件	封装形式	说　明
双列直插	DIP-XX	其中 XX 表示引脚数
可变电阻	VR1～VR5	
石英晶体	XTALI	

元器件封装对于印制电路板是非常重要的，如果画错或选错，印制电路板就可能因为元器件不能正确安装或焊接而报废。实际操作中，究竟选择哪一封装，完全取决于实际元器件的外形尺寸。

2）铜膜走线（Track）

铜膜走线是用于连接各个焊盘的导线，也简称走线。它是印制电路板中最重要的部分，几乎所有的印制电路板的设计工作都是围绕着如何走线进行的。一般铜膜走线在顶层走水平线，在底层走垂直线。而顶层与底层走线之间的连接采用过孔连接，如图 6-9 所示。

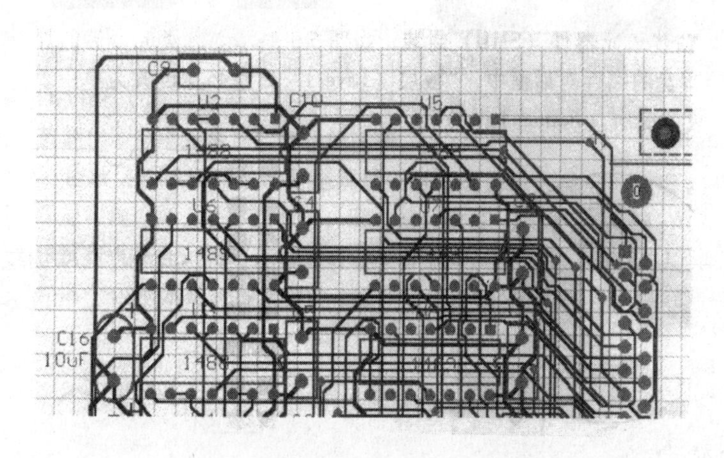

图 6-9　铜膜走线（双面板）的实例

还有一种与铜膜走线密切相关的线叫飞线，如图 6-10 所示。飞线是系统在引入网络表以后，根据电路原理图中网络的连接情况生成的用来指示布置铜膜走线的一种连接。

飞线和铜膜走线有着本质的区别。飞线只是一种形式上的连接，它只是从形式上表示了各个焊盘之间的连接关系，没有实际的电气连接意义；而铜膜走线则是根据飞线指示的焊盘之间的连接关系而布置的，是具有实际电气连接意义的连接导线。

3）焊盘（Pad）

焊盘的作用是放置焊锡，以便连接铜膜走线和元器件引脚。其具体外形如图 6-11 所示。

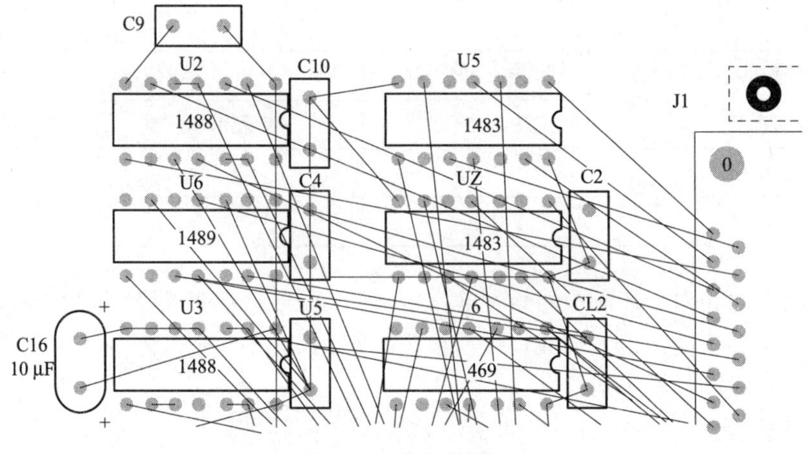

图 6-10　飞线的实例

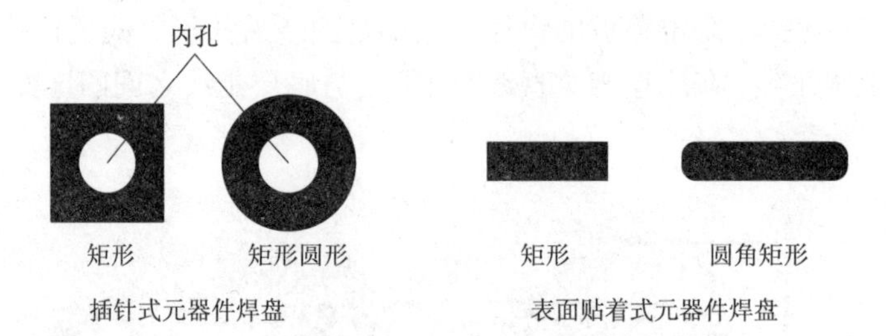

图 6-11　焊盘的类型

4）过孔（Via）

过孔也称为金属化孔，它的作用是用于连接不同板层间的铜膜走线。

过孔有三种类型：穿透式过孔、半隐藏式过孔和隐藏式过孔，如图 6-12 所示。

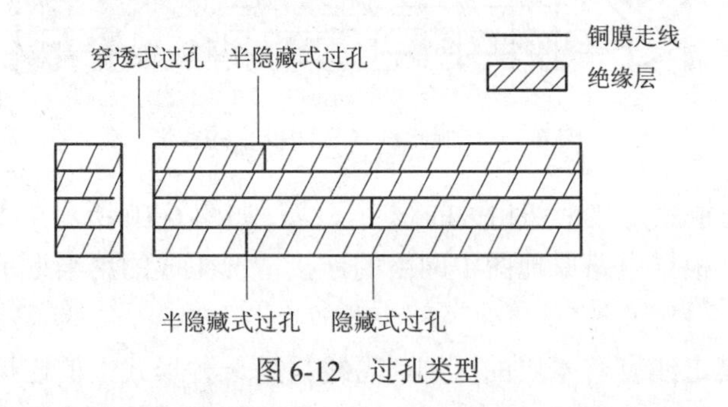

图 6-12　过孔类型

5）禁止布线层（Keep Out Layer）

禁止布线层用于确定电路板的尺寸和布线范围。

6）丝印层（Overlay）

丝印层用于书写文字、元器件参数等说明。丝印层分为顶层丝印层（Top Overlay）和底层丝印层（Bottom Overlay）。

7）机械层（Mechanical）

机械层用于放置指示性文字，如电路板尺寸等。

4. 如何设计印制电路板

在计算机上利用 Protel 99 SE 来设计印制电路板有以下两种方法：

1）手工布线法（如图 6-13 所示）

（1）进入 PCB 编辑环境，人工确定电路板的层数和尺寸。

（2）人工放置元器件封装。

（3）调整元器件封装的布局。

（4）根据原理图，人工放置铜膜走线和标注。

（5）存盘并打印文件。

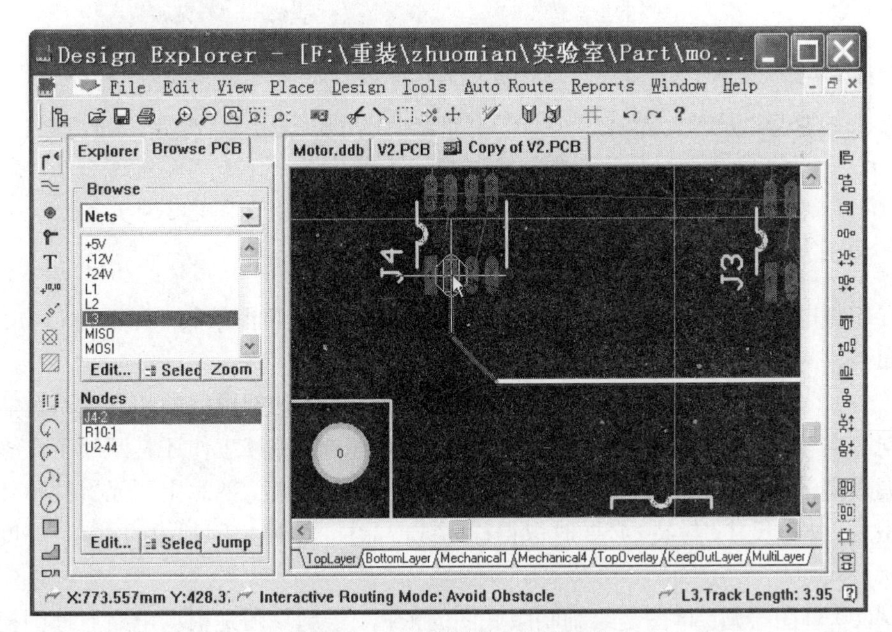

图 6-13　手工进行 PCB 的布线

2）自动布线法（利用原理图自动设计印制电路板，如图 6-14 所示）

（1）使用原理图编辑器设计电路原理图，产生网络表（Netlist）。

（2）进入 PCB 编辑器，确定电路板的层数、尺寸等参数。

（3）加载网络表。

（4）自动布局元器件与人工调整元器件相结合，将元器件合理地布置在电路板上。

（5）设置自动布线规则，进行自动布线。

（6）手工修改走线并调整元器件标注。

（7）存盘并打印文件。

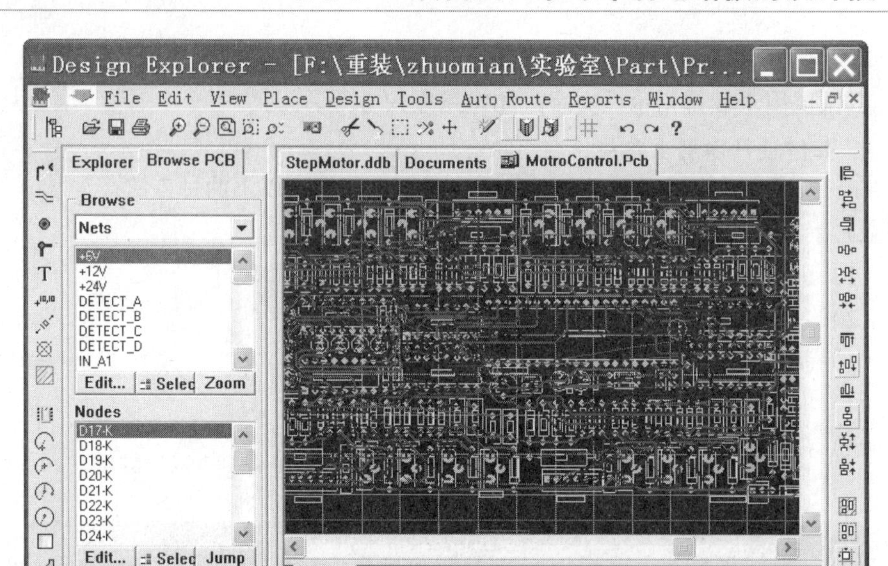

图 6-14　自动布线过程

相关知识二　印制电路板设计的基本步骤

印制电路板设计通常有以下几步：设计前的准备、草图绘制、元器件布局、设计布线、制版底图的绘制以及加工工艺图及技术要求。

（1）设计前的准备。了解电路工作原理、组成和各功能电路的相互关系及信号流向等内容，了解印制电路板的工作环境及工作机制（连续工作还是断续工作等）；掌握最高工作电压、最大电流及工作频率等主要电路参数。熟悉主要元器件和部件的型号、外形尺寸、封装，必要时取得样品或产品样本；确定印制板的材料、厚度、形状及尺寸。

（2）草图绘制。草图是绘制制版底图的依据。绘制草图是根据电路原理图把焊盘位置、间距、焊盘间的相互连接、印制导线的走向及形状、整图外形尺寸等均按印制板的实际尺寸（或按一定比例）绘制出来，作为生产印制板的依据。

（3）元器件布局。元器件布局可以手工进行，也可以利用 CAD 自动进行，但布局要求、原则、布放顺序和方法都是一致的。元器件布局要保证电路功能和技术性能指标，且兼顾美观性，排列、疏密得当；满足工艺性，便于检测、维修等。

（4）设计布线。在整个印制板设计中，以布线的设计过程限定最高、技巧最细、工作量最大。印制板设计布线有单面布线、双面布线及多层布线；布线的方式有手动布线、自动布线两种。进入布线阶段时往往会发现元器件布局方面的不足，需要调整和改变布局，一般情况下设计布线和元器件布局要反复几次才能获得比较满意的效果。

（5）制版底图的绘制。印制电路板设计定稿以后，生产制造前必须将设计图转换成印制板实际尺寸的原版底片。制版底图的绘制有手工绘图和计算机绘图等方法。一般将导电图形和印制元器件组成的图称为线路图。除线路图外，还有阻焊图和字符标记图两种制版底图，根据印制板种类和加工要求，可以要求其中的一两种或全部。阻焊图和字符标记图也称为制版工艺图。

（6）加工工艺图及技术要求。设计者将图纸交给制板厂时需提供附加技术说明，一般通称为技术要求。技术要求必须包括：外形尺寸及误差；板材、板厚；图纸比例；孔径及误差；镀层要求；涂层（包括阻焊层和助焊剂）要求。

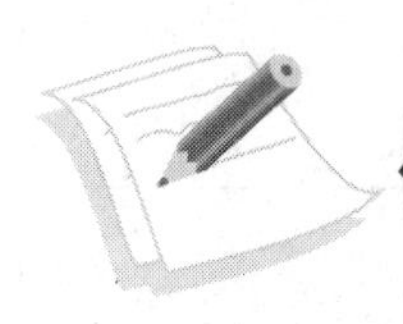

任务二　555 定时器应用电路印制电路板的设计制作

相关知识一　手工设计印制板

手工设计印制板就是用手动操作的方法完成布局和布线工作。这里以如图 6-15 所示原理图为例来说明手工设计印制电路板的方法。

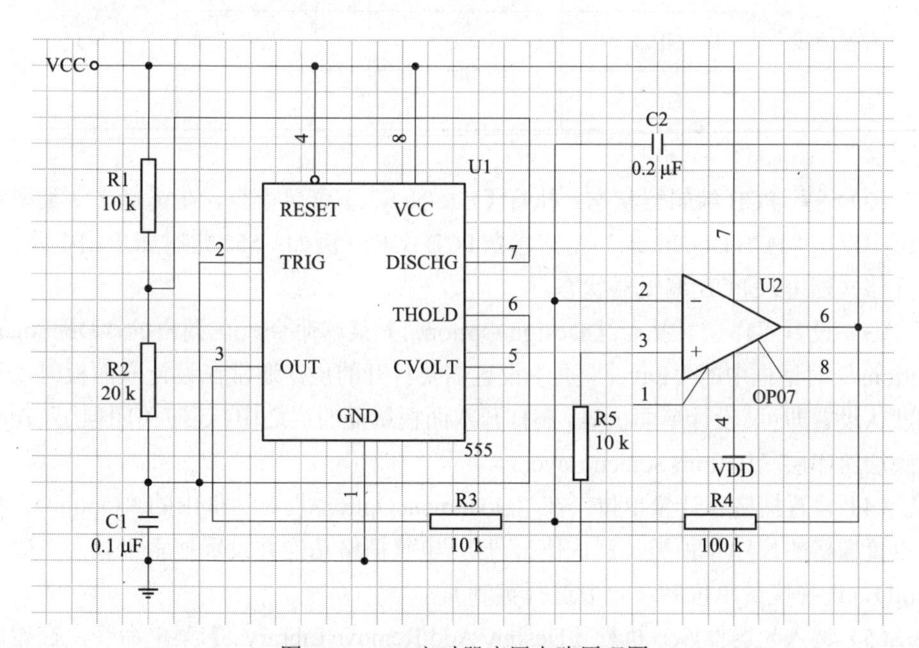

图 6-15　555 定时器应用电路原理图

1. 准备工作

（1）熟悉原理图。电路板是根据原理图进行设计的，因此在设计前对原理图中的连接关系、元件及其对应的封装形式应该做到心中有数。图 6-15 所示原理图中元件的有关参数如表 6-2 所列。

表 6-2　原理图中元件的相关参数

元件名称	元件标号	元件注释	封装形式	同类元件总数
电阻	R1	10 k	AXIAL0.4	5
	R2	20 κ	AXIAL0.4	
	R3	!0 k	AXIAL0.4	
	R4	100 k	AXIAL0.4	
	R5	10 k	AXIAL0.4	
电容	C1	0.1 μF	RAD0.2	2
	C2	0.1 μF	RAD0.2	
定时器	U1	555	DIP8	1
运算放大器	U2	OP07	DIP8	1
电源及地线	VCC		无	3
	NDD		无	
	GND		无	

（2）进入 PCB 编辑器状态。执行【File/New...】菜单命令，在选择文件类型对话框中双击“PCB Document”图标建立 PCB 文档（例如：555 定时器应用电路），打开该文档进入 PCB 编辑器状态。

（3）设置工作层。执行【Design/Option...】菜单命令，在调出的“Document Options”对话框中的“Layer”页中设置需要打开的层。通常在设计双面板时，采用默认设置即可。设计单面板时，在打开双面板所需的层之中，还应关闭顶层（Top）和底层丝印层（Bottom Screen Layer）。

（4）设置栅格和计量单位。在“Document Options”对话框中的“Options”页中设置栅格的尺寸和种类（默认值），打开电气栅格功能并设置搜索半径（一般为 5 mil），选择度量单位制（一般选择英制）。

（5）调入元器件库。执行【Design/ Add/Remove Library...】菜单命令，在调出的对话框中选择设置“Advpcb.ddb”元件库，按“OK”按钮，关闭对话框。

（6）调整显示比例。反复按 Page Up 键，将显示比例调至合适（以能看清第 2 栅格线为准）。

2. 手工布局

（1）绘制电路板轮廓线。执行【Place/Track】命令进入放置走线状态，在“Keep Out Layer”（禁止布线层）画出印制板的轮廓线（2 000 mil×2 000 mil）。若轮廓尺寸不合适，可执行【Edit/Move/Drag】命令用拖动走线的方法进行调整。

（2）放置元器件。执行【Place/Components】菜单命令，在调出的对话框中输入元器件（封装形式）名称、标号和注释（参数型号等），按“OK”按钮，关闭对话框。移动元器件到合适位置后单击鼠标左键将该元器件放置。所有元器件放置完毕后，单击鼠标右键或对话框中的“Cancel”按钮关闭对话框。参照表6-2放置元器件后的印制电路板如图6-16所示。原理图中的电源和接地符号没有对应的封装形式，在印制电路板图中放置了3个带有相应标注的焊盘与其相对应。

（3）调整元器件布局。执行【Edit/Move/Component】命令，选择元器件后单击鼠标左键使其处于可移动状态。移动元器件到合适位置后，单击鼠标左键放置元器件。将所有元器件重新布局后，单击鼠标右键或按Esc键退出移动元器件状态。调整布局后印制电路板如图6-17所示。

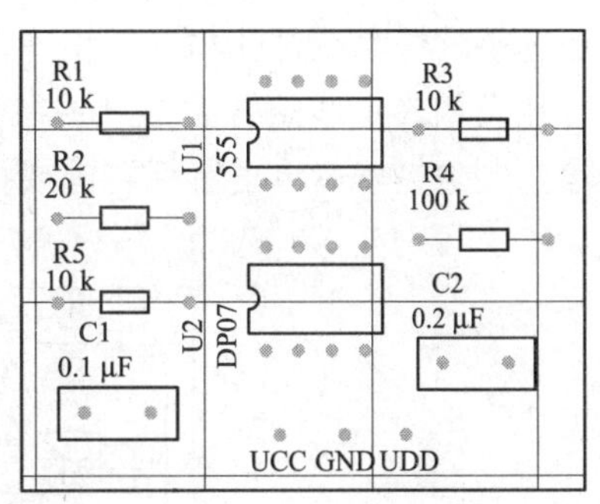

图6-16 放置了元器件的情况

（4）调整元器件标注位置。执行【Edit/Move/Drag】命令，移动光标选择标注，单击鼠标左键使其处于可移动状态。移动标注到合适位置后，单击鼠标左键将其固定。将所有标注重新布局后，单击鼠标右键或按Esc键退出移动状态。以上方法也可以用来移动其他对象。调整标注后的印制电路板如图6-18所示。

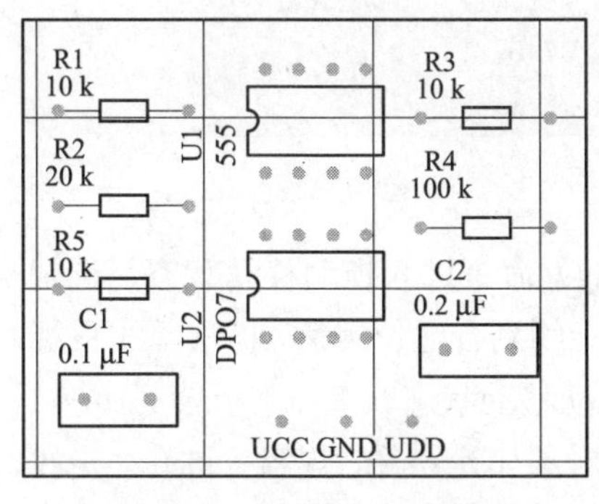

图6-17 调整元器件布局

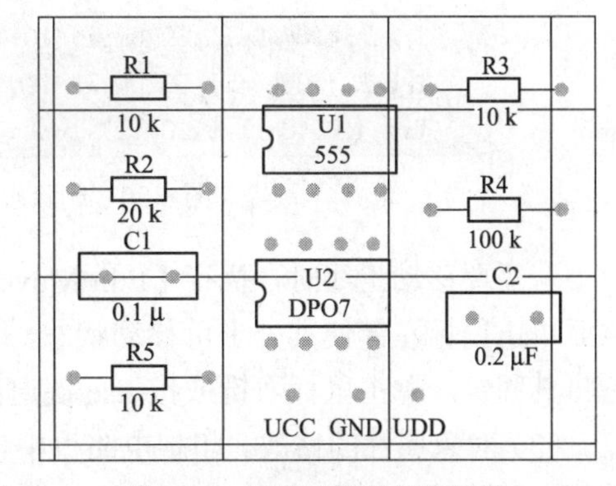

图6-18 调整元器件标注位置

3. 手工布线

（1）放置走线。执行【Place/Track】命令进入放置走线状态，（或用画线工具按钮）移动光标到欲放置走线的起点端，单击鼠标左键开始放置。在放置过程中按 Shift+ 空格键可以改变走线的方式，如转折 45°、转 90°、弧线转折、任意角度转折等方式；若改变当前层时，将会自动在当前层位置放置一个过孔。一段走线放置完毕后，单击鼠标左键后可继续放置走线，而单击鼠标右键时，可以重新选择起点，按上述方法继续画线。若再次单击鼠标右键或按 Esc 键退出放置走线状态。布线后的印制板如图 6-19 所示。

（2）布线的调整。当手工布线的结果不太理想时，就需要对布线进行调整，实际上就是对不理想的设计对象如走线、过孔、焊盘等进行删除、移动或重新布线等操作。

如果需要删除走线时，执行【Edit/Delete】命令进入删除状态，移动光标选择需要删除的设计对象，单击鼠标左键或按下 Enter 键即可将选中的设计对象删除。若选中的焊盘或过孔与走线相连，则会出现类似于如图 6-20 所示的对话框，列出过孔及相连走线的有关信息，在其中选择需要删除的对象并单击鼠标左键进行删除。删除完毕后单击鼠标右键或按 Esc 键退出删除状态。

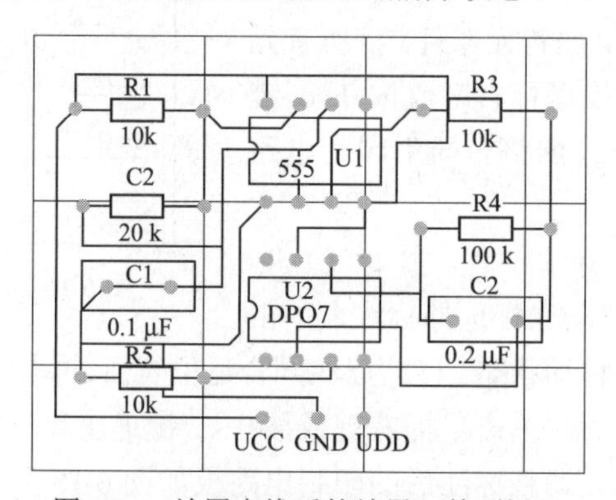

图 6-19　放置走线后的结果（单面板）

```
Track (10040mil,5920mil)(10160mil,5860mil)  TopLayer
Track (10040mil,5920mil)(10040mil,6740mil)  BottomLayer
Via (10040mil,5920mil) TopLayer to BottomLayer
```

图 6-20　删除对象询问对话框

若需要移动走线时，执行【Edit/Move/Drag】命令进入拖动移动状态，选择走线后单击鼠标左键使其处于可移动状态，移动走线到合适位置后，再次单击鼠标左键将其固定。单击鼠标右键或按 Esc 键退出拖动移动状态。

（3）对象属性的修改。印制电路板中设计对象如元器件、焊盘、过孔、走线、字符串等的属性不合适时，可双击该对象调出其属性对话框，然后在其对话框中进行设置修改。

（4）保存文件。绘制完成后，执行【File/Save】命令将绘制好的印制电路板图保存起来。

任务三　两级放大电路印制电路板的设计制作

进一步了解元器件的封装；掌握“利用向导生成 PCB 板”的方法；进一步掌握元器件布局的方法和原则，学会自动布线。

相关知识一　自动布线

如图 6-21 所示是一个两级放大电路的原理图，现在将它生成印制电路板图。要求印制电路板使用模板向导生成，水平放置，图纸为矩形板，板子尺寸为 1 500 mil×1 500 mil；双层板；采用通孔元件，邻近焊盘间的导线数为 2 根；可视网格大小为 200 mil；自动布线。

步骤 1：新建设计项目文件和原理图文件，绘制原理图。

（1）新建文件并保存。启动 Protel，新建一个 PCB 项目文件，重命名为“两级放大电路.PrjPCB”；在该项目中新建一张原理图文件，重命名为“两级放大电路.SchDoc”，保存位置为“D:\PCB 制板\两级放大电路\”。

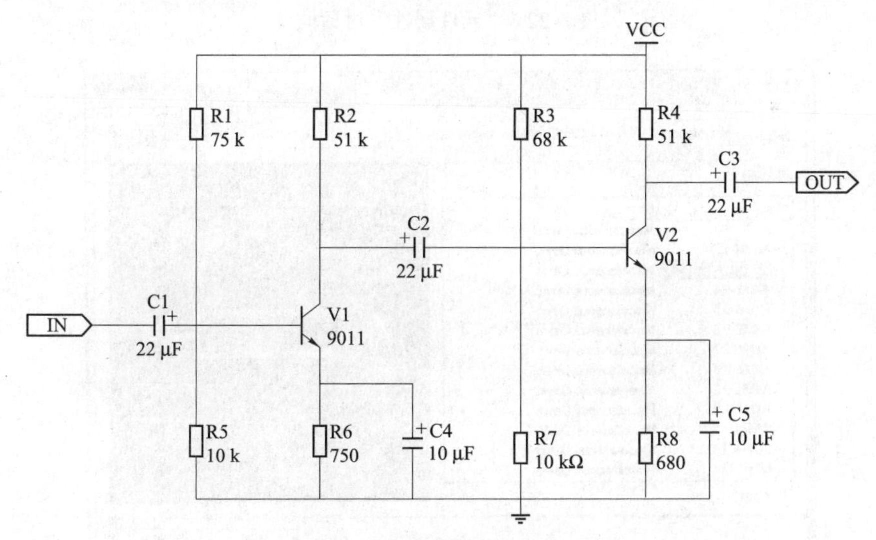

图 6-21　两级放大电路原理图

（2）绘制原理图。在“两级放大电路.SchDoc”文件中绘制如图 6-22 所示的原理图。

步骤 2：为原理图中的元器件添加封装。

（1）打开元件库：确保当前加载的元件库为“Miscellaneous Devices Intlib”。

（2）为元器件添加封装：打开原理图，双击 R1，打开该元件的属性对话框，如图 6-22 所示。本例中，需要将电阻元件的封装设置为 AXIAL—0.3，单击“编辑”按钮，打开“PCB 模型”对话框，在“PCB 库”区域中选择“任意”选项，则“封装模型”区域处于可编辑状态，单击“名称”文本框右边的“浏览”按钮打开“库浏览”对话框，如图 6-23 所示。

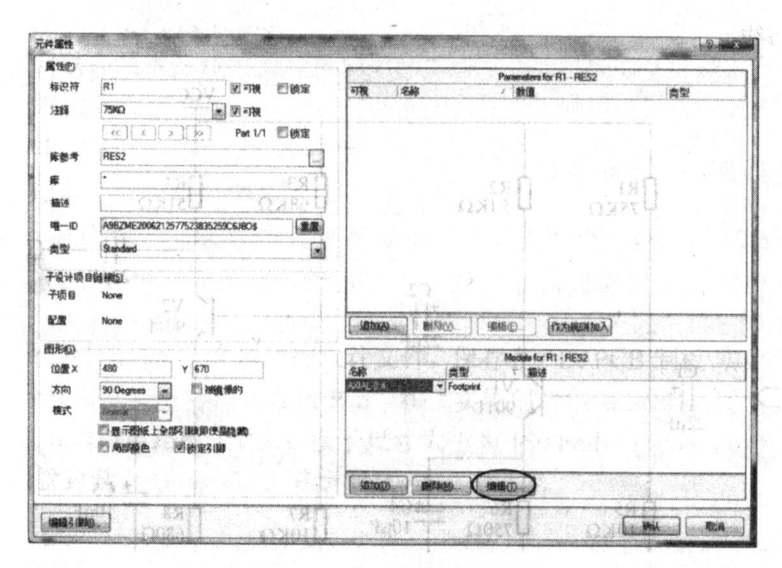

图 6-22　“元件属性”对话框

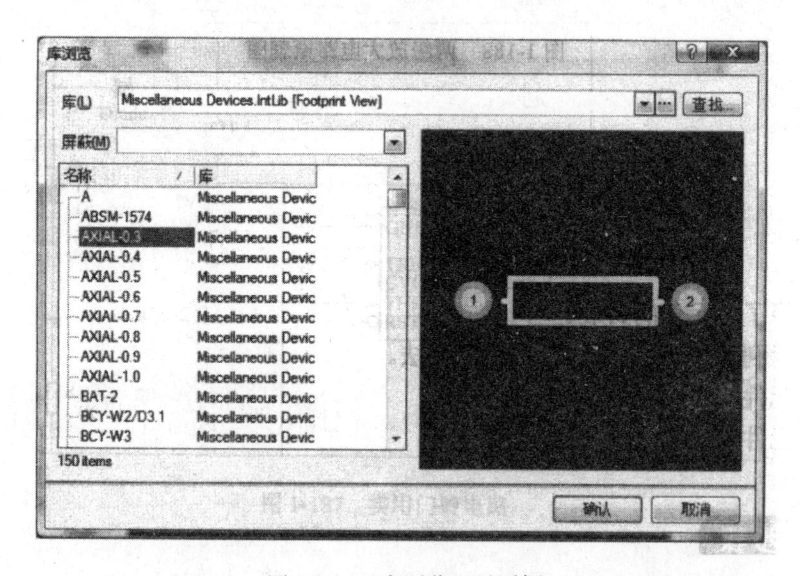

图 6-23　“库浏览”对话框

在“库”下拉列表框中选择 Miscellaneous Devices IntLib[Footprint View]，在“名称”栏中选择 AXIAL—0.3，单击“确认”按钮退出。依此类推，分别按照如表 6-3 所列的要求设置其余元件的属性。

表 6-3 两级放大电路元器件封装清单

元件名称	标示符	封装（Footprint）
电阻	R1～R8	AXIAL-0.3
极性电容	C1～C5	CAPPR2-5X6.8
三极管	V1～V2	BCY-W3/E4

步骤 3：ERC 检查，生成网络表。

元器件封装设置好后，对原理图进行 ERC 检查，排除错误后生成网络表。

步骤 4：根据模板向导生成 PCB 文件。

PCB 设计模板向导提供了许多工业标准板的尺寸规格，也可以由用户自定义设置。这种方法适合于各种工业制板，操作步骤如下：

（1）在窗口左边的 Projects 面板底部单击 Files 标签，切换到 Files 面板，如图 6-24 所示，单击“隐藏选项”按钮，显示最下方的【根据模板新建】选项，单击“PCB Board Wizard”命令。启动的 PCB 电路板设计向导如图 6-25 所示。此向导将帮助建立和设定一个新的印刷电路板。

（2）单击“Next”按钮，进入下一界面，对 PCB 板进行度量单位设置。

系统提供两种度量单位：一种是系统默认的英制单位（Imperial），另一种是公制单位（Metric），印制板中常用的是英寸（Inch）和 mil（千分之一英寸）。1 mil＝0.025 4 mm。

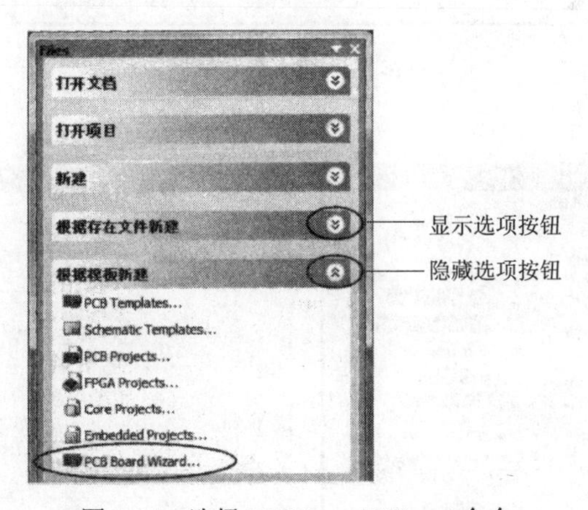

图 6-24 选择 PCB Board Wizard 命令

（3）单击“Next”按钮，进入下一界面，对 PCB 板进行尺寸类型指定。如图 6-26 所示。

（4）单击“Next”按钮进入下一界面，设置电路板形状如图 6-27 所示。

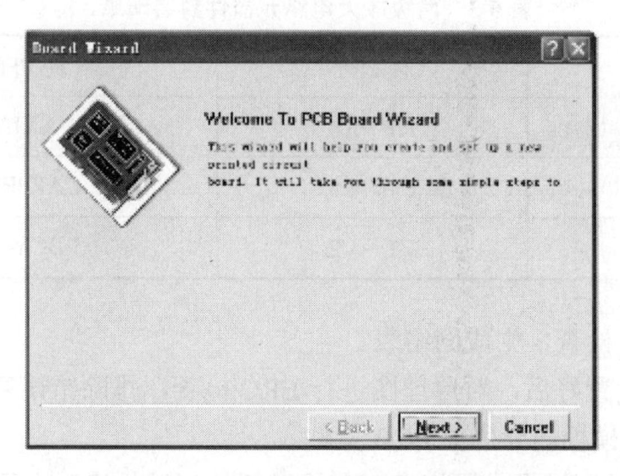

图 6-25 创建 PCB 设计文件向导

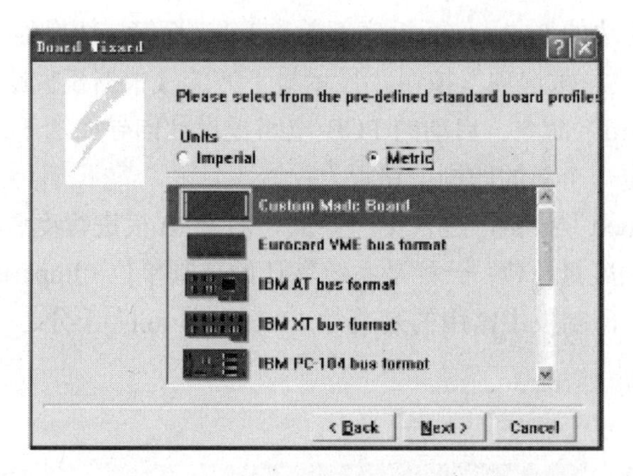

图 6-26 设置系统单位

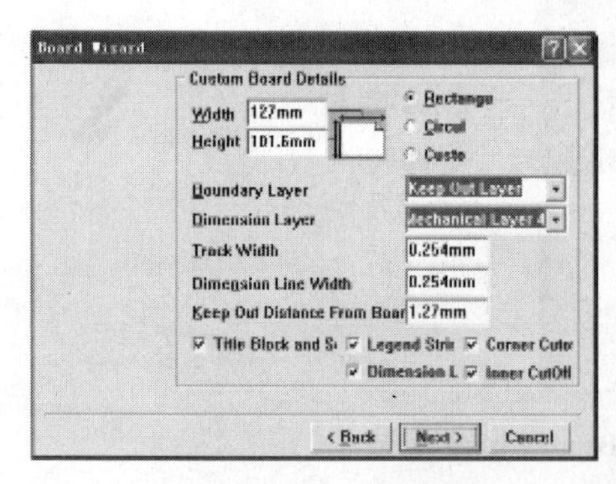

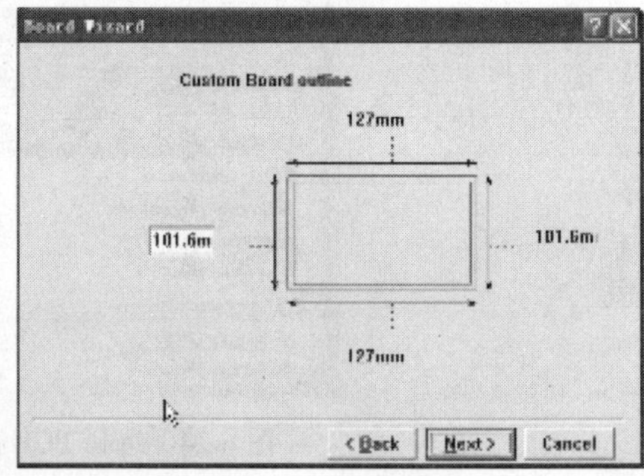

图 6-27 设置电路板外形

（5）单击“Next”按钮进入下一界面，对 PCB 板的信号层和内部电源层数目进行设置，如图 6-28 所示。本例设计双面板，故信号层数为 2，电源层数为 0，不设置电源层。

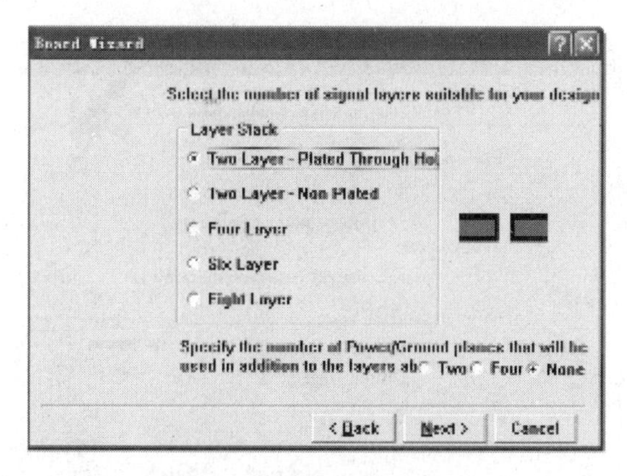

图 6-28　工作层面设置对话框

（6）单击“Next”按钮进入下一界面，设置所使用的过孔类型，这里将过孔归为两类可供选择：一类是通孔（穿透式过孔），另一类是盲过孔和埋过孔，本例中使用通孔，如图 6-29 所示。

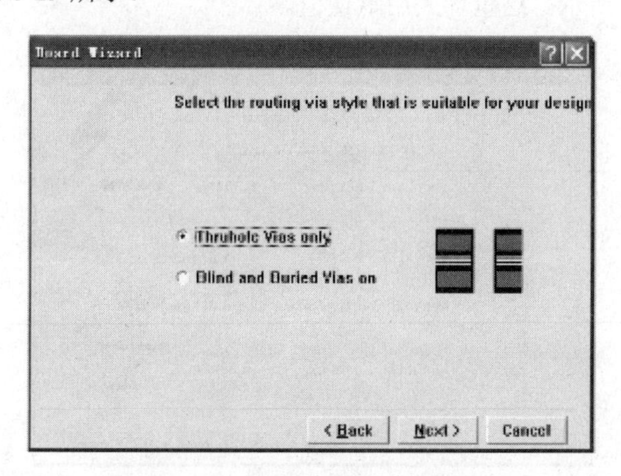

图 6-29　设置过孔样式对话框

（7）单击“Next”按钮，进入下一界面，设置所使用元器件的类型和布线的风格，如图 6-30 所示。在“此电路板主要是”（The board has mostly）选项区域中，有两个选项可供选择，一个是表面贴装元件；另一个是通孔元件。

（8）单击“Next”按钮，进入下一界面，在这里可以设置导线和过孔的属性，如图 6-30 所示。图中所示的导线和过孔属性设置对话框中的选项设置及功能如下：

① 最小导线尺寸：设置导线的最小宽度，单位为 mil。实际电路的线宽可根据通过电流的大小进行设置。

② 最小过孔宽：设置焊盘的最小直径值。

③ 最小过孔孔径：设置焊盘的最小孔径。

④ 最小间隔：设置相邻导线之间的最小安全距离。

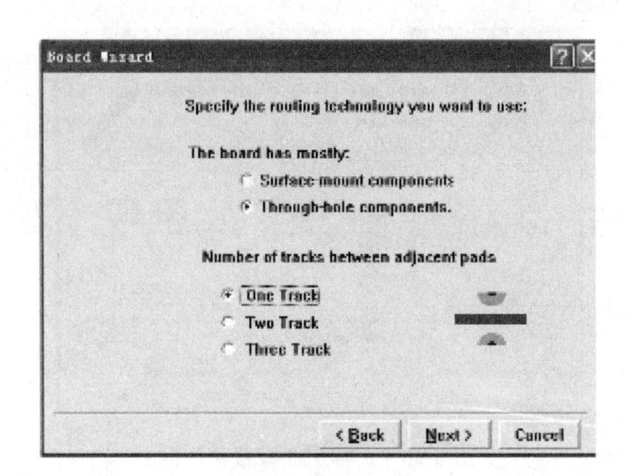

图 6-30 元器件选型和布线放置对话框

这些参数可以根据实际需要进行设定，单击相应的位置即可进行参数修改，如图 6-31、图 6-32 所示。这里均采用默认值。

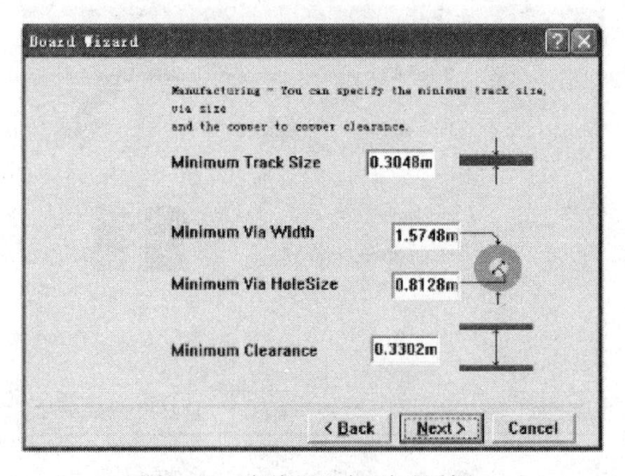

图 6-31 布线设计规则对话框

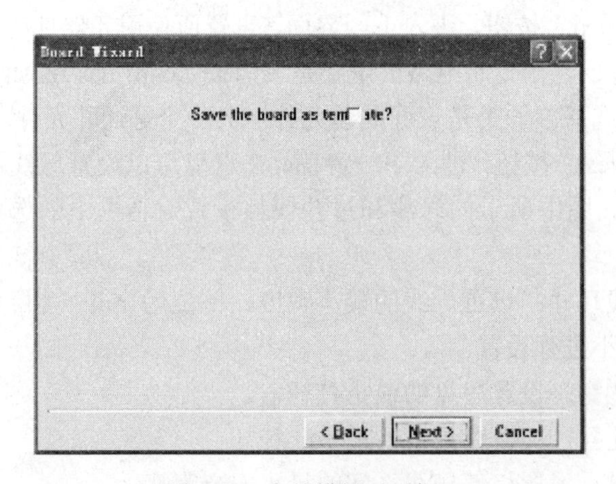

图 6-32 存储模板对话框

（9）单击“Next”按钮，出现 PCB 设置完成界面，单击“Finish”按钮，将启动 PCB 编辑器，至此完成了使用 PCB 向导新建 PCB 板的设计，如图 6-33 所示。

新建的 PCB 文档将被默认命名为“PCB1.PcbDoc”，编辑区中会出现设定好的空白 PCB 纸。在文件工作面板中右击，在弹出的快捷菜单中选择“另存为”选项，将其保存为“两级放大电路 PCB 图.PcbDoc”，并将其加入到“两级放大电路.PrjPCB”项目中。

步骤 5：规划印制电路板。

（1）图纸的设定。

① 选择【设计】命令，弹出“PCB 板选择项”对话框。

② 设置度量单位：在“可视网格”区域中网格 2 改为 50 mil，将“捕获网格”区域中的 X、Y 值和“元件网格”区域中的 X、Y 值均改为 10 mil，其余默认，单击“确认”按钮。

图 6-33　完成 PCB 电路板向导对话框

（2）定义当前层。

单击编辑区下方的 Top Layer 标签，将 Top Layer（顶层）设为当前层，元器件就放在该层上。

步骤 6：将电路原理图文件传输到 PCB 中。

（1）打开原理图，选择“设计”/“Update PCB 两级放大电路 PCB 图.PcbDoc”命令。

（2）把 Add Rooms 前的对钩去掉，单击“使变化生效”按钮，系统将检查所有的更改是否都有效，如果有效，将在右边的“检查”栏的对应位置打钩；如果有错误，“检查”栏中将显示红色错误标识。

（3）单击“执行变化”按钮，系统将执行所有的更改操作，如果执行成功，“状态”区域中的“完成”列表栏将被勾选。

（4）单击“关闭”按钮退出，PCB 板编辑区变成如图 6-34 所示。元器件封装已导入到当前 PCB 文件中，PCB 文件已经被更新。

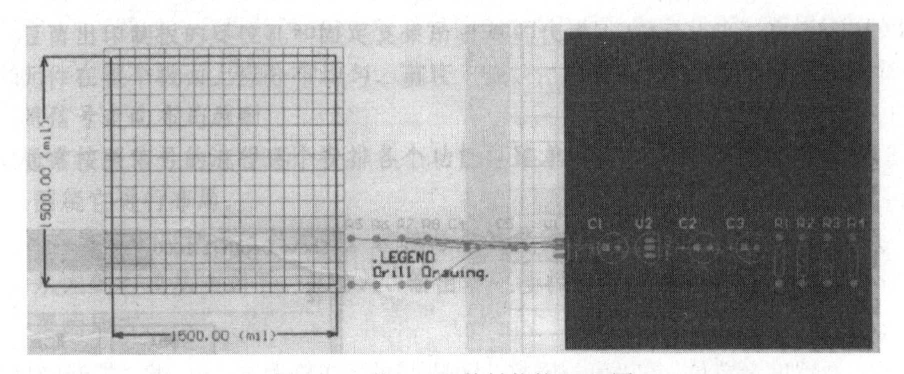

图 6-34　导入元器件封装的 PCB 图

步骤 7：元器件布局。

元器件数量比较多时，手动布局太浪费时间，可以选择自动布局。

（1）在 PCB 板文件中，选择【工具/放置元件/自动布局】命令，选择分组布局单选按钮，单击确认，系统开始布局，完成后如图 6-35 所示。

（2）设定推挤深度：自动布局后，元器件并没有完全分散开，选择【工具/放置元件/设定推挤深度】命令，在弹出文本框中输入“2”，单击“确认”按钮。

（3）推挤：选择【工具/放置元件/推挤】命令，单击重叠的元件，则元器件自动散开来。

通过自动布局的元器件摆放仍然不理想，还需要通过手动布局将元件一个个分开来摆放。元器件排列好的 PCB 板如图 6-36 所示。

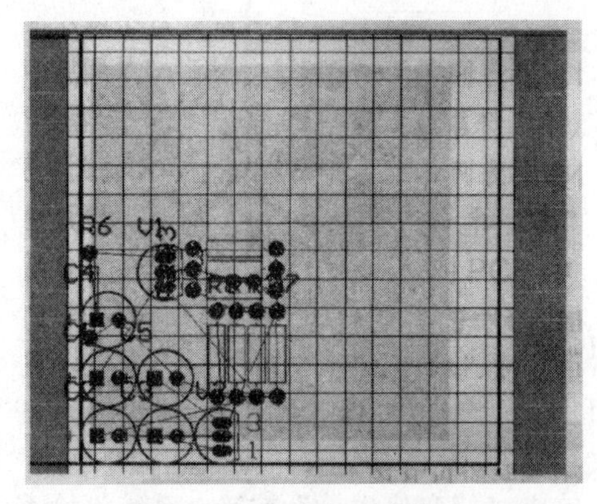

图 6-35　自动布局结果

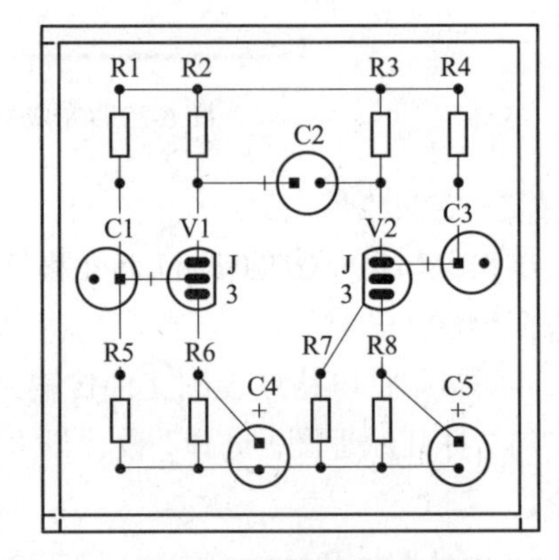

图 6-36　排列好的元器件

相关知识二　PCB 板布局的原则

合理的布局是 PCB 板布线的关键。如果单面板设计组件布局不合理，将无法完成布线操作；如果双面板组件布局不合理，布线时将会放置很多过孔，使电路板导线变得非常复杂。合理的布局要考虑到很多因素，比如电路的抗干扰等能力在很大程度上取决于用户的设计经验。

1. 元件排列规则

（1）在通常条件下，所有的元件均应布置在印制电路板的同一面上，只有在顶层元件过密时，才可能将一些高度有限并且发热量小的器件，如贴片电阻、贴片电容、贴片 IC 等放在底层。

（2）在保证电气性能的前提下，元件应放置在网格上且相互平行或垂直排列，以求整齐、美观，一般情况下不允许元件重叠；元件排列要紧凑，输入和输出元件尽量远离。

（3）某元器件或导线之间可能存在较高的电位差，应加大它们的距离，以免因放电、击穿而引起意外短路。

（4）带高电压的元件应尽量布置在调试时手不易触及的地方。

（5）重量超过 15 g 的元器件，应当用支架加以固定，然后焊接。

（6）位于板边缘的元器件，离板边缘至少有两个板厚的距离。

（7）应留出印制板的定位孔和固定支架所占用的位置。

（8）元器件在整个板面上应分布均匀、疏密一致。

2. 按照信号走向布局原则

（1）通常按照信号的流程逐个安排各个功能电路模块的位置，以每个功能电路模块的核心元件为中心，并围绕它进行布局。

（2）元件的布局应便于信号流通，使信号尽可能保持一致的方向。一般情况下，信号的流向安排为从左到右、从上到下，与输入、输出端直接相连的元件应当放在靠近输入、输出接插件或连接器的地方。

3. 防止电磁干扰

（1）对辐射电磁场较强的元器件，以及对电磁感应较灵敏的元件，应加大它们相互之间的距离或加以屏蔽，元器件放置的方向应与相邻的印制导线交叉。

（2）尽量避免高低电压器件相互混杂、强弱信号的器件交错在一起。

（3）对于会产生磁场的元件，如变压器、扬声器、电感等，布局时应注意减少磁力线对印制导线的切割，相邻元器件磁场方向应相互垂直，减少彼此之间的耦合。

（4）对干扰源进行屏蔽，屏蔽罩应有良好的接地。

（5）在高频工作的电路中，要考虑元器件之间的分布参数的影响。

4. 抑制热干扰

（1）对于发热元件，应优先安排在利于散热的位置，必要时可以单独设置散热器或小风扇，以降低温度，减少对邻近元器件的影响。

（2）一些功耗大的集成块、大或中功率管、电阻等元件，要布置在容易散热的地方，并与其他元器件隔开一定距离。

（3）热敏元件应紧贴被测元件并远离高温区域，以免受到其他发热功率大的元件的影响，引起误动作。

（4）双面放置元件时，底层一般不放置发热元件。

5. 可调元件的布局

对于电位器、可变电容器、可调电感线圈或微动开关等可调元件的布局，应考虑整机的结构要求，若是机外调节，其位置要与调节旋钮在机箱面板上的位置相适应；若是机内调节，则应放置在印制电路板上方便于调节的地方。

步骤8：放置焊盘（Pad）和过孔（Via）。

（1）选择【放置】→【焊盘】命令，依照图6-37所示放置5个焊盘，为输入、输出、电源、接地端设置，以便与外部连接。放下的焊盘默认为自由焊盘，其编号值自动从0开始，依次递增。

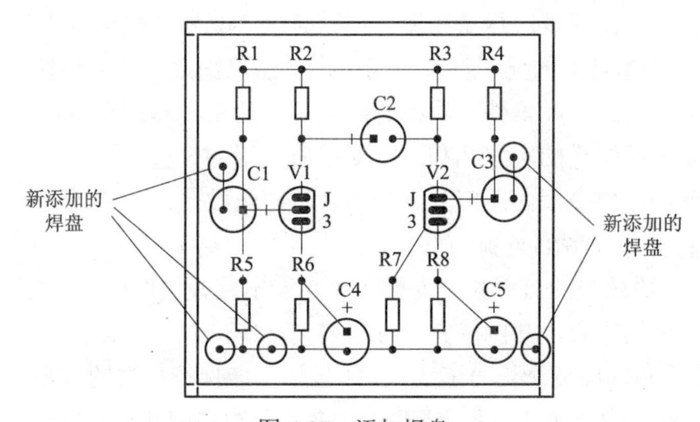

图6-37 添加焊盘

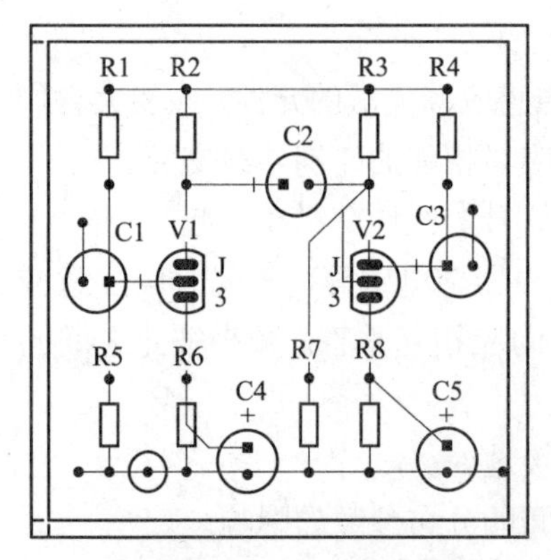

图6-38 布好线的PCB板

（2）设置自由焊盘网络属性，将焊盘分别连接至相应的网络中：参照原理图，分别双击放置的焊盘，弹出【焊盘】对话框，在“属性”区域中，将“网络”值设置为连接至相应网络。

步骤9：自动布线。

（1）选择【自动布线】→【全部对象】命令，系统弹出【Situs布线策略】对话框。

（2）单击Route All按钮，软件开始布线，布好线的PCB板如图6-38所示。

步骤10：保存文件。

保存文件，PCB设计结束。

结束语：

要设计绘制一个合格的PCB板，元件的封装必须设置正确。通过向导生成PCB

板时，注意关键项的设定，如印制板的尺寸、布线层等。在元器件较多的情况下，必须要充分考虑元器件的布局，做到既美观整齐，又将干扰因素减到最小。

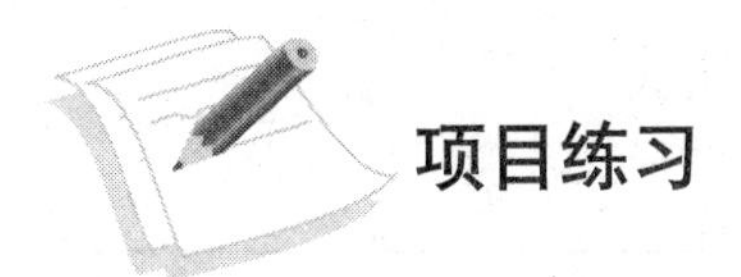

项目练习

1. 列出几种你所知道的电子线路 CAD 软件。

2. 试建立一个设计数据库文件，并在其中建立 PCB 文件，将元器件封装库 PCB Footprint，Miscellaneous，General IC，International Rectifiers 调入到电路板设计环境中。

3. 试说明元器件原理图和元器件封装图之间、元器件原理图引脚和元器件封装图焊盘之间的关系。

4. 绘制如图 6-39 所示的电路图，生成印制电路板。要求板子尺寸 1 500 mil×1 500 mil，电阻的封装设为 AXIAL-0.4，二极管封装为 Diode-0.7，其余默认。新建一个项目文件和一个原理图设计文件，保存在“D:\PCB 制板\实用门铃电路\”目录下，文件名分别为“实用门铃电路.PrjPcb”和“实用门铃电路.SchDoc”。

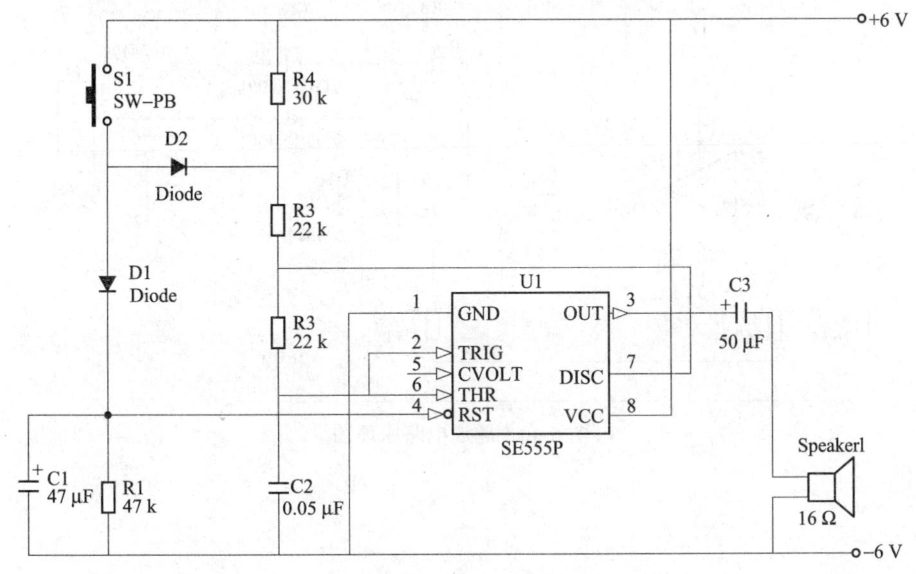

图 6-39　题 4 电路图

5. 波形产生电路原理图如下图 6-40 所示，试设计该电路的印制电路板。

设计要求：

（1）使用单面板；

（2）电源地线的铜膜线宽度为 40mil；

（3）一般布线的宽度为 20 mil；

（4）手工放置元器件封装；

（5）手工连接铜膜线；

（6）布线时只能单层走线。

该电路中元器件的封装形式及说明见下表：

元器件名称	封装形式	编号	说明
LM324	DIP14	U1AU1B	低功耗四运放
RES2	AXIALD0.3	R1R2R3R4R5R6R7	电阻
CAP	RAD0.2	C1C2	电容
POT2	VR2	R8	电位器
CON4	SIP4	J1	连接器
IN4001	DIODE0.4	VD1VD2	二极管

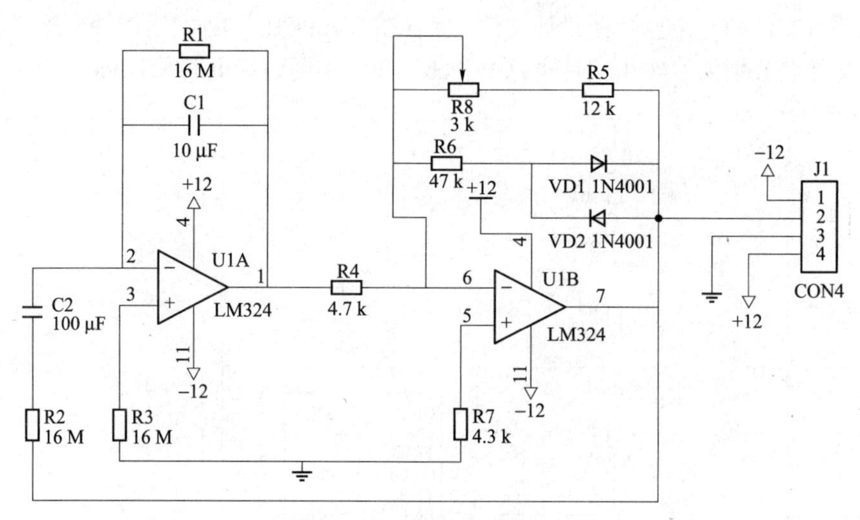

图 6-40 题 5 电路原理图

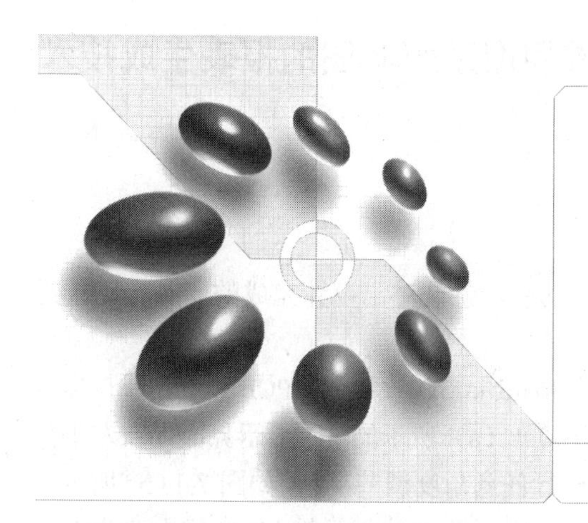

项目七 学习多层PCB板的设计制作技术

课题内容

PCB板三维显示操作技术；PCB板设计报表生成技术；PCB板多层板的设计制作技术；PCB板生产工艺流程知识。

训练任务

了解印制电路板的生产制作工艺流程，知道印制电路板生产的主要材料构成，掌握印制电路板的生产过程中的主要设备；学会利用三维显示的方法进行三维动态显示；学会使用PCB图的报表生成技术进行各种所用报表的生成方法；掌握多层PCB板的设计制作相关概念和设计制作方法。

学习目标

1. 学会三维视图显示操作。
2. 学会生成PCB报表的操作。
3. 学会多层印制电路板的设计制作。

任务一 学习三维视图及PCB图的报表生成技术

相关知识一 三维视图显示操作

三维视图是Protel 99 SE新增的一个功能，就是对已设计完成的印制电路板进行三维动态仿真显示。

要运行3D可执行菜单【View 视图\Board in 3D 查看3D PCB】命令或直接点击主菜单中的图标，系统会自动弹出如图7-1（a）所示的3D显示界面，在左下角的微型显示框内可用鼠标左键按住板框进行任意角度调节显示，如图7-1（b）所示。

请注意：运行三维视图前所有元件均应有正确的种类标号（如集成电路为U、晶体管为Q、电阻为R、电容为C、二极管为D、接插件为J等），否则无法进行正确的三维视图仿真。

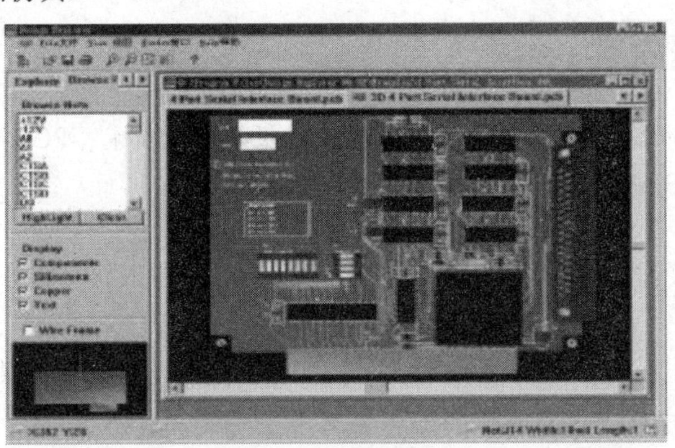

（a）顶面

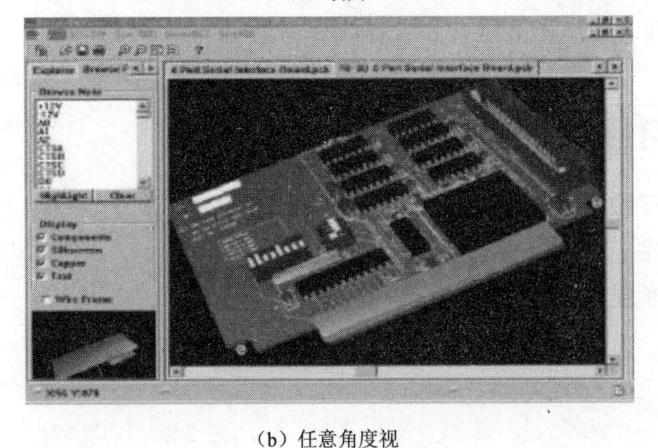

（b）任意角度视

图7-1 印制电路板的3D显示

相关知识二　报表的生成

Protel 99 SE 的 PCB 设计系统提供了生成各种报表的功能，它可以给设计者提供有关设计过程及设计内容的详细资料。

在 Reports 菜单项中，如图 7-2 所示，共有 Selected Pins（选取引脚报表）、Board Information（电路板信息报表）、Design Hierarchy（设计层次报表）、Netlist Status（网络状态报表）、Signal Integrity（信号分析报表）、Measure Distance（距离测量报表）和 Measure Primitives（对象距离测量报表）7 个选项。另外还有有关 CAM 数据报表，如 NC 钻孔报表、元件报表和插件表报表等。

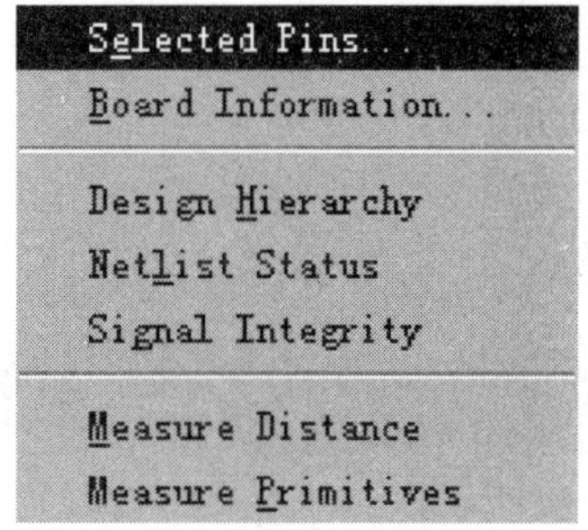

图 7-2　Reports 菜单项

1. 生成选取引脚报表

选取引脚报表的主要功能是将当前选取元件的引脚或网络上所连接元件的引脚在报表中全部列出来，并由系统自动生成 ＊.DMP 报表文件。生成选取引脚报表的操作步骤如下：

生成某元件的选取引脚报表的操作步骤

（1）打开要生成选取引脚报表的 PCB 文件。

（2）在 PCB 管理器中，单击【Browse PCB】选项卡，在“Browse”下拉列表框中选择“Components”（元件），在元件列表框中，选择一个元件（如 U12），然后单击 Select 按钮，选取该元件，如图 7-3 所示。利用这个方法可选中多个元件。在 PCB 图中，被选取的元件呈高亮。

（3）执行菜单命令【Reports/Selected Pins】，弹出如图 7-4 所示的【Selected Pins】（引脚选择）对话框。在对话框中，列出当前所有被选取元件的引脚。选择其中一个引脚，单击“OK”按钮，就会出现如图 7-5 所示的选取引脚报表文件，扩展名为.DMP，内容为所选中元件的全部引脚。

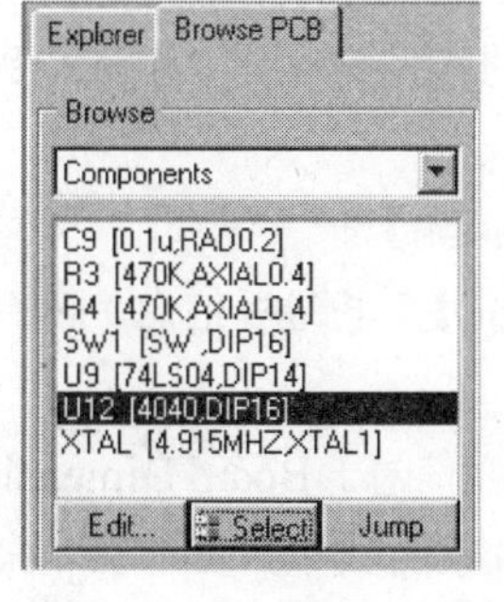

图 7-3　Browse PCB 选项卡

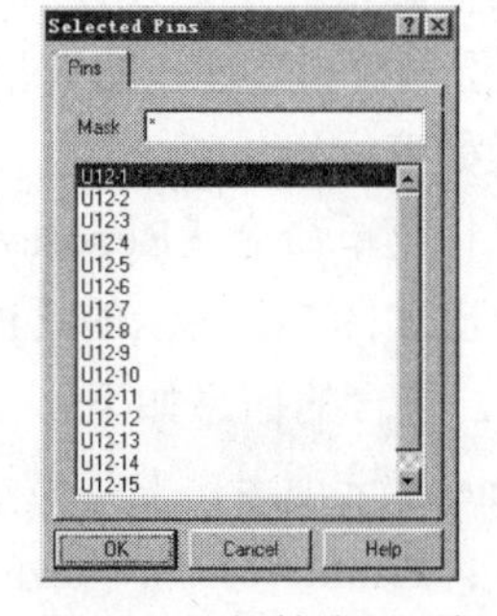

图 7-4　选择管脚对话框

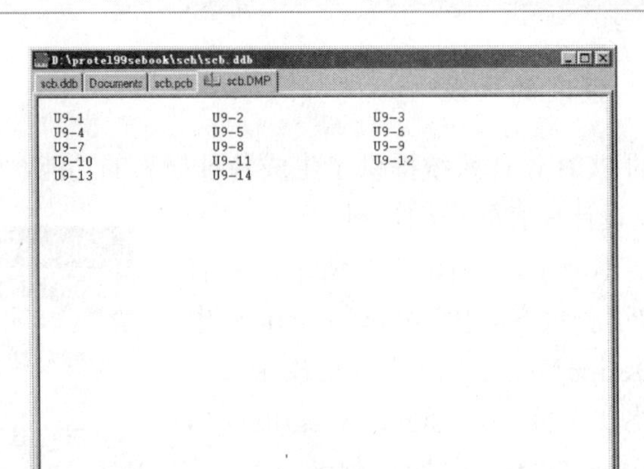

图 7-5　生成某元件的选取引脚报表

2. 生成某网络的选取引脚报表的操作步骤

与生成某元件的选取引脚报表不同的是，在 PCB 管理器中浏览对象选择的是网络，则生成的选取引脚报表内容为该网络所连接元件的全部引脚，便于设计者验证网络连接关系是否正确。如图 7-6 所示。

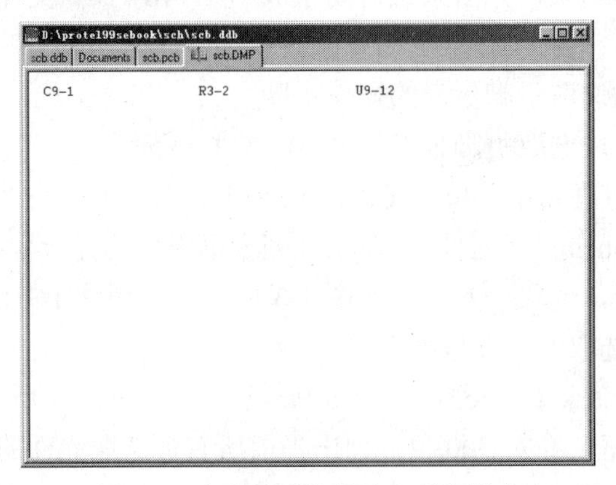

图 7-6　生成某网络的选取引脚报表

3. 生成电路板信息报表

电路板信息报表是为设计者提供所设计的电路板的完整信息，包括电路板尺寸、电路板上的焊盘、过孔的数量及电路板上的元件标号等。生成电路板信息报表的操作步骤如下：

（1）执行菜单命令【Reports/Board Information】。

（2）弹出如图 7-7 所示的【PCB Information】（电路板信息）对话框。共包括 3 个选项卡，包含的信息如下：

① General 选项卡：主要显示电路板的一般信息。Board Dimensions 栏，显示电路板尺寸；Primitives 栏，显示电路板上各对象的数量，如圆弧、矩形填充、焊盘、字符串、导线、过孔、多边形平面填充、坐标值、尺寸标注等内容；Other 栏，显示焊盘和过孔的钻孔总数和违反 DRC 规则的数目。

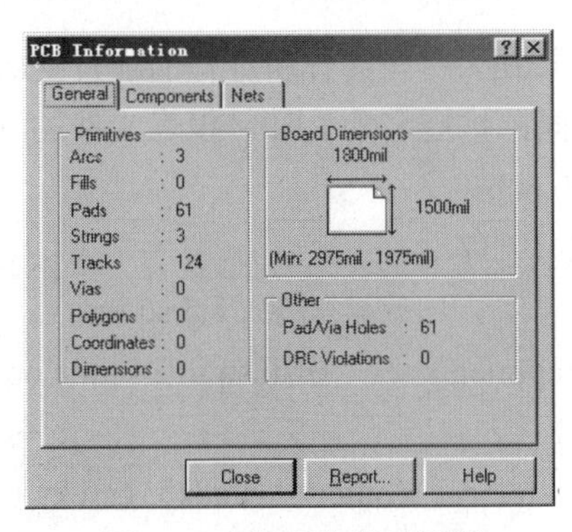

图 7-7 电路板信息对话框

② Components 选项卡：显示当前电路板上所使用的元件总数和元件顶层与底层的元件数目信息，如图 7-8 所示。

③ Nets 选项卡：显示当前电路板中的网络名称及数目，如图 7-9 所示。单击“Pwr/Gnd”按钮，会显示内部层的有关信息。

（3）单击“Report”按钮，弹出如图 7-10 所示的选择报表项目的对话框，用来选择要生成报表的项目。单击“All On”按钮，选择所有项目；单击“All Off”按钮，不选择任何项目；选中 Selected Objects Only 复选框，仅产生所选中项目的电路板信息报表。

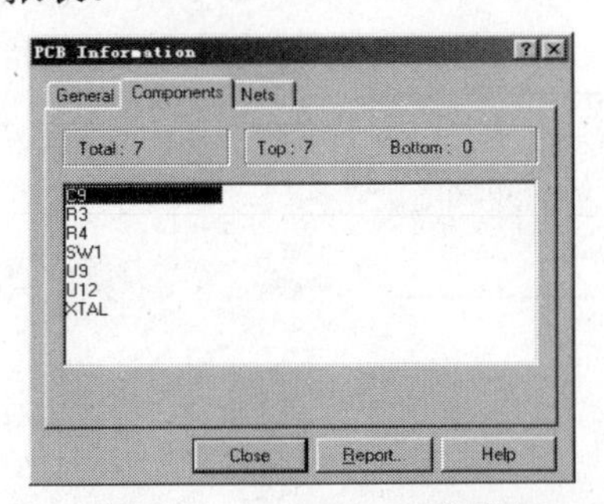

图 7-8 Components 选项卡

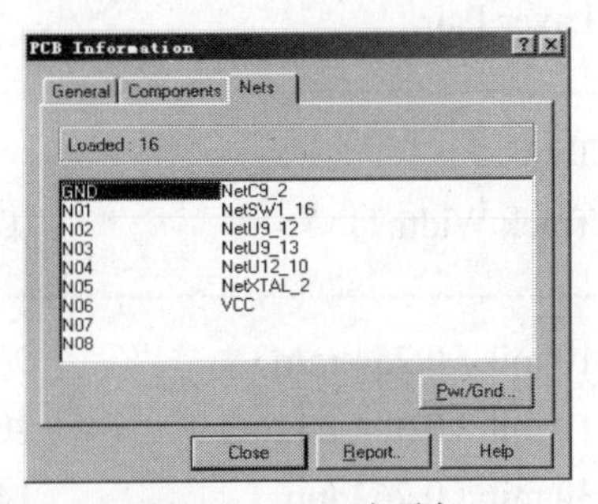

图 7-9 Nets 选项卡

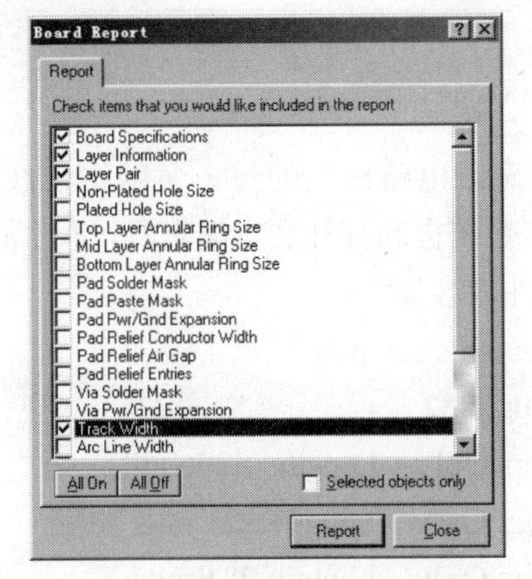

图 7-10 选择报表项目对话框

（4）单击“Report”按钮，将按照你所选择的项目生成相应的报表文件，文件名与相应PCB文件名相同，扩展名为.REP。报表文件的具体内容如下：

Specifications For scb.pcb

On 17-Jun-2003 at 00:17:37

Size Of board	1.8 x 1.5 sq in
Equivalent 14 pin components	0.70 sq in/14 pin component
Components on board	7

Layer	Route	Pads	Tracks	Fills	Arcs	Text
TopLayer		0	43	0	0	0
BottomLayer		0	38	0	0	0
Mechanical4		0	4	0	0	0
TopOverlay		0	35	0	3	17
KeepOutLayer		0	4	0	0	0
MultiLayer		61	0	0	0	0
Total		61	124	0	3	17

Layer Pair	Vias
Total	0

Track Width	Count
10 mil（0.254 mm）	90
12 mil（0.304 8 mm）	20
30 mil（0.762 mm）	14
Total	124

4. 生成网络状态报表

网络状态报表用于显示电路板中的每一条网络走线的长度。执行菜单命令【Reports/Netlist Status】，系统自动打开文本编辑器，产生相应的网络状态报表，扩展名也为.REP。报表文件内容如下：

Nets report For Documents\scb.pcb

On 17-Jun-2003 at 00:26:32

GND	Signal Layers Only	Length: 1 296 mils
N01	Signal Layers Only	Length: 221 mils
N02	Signal Layers Only	Length: 221 mils

N03　　Signal Layers Only　Length: 481 mils
N04　　Signal Layers Only　Length: 180 mils
N05　　Signal Layers Only　Length: 521 mils
N06　　Signal Layers Only　Length: 646 mils
N07　　Signal Layers Only　Length: 646 mils
N08　　Signal Layers Only　Length: 680 mils
NetC9_2　　Signal Layers Only　Length: 1 684 mils
NetSW1_16　Signal Layers Only　Length: 2 985 mils
NetU12_10　Signal Layers Only　Length: 673 mils
NetU9_12　Signal Layers Only　Length: 1 269 mils
NetU9_13　Signal Layers Only　Length: 1 405 mils
NetXTAL_2　Signal Layers Only　Length: 1 326 mils
VCC　　　Signal Layers Only　Length: 1 280 mils

注意，当对电路板重新布线后，再生成的网络走线长度将会发生变化。

5. 生成设计层次报表

设计层次报表用于显示当前的.ddb 设计数据库文件的分级结构。执行菜单命令【Reports/Design Hierarchy】，生成的设计层次报表内容如下所示：

Design Hierarchy Report for D:\protel99sebook\sch\scb.ddb
Documents
　　PCB1.DRC
　　PCB1.PCB
　　PCB2.PCB
　　Place1.Plc
　　Place2.Plc
　　Place3.Plc
　　scb.DRC
　　scb.lib
　　scb.NET
　　scb.pcb
　　scb.REP
　　scb.Sch
　　scb.DMP

6. 生成 NC 钻孔报表

焊盘和过孔在电路板加工时都需要钻孔。钻孔报表用于提供制作电路板时所需的钻孔资料，直接用于数控钻孔机。生成钻孔报表的操作步骤如下：

（1）执行菜单命令【File/New】，系统弹出如图 7-11 所示的新建文件对话框，选择 CAM output configuration（辅助制造输出设置文件）图标，单击“OK”按钮。

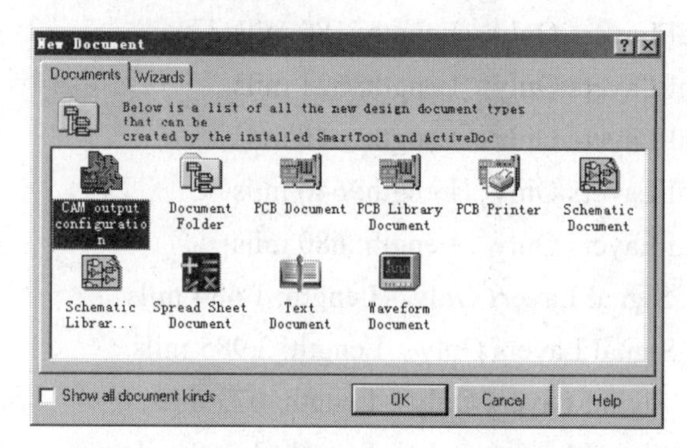

图 7-11 选择 CAM output configuration 图标

（2）打开该文件，系统弹出 7-12 所示的【Choose PCB】（PCB 文件选择）对话框，选择需要生成钻孔报表的 PCB 文件。

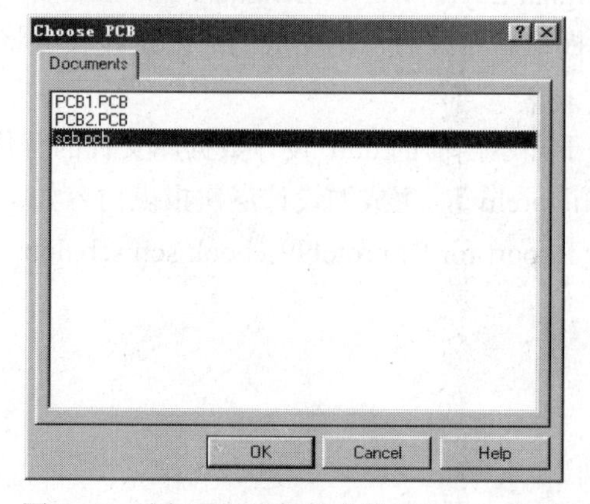

图 7-12 选择需要生成钻孔报表的 PCB 文件

（3）单击“OK”按钮，系统弹出如图 7-13 所示的【Output Wizard】（输出向导）对话框。

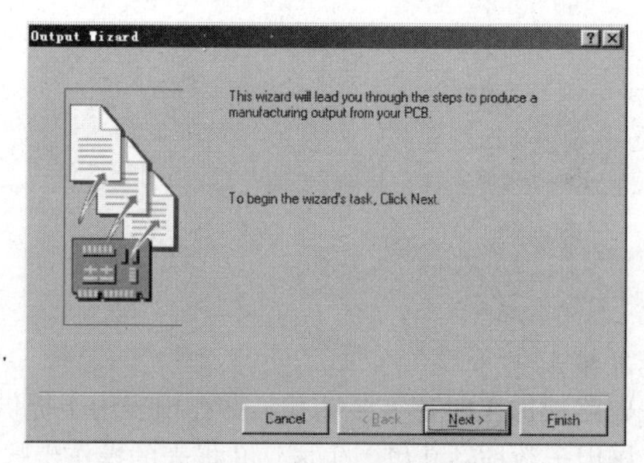

图 7-13 输出向导对话框

（4）单击“Next”按钮，系统弹出如图 7-14 所示的对话框，选择需要生成的文件类型，我们选择 NC Drill。

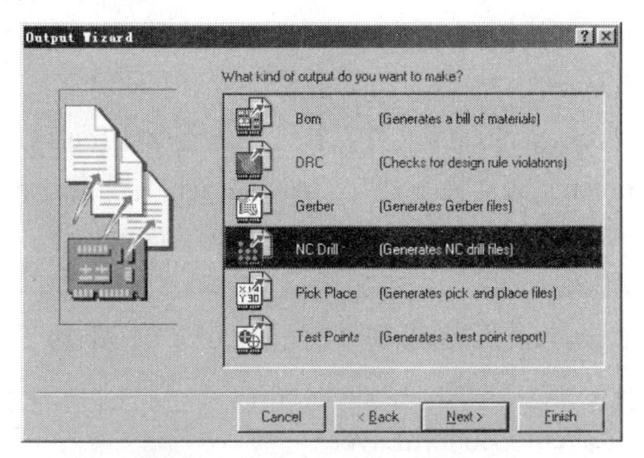

图 7-14　选择钻孔文件类型

（5）单击“Next”按钮，系统弹出如图 7-15 所示的对话框，输入将产生的 NC 钻孔文件名称。

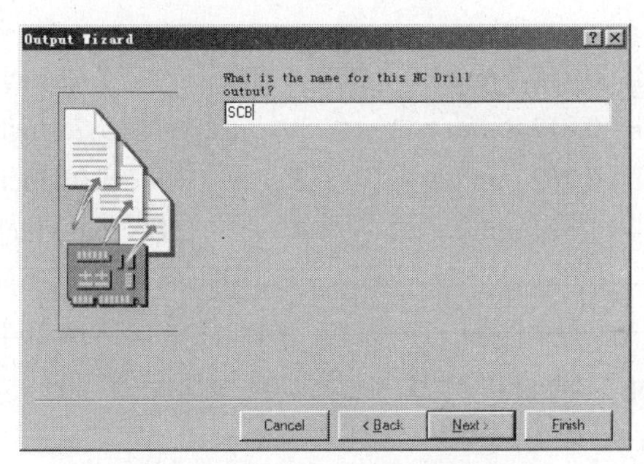

图 7-15　输入钻孔报表文件名称

（6）单击“Next”按钮，系统弹出如图 7-16 所示的对话框，用于设置单位和单位格式。

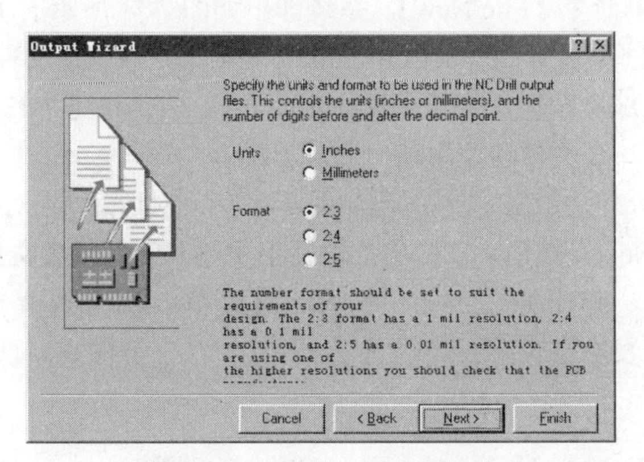

图 7-16　设置单位和单位格式

单位选择英制或公制。单位格式，如果是英制单位有2:3、2:4和2:5三种，其具体含义是，以2:3为例，表示使用2位整数3位小数的数字格式。

（7）单击“Finish”按钮，完成NC钻孔报表文件的创建，系统默认文件的名称为CAMManager1.cam。

（8）双击CAMManager1.cam文件，执行菜单命令【Tools/Generate CAM File】，系统将自动在Documents文件夹下建立CAM for sch文件夹，下面有3个文件，包括sch.drr、sch.drl和sch.txt。打开sch.ddr 文件，其内容如下：

```
------------------------------------------------------------------------
NCDrill File Report For: scb.pcb     17-Jun-2003    01:41:19
------------------------------------------------------------------------
Layer Pair : TopLayer to BottomLayer
ASCII File : NCDrillOutput.TXT
EIA File   : NCDrillOutput.DRL
Tool        Hole Size            Hole Count Plated      Tool Travel
------------------------------------------------------------------------
T1     28 mil（0.711 2 mm）      4                 1.42 Inch（36.01 mm）
T2     32 mil（0.812 8 mm）     50                 9.75 Inch（247.55 mm）
T3     30 mil（0.762 mm）        3                 1.01 Inch（25.73 mm）
T4     60 mil（1.524 mm）        4     NPTH        6.02 Inch（153.02 mm）
------------------------------------------------------------------------
Totals                          61                 18.20 Inch（462.31 mm）
Total Processing Time : 00:00:01
```

7. 生成元件报表

元件报表就是一个电路板或一个项目所用元件的清单。使用元件列表，可以帮助设计者了解电路板上的元件信息，有利于设计工作的顺利进行。生成PCB元件报表的操作步骤如下：

（1）执行菜单命令【File/New】，系统弹出如图7-11所示的【New Document】对话框。在图中选择CAM Output Configuration，用来生成辅助文件制造输出文件。

（2）单击“OK”按钮，接着出现的画面如图7-12和图7-13所示，用以选择产生元件报表的PCB文件和使用输出向导。

（3）单击“Next”按钮，系统弹出如图7-14所示对话框。在对话框中选择Bom。

（4）单击“Next”按钮，在弹出的对话框中输入元件报表文件名为scb，再单击“Next”按钮，弹出如图7-17所示的对话框，用来选择文件格式，包括Spreadsheet（电子表格格式）、Text（文本格式）、CSV（字符格式）。默认为Spreadsheet。

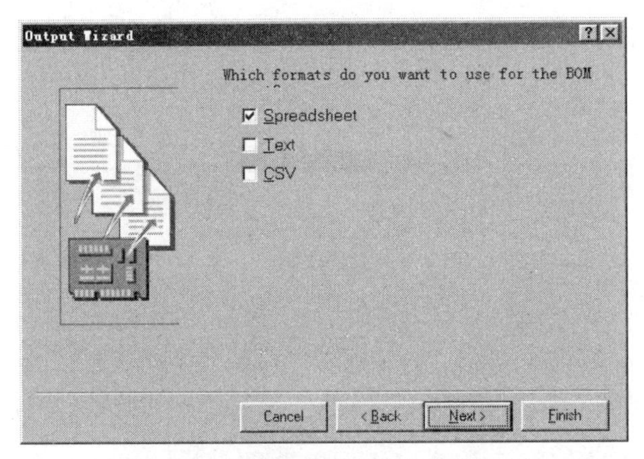

图 7-17　选择元件报表输出文件格式

（5）单击“Next”按钮，系统弹出图 7-18 所示的对话框，用以选择元件的列表形式。系统提供了两种列表形式：List 形式将当前电路板上所有元件全部列出，每个元件占一行，所有元件按顺序向下排列；Group 形式将当前电路板上具有相同的元件封装和元件名称的元件作为一组列出，每一组占一行。我们选择 List 形式。

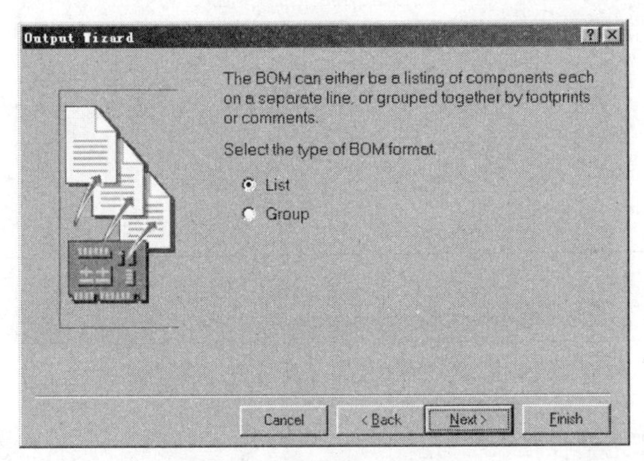

图 7-18　选择元件列表形式

（6）单击“Next”按钮，系统弹出如图 7-19 所示元件排序依据选择对话框。若选择 Comment，则用元件名称排序。Check the fields to be included in the report 区域用于选择元件报表所包含的范围，包括 Designator、Footprint 和 Comment。采用图中的默认选择。

（7）单击“Next”按钮，系统弹出完成对话框，单击“Finish”按钮完成。此时，系统生成辅助制造管理文件，默认文件名为 CAMManager2.cam，但它不是元件报表文件。

（8）进入 CAMManager2.cam，然后执行菜单命令【Tools/Generate CAM files】，系统将产生 BOM for scb.bom 文件，其内容如图 7-20 所示。

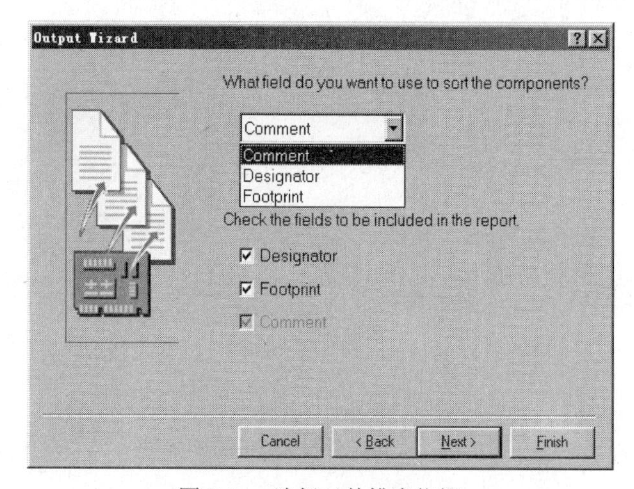

图 7-19　选择元件排序依据

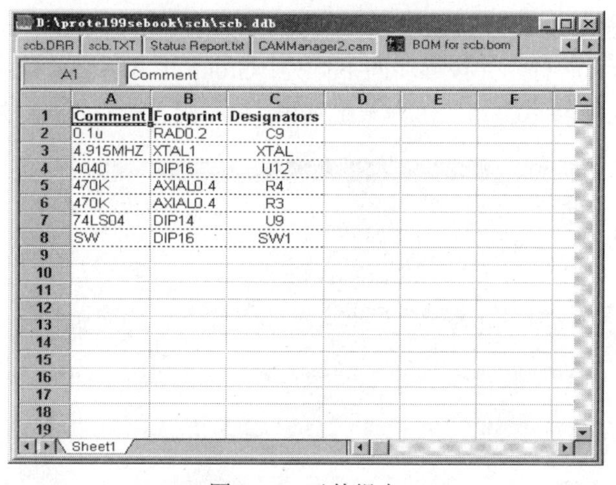

	A	B	C
1	Comment	Footprint	Designators
2	0.1u	RAD0.2	C9
3	4.915MHZ	XTAL1	XTAL
4	4040	DIP16	U12
5	470K	AXIAL0.4	R4
6	470K	AXIAL0.4	R3
7	74LS04	DIP14	U9
8	SW	DIP16	SW1

图 7-20　元件报表

8. 生成信号完整性报表

信号完整性报表是根据当前 PCB 电路板文件的内容和 Signal Integrity 设计规则的设置内容生成的信号分析报表。该报表用于为设计者提供一些有关元件的电气特性资料。生成报表的操作步骤如下：

（1）执行菜单命令【Report/Signal Integrity】。

（2）执行该命令后，系统将切换到文本编辑器，并在其中产生信号完整性报表文件，扩展名为.SIG。如对 Scb.PCB 文件生成的信号完整性报表文件名为 Scb.SIG，内容如下：

```
Documents\scb.SIG - Signal Integrity Report
--------------------------------------------------------------------------------
Designator to Component Type Specification
--------------------------------------------------------------------------------
```

C　　　　　　　　Capacitor
R　　　　　　　　Resistor
U　　　　　　　　IC
Power Supply Nets

VCC　　　　　　　5.000 Volts
GND　　　　　　　0.000 Volts
Capacitors

C9　　　　　　　　0.1u
Resistors

R3　　　　　　　　470 K
R4　　　　　　　　470 K
ICs with valid models

ICs With No Valid Model

SW1　　　SW　　　　Closest match in library will be used
U12　　　4040　　　Closest match in library will be used
XTAL　　4.915 MHz　Closest match in library will be used
U9　　　74LS04　　Closest match in library will be used

9. 生成插件表报表

元件插件表报表用于插件机在电路板上自动插入元件。生成元件位置报表的操作步骤如下：

（1）同第 6 节步骤（1）。

（2）同第 6 节步骤（2）。

（3）同第 6 节步骤（3）。

（4）同第 6 节步骤（4）。在如图 7-14 所示的选择产生文件类型对话框，选择 Pick Place（Generates Pick and Place file）类型。

（5）同第 6 节步骤（5）。输入插件表报表文件名称，如 scb。

（6）同第 6 节步骤（4）。

（7）单击“Next”按钮，在弹出的对话框中用于选择所使用的单位。单位分为英制和公制，默认选择英制。

（8）同第 6 节步骤（7）。系统默认文件的名称为 CAMManager3.cam。

（9）进入 CAMManager3.cam 文件，执行菜单命令【Tools/Generate CAM

Files】，在系统建立的相应文件夹下，打开 Pick Place for Scb.Pik 元件位置报表文件。如图 7-21 所示。

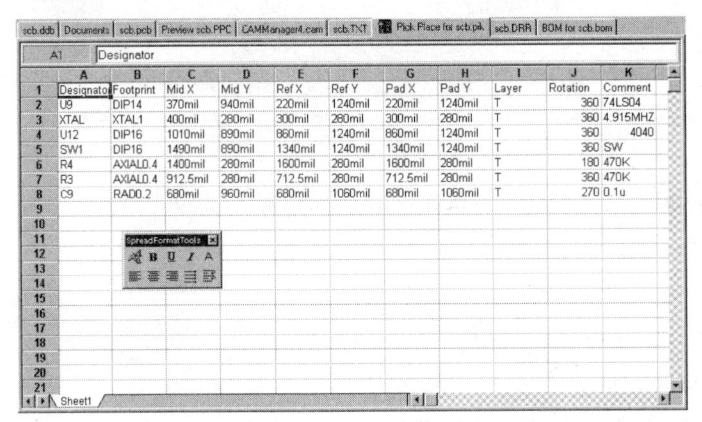

Designator	Footprint	Mid X	Mid Y	Ref X	Ref Y	Pad X	Pad Y	Layer	Rotation	Comment
U9	DIP14	370mil	940mil	220mil	1240mil	220mil	1240mil	T	360	74LS04
XTAL	XTAL1	400mil	280mil	300mil	280mil	300mil	280mil	T	360	4.915MHZ
U12	DIP16	1010mil	890mil	860mil	1240mil	860mil	1240mil	T	360	4040
SW1	DIP16	1490mil	890mil	1340mil	1240mil	1340mil	1240mil	T	360	SW
R4	AXIAL0.4	1400mil	280mil	1600mil	280mil	1600mil	280mil	T	180	470K
R3	AXIAL0.4	912.5mil	280mil	712.5mil	280mil	712.5mil	280mil	T	360	470K
C9	RAD0.2	680mil	960mil	680mil	1060mil	680mil	1060mil	T	270	0.1u

图 7-21　插件表报表（以表格显示）

10. 距离测量报表

在电路板文件中，要想准确的测量出两个点之间的距离，可以使用【Reports/Measure Distance】命令。

具体操作步骤如下：

（1）打开 PCB 文件。

（2）执行菜单命令【Reports/Measure Distance】，光标变成十字形。

（3）用鼠标左键分别在起点和终点位置点击一下，就会弹出如图 7-22 所示的测量报告对话框。

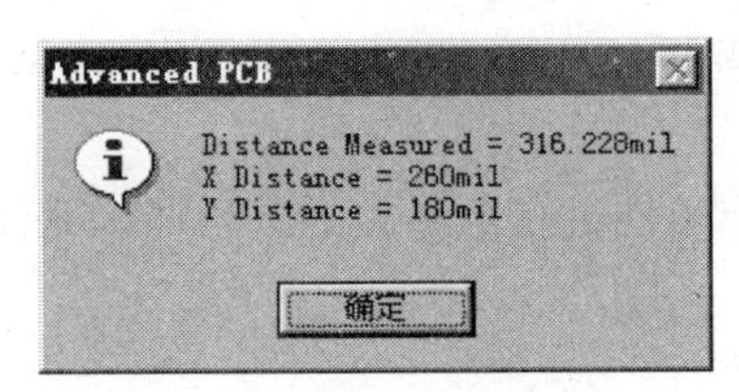

图 7-22　距离测量报表对话框

图中，Distance Measured 为两个点之间的直线距离长度，X Distance 为 x 轴方向水平距离的长度，Y Distance 为 y 轴方向垂直距离的长度。

11. 对象距离测量报表

与距离测量功能不同的是，它是测量两个对象（焊盘、导线、标注文字等）之间的距离。具体操作步骤如下：

（1）打开 PCB 文件。

（2）执行菜单命令【Reports/Measure Primitives】。

（3）用鼠标左键分别在两个对象的测量位置点击一下，就会弹出如图 7-23 所示的对象距离测量报表对话框，并显示测量点的坐标、工作层和举例的测量结果。

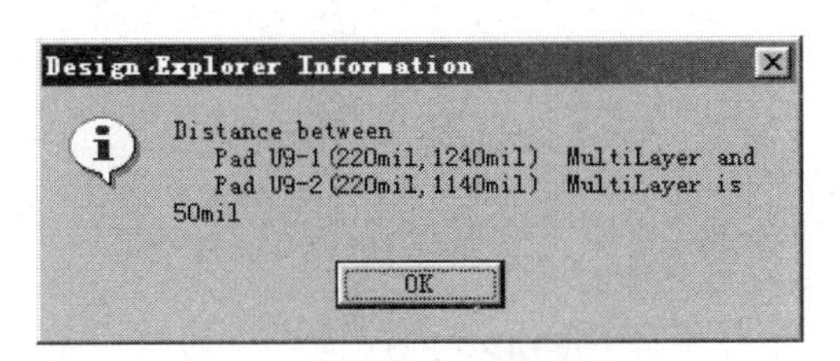
Design Explorer Information

Distance between
Pad U9-1 (220mil, 1240mil) MultiLayer and
Pad U9-2 (220mil, 1140mil) MultiLayer is
50mil

OK

图 7-23　对象距离测量报表对话框

图中，会将对象测量点的坐标、工作层和距离测量结果显示出来。两个焊盘之间的最近距离为 50 mil。

任务二　认知多层 PCB 板的生产工艺流程

本任务主要是让学生了解印制电路板的生产制作工艺流程，知道印制电路板生产的主要材料构成和印制电路板的生产过程中的主要设备。

相关知识一　PCB 板生产工艺流程

PCB 生产工艺流程根据产品不同，一般以下几种：单面板工艺流程、双面板喷锡板工艺流程、双面板镀镍金工艺流程、多层板喷锡板工艺流程、多层板镀镍金工艺流程和多层板沉镍金板工艺流程。

1. 单面板工艺流程

开料磨边→钻孔→外层图形→全板镀金→蚀刻→检验→丝印阻焊→热风整平→丝印字符→外形加工→测试→检验。

2. 双面板喷锡板工艺流程

开料磨边→钻孔→沉铜加厚→外层图形→镀锡、蚀刻退锡→二次钻孔→检验→丝印阻焊→镀金插头→热风整平→丝印字符→外形加工→测试→检验。

3. 双面板镀镍金工艺流程

开料磨边→钻孔→沉铜加厚→外层图形→镀镍、金去膜蚀刻→二次钻孔→检验→丝印阻焊→丝印字符→外形加工→测试→检验。

4. 多层板喷锡板工艺流程

开料磨边→钻孔定位→内层图形→内层蚀刻→检验→黑化→层压→钻孔→沉铜加厚→外层图形→镀锡、蚀刻退锡→二次钻孔→检验→丝印阻焊→镀金插头→热风整平→丝印字符→外形加工→测试→检验。

5. 多层板镀镍金工艺流程

开料磨边→钻孔定位→内层图形→内层蚀刻→检验→黑化→层压→钻孔→沉铜加厚→外层图形→镀镍、金去膜蚀刻→二次钻孔→检验→丝印阻焊→丝印字符→外形加工→测试→检验。

6. 多层板沉镍金板工艺流程

开料磨边→钻孔定位→内层图形→内层蚀刻→检验→黑化→层压→钻孔→沉铜加厚→外层图形→镀锡、蚀刻退锡→二次钻孔→检验→丝印阻焊→化学沉镍金→丝印字符→外形加工→测试→检验。

相关知识二 印制电路板生产的主要材料构成

1. 铜箔（Copper foil）：导电图形构成的基本材料

如图 7-24、图 7-25 所示，铜箔是一种阴质性电解材料，沉淀于电路板基底层上的一层薄的、连续的金属箔。它作为 PCB 的导电体，容易黏合于绝缘层，接受印刷保护层，腐蚀后形成电路图样。可分为：自粘铜箔、双导铜箔、单导铜箔等。

图 7-24 铜箔（1）

图 7-25 铜箔（2）

电子级铜箔（纯度 99.7%以上，厚度 5～105 μm 是电子工业的基础材料之一，是覆铜板（CCL）及印制电路板（PCB）制造的重要的材料。随着电子信息产业的快速发展，电子级铜箔的使用量越来越大，产品广泛应用于工业用计算器、通信设备、QA 设备、锂离子蓄电池，民用电视机、录像机、CD 播放机、复印机、电话、冷暖空调、汽车用电子部件、游戏机等。国内外市场对电子级铜箔，尤其是高性能电子级铜箔的需求日益增加。有关专业机构预测，到 2015 年，中国电子级铜箔国内需求量将达到 30 万吨，中国将成为世界印刷电路板和铜箔基地的最大制造地。

工业用铜箔可分为压延铜箔（RA 铜箔）与电解铜箔（ED 铜箔）两大类。其中压延铜箔具有较好的延展性等特性，是早期软板制程所用的铜箔，而电解铜箔则是具有制造成本较压延铜箔低的优势。由于压延铜箔是软板的重要原物料，所以压延铜箔的特性改良和价格变化对软板产业有一定的影响。

由于压延铜箔的生产厂商较少，且技术上也只掌握在部分厂商手中，因此客户对价格和供应量的掌握度较低，故在不影响产品表现的前提下，用电解铜箔替代压延铜箔是可行的解决方式。但若未来数年因为铜箔本身结构的物理特性将影响蚀刻等因素，另外高频产品因电讯考量的关系在细线化或薄型化的产品中，压延铜箔的重要性将再次提升。

在当今电子信息产业高速发展中，电解铜箔被称为电子产品信号与电力传输、沟通的“神经网络”。自 2002 年起，中国印制电路板的生产值已经跃居世界第 3 位，同时也成为 PCB 的基板材料——覆铜板的世界上第 3 大生产国。由此也使中国的电解铜箔产业在近几年有了突飞猛进的发展。

2. 芯板：线路板的骨架，双面覆铜的板子

覆铜箔层压板的标准厚度有 1.0 mm、1.5 mm、2.0 mm 三种，一般常优先选用 1.5 mm 和 2.0 mm 厚的层压板。在实际应用中不同的用途和不同的工作频率选用不同的基质材料板，并根据电路设计的需要选用单层、双层或多层敷铜板。

1）概述

如图 7-26 所示，覆铜板（Copper Clad Laminate，英文简称 CCL）。是由木浆纸或玻纤布等作增强材料，浸以树脂，单面或双面覆以铜箔，经热压而成的一种板状材料，称为覆铜箔层压板，如图 7-27 所示。它是做 PCB 的基本材料，常叫基材。当它用于多层板生产时，也叫芯板（CORE）。

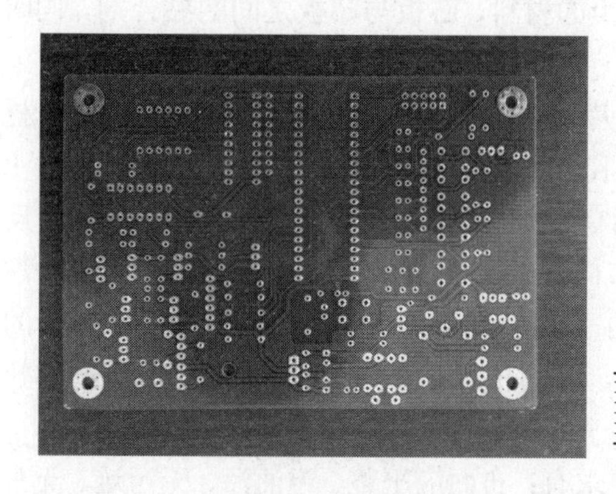

图 7-26　覆铜板

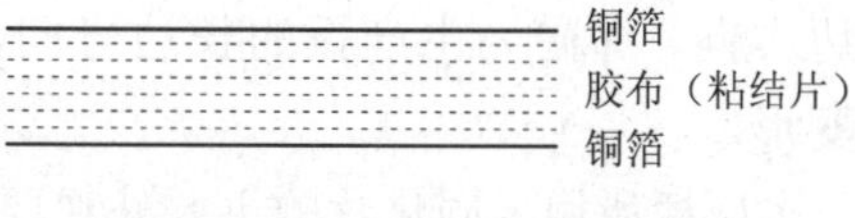

铜箔
胶布（粘结片）
铜箔

图 7-27　覆铜板构造（双面板）

覆铜板是电子工业的基础材料，主要用于加工制造印制电路板（PCB），广泛应用在电视机、收音机、电脑、计算机、移动通讯等电子产品中。

覆铜板业已有近百年的历史。覆铜板的发展，始于20世纪初期。当时，覆铜板用树脂、增强材料以及基板的制造，就有了一定的发展。例如：在1909年，美国巴克兰博士（Bakeland）对酚醛树脂的开发和应用；在1934年，德国斯契莱克（Schlack）由双酚A和环氧氯丙烷合成了环氧树脂；在1938年，美国欧文斯·康宁玻纤公司开始生产玻璃纤维；在1939年，美国Anaconda公司首创了用电解法制作铜箔技术。这些技术的开发，都为覆铜板的发展，打下了重要基础和创造了必要的条件。此后，随着集成电路的发明与应用，电子产品的小型化、高性能化，推动了覆铜板术和生产的进一步发展。

2）分类

市场上供应的覆铜板，从基材（是指纸或玻纤布等增强材料）考虑，主要可分以下几类：（1）纸基板；（2）玻纤布基板；（3）合成纤维布基板；（4）无纺布基板；（5）复合基板；（6）其他。

若按形状分类，可分成以下4种：（1）覆铜板（是指纸和玻纤布等基材，浸以树脂，制成黏结片（胶纸和胶布），由数张黏结片组合后，单面或双面配上铜箔，经热压固化，制成的板状产品）；（2）屏蔽板（是指内层具有屏蔽层或图形线路的覆铜板，只要加工制作两面的线路，即可成多层线路板，又称“带屏蔽层的覆铜板”）；（3）多层板用材料（是指用于制作多层线路板的覆铜板和黏结片（胶布）。还包括积层法多层板用的涂树脂铜箔（RCC）。所谓多层板，是指包括两个表面和内部的、具有数层图形线路的线路板）；（4）特殊基板（是指加成法用层压板、金属芯基板等，不归入上述几类板材的特殊板。金属芯基板，也包括涂树脂基板（FBC等））。、

3. 半固化片（Preprep）

又称“PP片”，多层板制作不可缺少的材料，芯板与芯板之间的黏合剂，同时起到绝缘的作用。

制作多层印制板所使用的半固化片（黏结片）大多是采用玻纤布做增强材料。经过处理的玻纤布，浸渍上树脂胶液，再经热处理（预烘）使树脂进入B阶段而制成的薄片材料称为半固化片。其在加热加压下会软化，冷却后会反应固化。由于玻璃纤维布在经向、纬向单位长度的纱股数不同，剪切时需注意半固化片的经纬向，一般选取经向（玻璃纤维布卷曲的方向）为生产板的短边方向，纬向为生产板的长边方向，以确保板面的平整，防止板子受热后扭曲变形。

多层板所用半固化片的主要外观要求有：布面应平整、无油污、无污迹、无外来杂质或其他缺陷、无破裂和过多的树脂粉末，但允许有微裂纹。PCB设计过程中，如果是多层板的设计，就必须要用到半固化片。另外在多层板抄板的过程中，必须将其打磨掉，才能确切分析样板的电路图

4. 阻焊油墨

对板子起到防焊、绝缘、防腐蚀等作用。如图 7-28 所示为一种阻焊油墨。

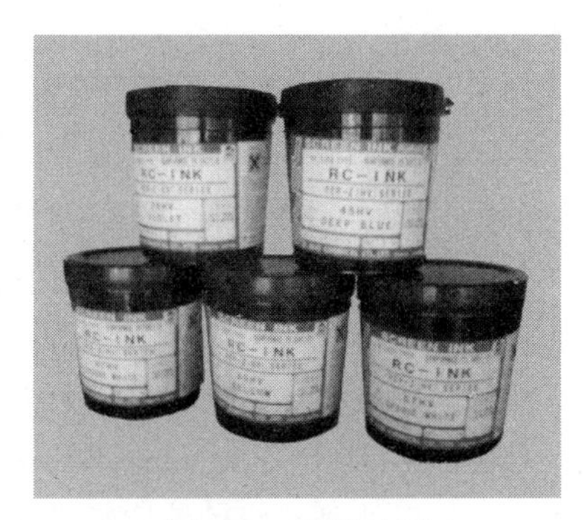

图 7-28　阻焊油墨

1）阻焊油墨的理化性质

（1）颜色为：主剂为绿色、黄色及其他颜色；硬化剂为白色。

（2）混合比例为：主剂为 0.75 KG；硬化剂为 0.25 KG。

（3）混合液黏度（VT–04）为 150～210PS（25 ℃）。

（4）混合液比重为 1.26±0.02。

（5）混合液固成分为 78±2%。

2）操作流程

（1）基板处理：酸处理、磨刷水洗、吹干及烘干。

（2）网版印刷：使用 90～130 目（36～51T）网版。将主剂和硬化剂以 3:1 重量比混合均匀后，静置 5 min～10 min 后使用。混合后油墨黏度约为 150±20PS（25 ℃），混合液黏度随温度之增加而降低。在正常情况下尽量以原液使用，如需稀释，请使用本公司提供之稀释剂，稀释剂添加太多可能会造成膜厚不足或溢流等现象。混合后油墨采用网版印刷，使用之网目愈小，涂膜厚度愈厚。控制后段烘烤之涂膜厚度在 15～35 μm 为较适当的范围，涂膜厚度太薄会造成不耐喷锡、镀化金等制程，涂膜厚度太厚，可能会造成残膜或是预烤不足，导致曝光沾粘底片。

（3）预烤：75 ℃±2 ℃×40 min～50 min，热风循环干燥。预烤的目的是将油墨中的溶剂蒸发，使涂膜在曝光时达到不粘底片的状态。适当的预烤温度在 70 ℃～80 ℃之间，建议的预烤条件第一面为 75 ℃，20 min～25 min，第二面为 75 ℃，20 min～25 min，最佳预烘为两面同时进行 75 ℃，45±3 min，预烤后静置 10 min～15 min，使版面冷却至室温后再进行曝光的工作。

预烤温度太高或是预烤时间太久，可能会造成显像残膜，预烤温度太低或是时间太短则会造成曝光粘底片或是不耐显像制程导致涂膜侧蚀或剥离。

（4）曝光：300-500 mj/cm^2，7 kW 曝光机（显像后，21 阶表在 10～12 格）。曝光使用 7 kW 冷却式曝光机，曝光台面温度以 25 ℃±2 ℃较为适当。曝光能量一般设定在300～500 mj/cm^2，以21格阶段曝光表试验其显像后之格数在10～12格，为较佳曝光条件，曝光能量太高会造成显像残膜及后段烘烤之物性变差，曝光能量太低，则可能会显像侧蚀。

（5）显像：显像液：0.9%～1.1%，碳酸钠；温度：28 ℃～30 ℃；喷压：1.5～3.0 kg/cm^2。显像的作用在将未曝光的涂膜以显像液溶解去除，而保留曝光的部分，显像的较佳条件如下：显像液：0.9%～1.1%Na_2CO_3；溶液温度：30 ℃±2.0 ℃；喷洗压力：1.5～3.0 kg/cm^2；显像时间：60 s～90 s；显像不足会造成残墨，显像过度则会造成涂膜剥离或侧蚀。

（6）后烘烤：150 ℃×60 min，热风循环固化，塞孔板需分段后烤，建议：80 ℃，40 min；120 ℃，40 min；150 ℃～160 ℃，60 min～80 min。此制程之目的在使油墨加热硬化成为分子交联状态，以达到最终的涂膜物性和化性。建议烘烤条件为150 ℃～160 ℃，60 min，使用热风循环式烤箱。后段烘烤不足会造成涂膜之物性及化性变差，实时显现为导致在下制程的喷锡或镀化金时涂膜变色或剥离。

3）阻焊油墨丝印常见问题的处理

PCB 工艺流程中的阻焊油墨印刷就是用丝网印刷的方法将阻焊油墨涂布到印制线路板上。如表 7-1 列举一些阻焊油墨使用中的一些常见故障及处理方法。

表 7-1 阻焊油墨使用中的一些常见故障及处理方法

问题	产生原因	解决措施
油墨附着力不强	油墨型号选择不合适	换用适当的油墨
	印刷体表面未经过处理或处理不完全	加丝印前处理工序、完善前处理工序
	干燥时间、温度不正确及干燥时的排风量过小	使用正确的温度和时间、加大排风量
	添加剂的用量不适当或不正确	调整用量或改用其他添加剂
	湿度过大	提高空气干燥度
堵网	干燥过快	加入慢干剂
	印刷速度过慢	提高速度加慢干剂
	油墨黏度过高	加入油墨润滑剂或特慢干剂
	稀释剂不适合	用指定稀释剂
渗透、模糊	油墨黏度过低	提高浓度，不加稀释剂
	丝印压力过大	降低压力
	胶刮不良	更换或改变胶刮丝印的角度
	网板与印刷表面的距离间隔过大或过小	调整间距
	丝印网的张力变小	重新制作新的网版

续表

问题	产生原因	解决措施
油墨起皱褶	油墨过厚	降低黏度
	油墨干燥过慢	加快干剂
	干燥不足	提高干燥温度或延长时间
	丝印后保存的环境不良	降低温度和湿度，加强通风
起泡和针孔	油墨黏度过高	降低黏度
	丝印时丝网离板速度过快	降低离板速度
	台面不平整	调整或更换台面
	油墨本身问题	加消泡剂或更换油墨
	油墨搅拌后没有静置一段时间	油墨搅拌后需静置一段时间使用
	丝印以后直接烘板	丝印后需静置一段时间后才可烘板干燥
固化后油墨发白	稀释剂不匹配	改用指定稀释剂
	油墨含有水分	换用新油墨
	空气湿度大	降低空气湿度

5. 字符油墨

字符油墨是用来做板子表面的标示的，比如标上元器件符号什么的。如图 7-29 所示为字符油墨，如图 7-30 所示为一种电动油墨打码机。

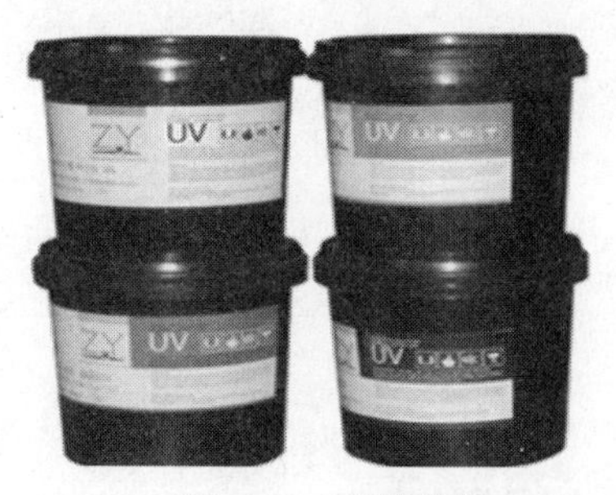

图 7-29　字符油墨

图 7-30　电动油墨打码机

现今的油墨喷码机功能非常强大。具有自编图文功能，可在各种材料表面喷印高清晰的文本和图形。例如，可以喷印阿拉伯数字，英文，中文，图形，商标等；字符加粗加宽 1～9 倍选择喷印；字体的高度和宽度任意调整喷印；反向倒转字体喷印；连续/延时喷印等。

6. 表面处理材料

裸铜本身的可焊性很好，但是暴露在空气中很容易氧化，而且容易受到污染，这就是 PCB 必须进行表面处理的原因。

（1）目前常用的 PCB 可焊表面处理方法有：

① 保焊剂（Organic Solderability Preservatives，OSP）。

② 喷锡（Hot Air Solder Levelling，HASL）。目前该表面处理是 PCB 无铅表面处理的首选，Sn63/Pb37 多层板喷锡市场占有率 90%以上。

③ 浸银（Immersion Silver Ag）。

④ 浸锡（Immersion Tin Sn）。

⑤ 化镍浸金（Electroless Nickel Immersion Gold，ENIG）。

（2）表面处理材料包括铅锡合金、镍金合金、银、OSP 等等。各种材料的功能用途是不同的，如铜面保护剂是用于电镀铜抗氧化的；铜面有机保焊剂是用于保焊用的；消泡剂是用于消泡的；烟雾抑制剂是用于抑制硝酸烟雾用的；清槽剂是用于清洁显影槽的。

先进的表面处理材料如电镍、金添加剂，控制简单，绝无高、低电位发白；镀镍深镀能力强，0.15 mm 小孔轻松解决；彻底解决氧化问题；可焊性好等等。如图 7-31 所示。

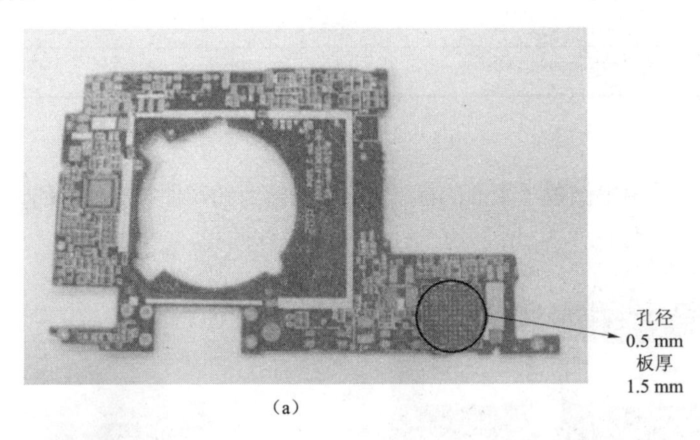

（a）

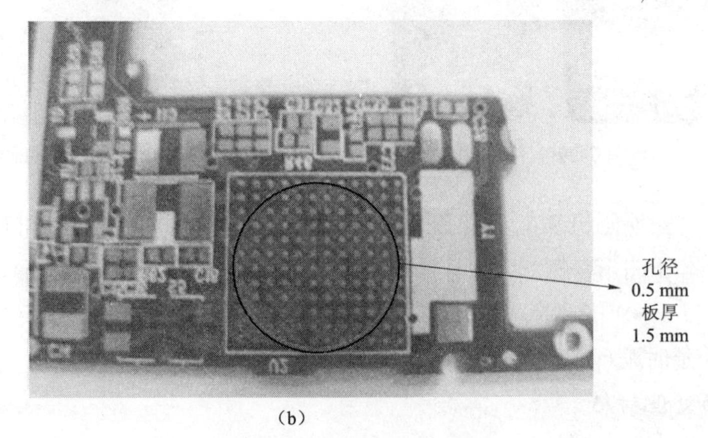

（b）

图 7-31　电镍、金添加剂

OSP 是印刷电路板（PCB）铜箔表面处理的符合 RoHS 指令要求的一种工艺。OSP 是 Organic Solderability Preservatives 的简称，中文译为有机保焊膜，又称护铜剂，英文亦称之 Preflux。 简单地说，OSP 就是在洁净的裸铜表面上，以化学的方法长出一层有机皮膜。这层膜具有防氧化，耐热冲击，耐湿性，用以保护铜表面于常态环境中不再继续生锈（氧化或硫化等）；但在后续的焊接高温中，此种保护膜又必须很容易被助焊剂所迅速清除，如此方可使露出的干净铜表面得以在极短的时间内与熔融焊锡立即结合成为牢固的焊点，如图 7-32 所示。

OSP 有三大类的材料：松香类（Rosin），活性树脂类（Active Resin）和唑类（Azole）。目前使用最广的是唑类 OSP。唑类 OSP 已经经过了约 5 代的改善，这五代分别名为 BTA，IA，BIA，SBA 和最新的 APA。

OSP 工艺流程为：除油→二级水洗→微蚀→二级水洗→酸洗→DI 水洗→成膜风干→DI 水洗→干燥。

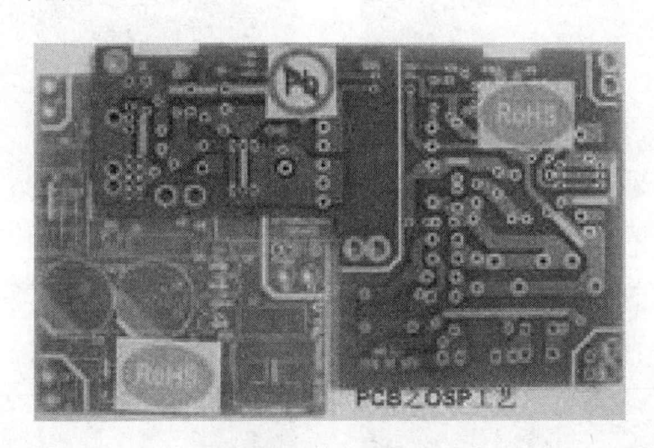

图 7-32　有机保焊剂

① 除油。

除油效果的好坏直接影响到成膜质量。除油不良，则成膜厚度不均匀。一方面，可以通过分析溶液，将浓度控制在工艺范围内。另一方面，也要经常检查除油效果是否好，若除油效果不好，则应及时更换除油液。

② 微蚀。

微蚀的目的是形成粗糙的铜面，便于成膜。微蚀的厚度直接影响到成膜速率，因此，要形成稳定的膜厚，保持微蚀厚度的稳定是非常重要的。一般将微蚀厚度控制在 1.0～1.5 μm 比较合适。每班生产前，可测定微蚀速率，根据微蚀速率来确定微蚀时间。

③ 成膜。

成膜前的水洗最好采用 DI 水，以防成膜液遭到污染。成膜后的水洗也最好采用 DI 水，且 pH 值应控制在 4.0～7.0 之间，以防膜层遭到污染及破坏。OSP 工艺的关键是控制好防氧化膜的厚度。膜太薄，耐热冲击能力差，在过回流焊时，膜层耐不住高温 190 ℃～200 ℃，最终影响焊接性能，在电子装配线上，膜不能很好地被助焊剂所溶解，影响焊接性能。一般控制膜厚在 0.2～0.5 μm 之间比较合适。

相关知识三 多层 PCB 板制作过程中的一些常用设备

多层 PCB 板制作过程中使用的设备较多，下面简要地介绍几种常用的设备让同学们有所了解。

（1）内层干膜是将内层线路图形转移到 PCB 板上的过程。内层干膜又包括内层贴膜、曝光显影、内层蚀刻等多道工序。图 7-33 为前处理设备，图 7-34 为内层贴膜，图 7-35 为对位与曝光，图 7-36 为蚀刻后的 AOI 检板。

图 7-33 前处理

图 7-34 内层贴膜

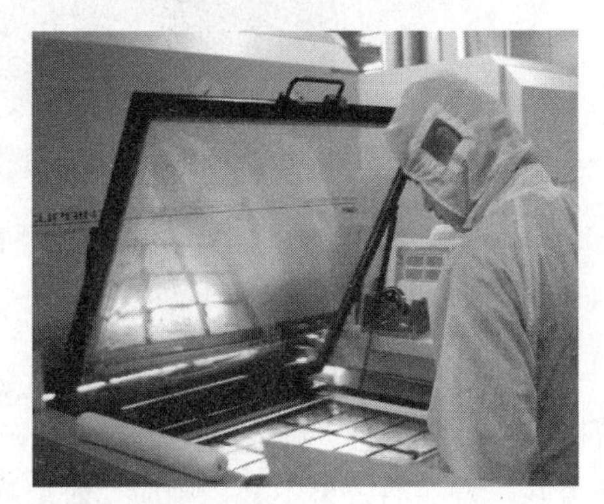

图 7-35 对位与曝光

图 7-36 蚀刻后的 AOI 检板

（2）黑化和棕化。内层线路做好的板子必须要经过黑化或棕化后才能进行层压。它是对内层板子的线路铜表面进行氧化处理。图 7-37 为棕化线，图 7-38 为黑化线。

图 7-37　棕化线

图 7-38　黑化线

（3）层压。它是将离散的多层板与黏结片一起压制成所需要的层数和厚度的多层板。就是把各层线路黏结成整体的过程。这种黏结是通过界面上大分子之间的相互扩散，渗透，进而产生相互交织而实现的。图 7-39 为钻销钉孔，图 7-40 为排版。

图 7-39　钻销钉孔

图 7-40　排版

（4）机械钻孔。机械钻孔就是利用钻刀高速切割，在 PCB 上形成上下贯通的穿孔。就目前来说，对于成品孔径在 8 mil 及以上的穿孔，我们都可以采用机械钻孔的形式来加工。图 7-41 为机械钻孔。

图 7-41　机械钻孔

（5）字符印制。目前 PCB 上的字符基本采用了丝网印刷的方式。工序先按照字符菲林制作出印板用的网，然后再利用网将字符油墨印到板上，最后将油墨烘干，如图 7-42 所示。

图 7-42　字符印制

（6）电子测试。就是对 PCB 的电气性能测试，通常又称为 PCB 的“通”、“断”测试。在 PCB 厂家使用的电气测试方式中，最常用的是针床测试和飞针测试两种，如图 7-43，图 7-44 所示。

图 7-43　专用针床

图 7-44　飞针机

（7）最终检查，如图 7-45 所示。

图 7-45　最终检查

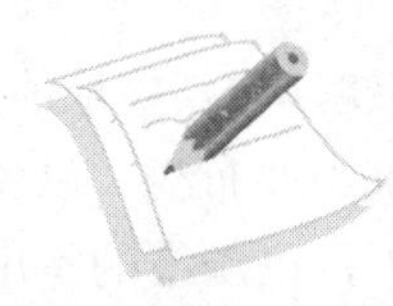

任务三　学习多层板设计制作技术

相关知识一　多层板绘制的原则

项目六已经强调了一些关于 PCB 设计所需要遵循的原则，这里将系统地作一汇总。

1. PCB 元器件的要求

（1）PCB 板上所使用的元器件的封装必须正确，包括元器件引脚大小的尺寸、引脚的间距、引脚的编号、边框的大小和方向表示等。

（2）极性元器件（电解电容、二极管、三极管等）正负极或引脚编号应该在 PCB 元器件库中和 PCB 板上标出。

（3）PCB 库中元器件的引脚编号和原理图元器件的引脚编号应当一致。

（4）需要使用散热片的元器件在绘制元器件封装时应当将散热片考虑在内，可以将元器件和散热片一并绘制成为整体封装的形式。

（5）元器件的引脚和焊盘的内径要匹配，焊盘的内径要略大于元器件的引脚尺寸，以便安装。

2. PCB 元件布局的要求

（1）元器件布置均匀，同一功能模块的元器件应该尽量靠近布置。

（2）使用同一类型电源和地网络的元器件尽量布置在一起，有利于通过内电层完成相互之间的电气连接。

（3）接口元器件应该靠边放置，并用字符串注明接口类型，接线引出的方向通常应该离开电路板。

（4）电源变换元器件（如变压器、CD/DC 变换器、三端稳压器等）应该留有足够的散热空间。

（5）元器件的引脚或参考点应放置在格点上，有利于布线和美观。

（6）滤波电容可以放置在芯片的背面，靠近芯片的电源和地引脚。

（7）元器件的第一引脚或者标识方向的标志应该在 PCB 上标明，不能被元器件覆盖。

（8）元器件的标号应该紧靠元器件的边框，大小统一，方向整齐，不与焊盘和过孔重叠，不能放置在元器件安装后被覆盖的区域。

3. PCB 布线的要求

（1）不同电压等级电源应该隔离，电源走线不应交叉。

（2）走线采用 45° 拐角或圆弧拐角，不允许有尖角形式的拐角。

（3）PCB 走线直接连接到焊盘的中心，与焊盘连接的导线宽度不允许超过焊盘外径的大小。

（4）高频信号线的线宽不小于 20 mil，外部用地线环绕，与其他地线隔离。

（5）干扰源（CD/DC 变换器、晶振、变压器等）底部不要布线，以免干扰。

（6）尽可能加粗电源线和地线，在空间允许的情况下，电源线的宽度不小于 50 mil。

（7）低电压、低电流信号线宽 9～30 mil，空间允许的情况下尽可能加粗。

（8）信号线之间的间距应该大于 10 mil，电源线之间间距应该大于 20 mil。

（9）大电流信号线线宽应该大于 40 mil，间距应该大于 30 mil。

（10）过孔最小尺寸优选外径 40 mil，内径 28 mil，在顶层和底层之间用导线连接时，优选焊盘。

（11）不允许在内电层上布置信号线。

（12）内电层不同区域之间的间隔宽度不小于 40 mil。

（13）在绘制边界时，尽量不要让边界线通过所要连接到的区域的焊盘。

（14）在顶层和底层铺设敷铜，建议设置线宽值大于网格宽度，完全覆盖空余空间，且不留有死铜，同时与其他线路保持 30 mil（0.75 mm）以上间距（可以在敷铜前设置安全间距，敷铜完毕后改回原有安全间距值）。

（15）在布线完毕后对焊盘作泪滴处理。

（16）金属壳器件和模块外部接地。

（17）放置安装用和焊接用焊盘。

（18）DRC 检查无误。

4. PCB 分层要求

（1）电源平面应该靠近地平面，与地平面有紧密耦合，并且安排在地平面之下。

（2）信号层应该与内电层相邻，不应该直接与其他信号层相邻。

（3）将数字电路和模拟电路隔离。如果条件允许，将模拟信号线和数字信号线分层布置，并采用屏蔽措施；如果需要在同一信号层布置，则需要采用隔离带、地线条的方式减小干扰；模拟电路和数字电路的电源和地应该相互隔离不能混用。

（4）高频电路对外干扰较大，最好单独安排，使用上下都有内电层直接相邻的中间信号层来传输，以便利用内电层的铜膜减少对外干扰。

相关知识二　多层线路板的设计

在设计多层 PCB 电路板之前，设计者需要首先根据电路的规模、电路板的尺寸和电磁兼容（EMC）的要求，来确定所采用的电路板结构，也就是决定采用 4 层，6 层，还是更多层数的电路板。确定层数之后，还要确定内电层的放置位置以及如何在这些层上分布不同的信号。这就是多层 PCB 层叠结构的选择问题。层叠结构是影响 PCB 板 EMC 性能的一个重要因素，也是抑制电磁干扰的一个重要手段。

1. 层数的选择

确定多层 PCB 板的层叠结构需要考虑较多因素。从布线方面来说，层数越多越利于布线，但是制板成本和难度也会随之增加。对于生产厂家来说，层叠结构对称与否是 PCB 板制造时需要关注的焦点。所以层数的选择需要考虑各方面的需求以达到最佳的效果。

对于有经验的设计人员来说，在完成元器件的预布局后，会对 PCB 的布线瓶颈部分进行重点分析。结合其他 EDA 工具分析电路板的布线密度并综合有特殊布线要求的信号线如差分线、敏感信号线等的数量和种类来确定信号层的层数，然后再根据电源的种类、隔离和抗干扰的要求来确定内电层的数目，这样整个电路板的板层数目就基本确定了。

确定了电路板的层数后，接下来的工作就是合理地排列各层电路的的放置顺序。在这一步骤中需要考虑的因素有以下两点：（1）特殊信号层的分布；（2）电源层和地层的分布。

如果电路的层数越多，特殊信号层、地层和电源层的排列组合的种类也就越多，如何来确定哪种组合方式最优也就越困难。但总的原则有以下几条：

（1）信号层应该与一个内电层相邻（内部电源/地层），利用内电层的大铜膜来为信号层提供屏蔽层；

（2）内部电源层与地层之间应该紧密耦合。就是说，内部电源层和地层之间的介质厚度应该取较小值，以提高电源层和地层之间的电容，增大谐振频率。内部电源层与地层之间的介质厚度可以在 Protel 的 Layer Stack Manager（层堆栈管理器）中进行设置。选择【Design】/【Layer Stack Manager…】命令，系统弹出层堆栈管理器对话框，用鼠标双击 Prepreg 文本，弹出如图 7-46 所示的对话框，在该对话框的 Thickness 选项中改变绝缘层的厚度。如果电源与地线之间的电位差不大的话，可以采用较小的绝缘层厚度，例如 5 mil（0.127 mm）。

（3）电路中的高速信号传输层应该是信号中间层，并且夹在两个内电层之间。这样两个内电层的铜膜可以为高速信号传输提供电磁屏蔽，同时也能有效地将高速信号的辐射限制在两个内电层之间，不对外造成干扰。

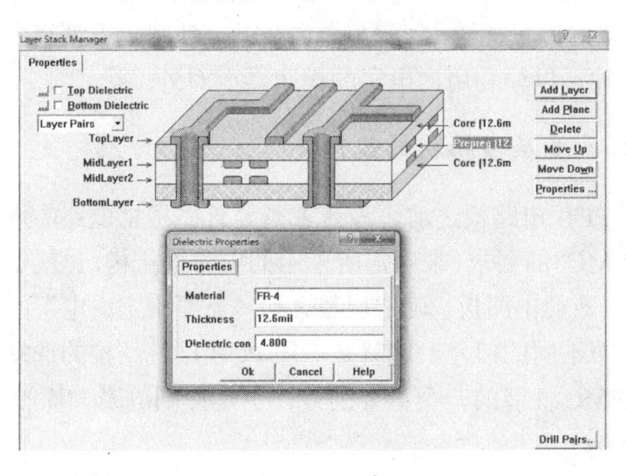

图 7-46 设置绝缘层厚度

（4）避免两个信号层直接相邻。相邻的信号层之间容易引入串扰，从而导致电路功能失效。在两信号层之间加入地平面可以有效地避免串扰。

（5）多个接地的内电层可以有效地降低接地电阻。例如，A 信号层和 B 信号层采用各自单独的地平面，可以有效地降低共模干扰。

（6）兼顾层结构的对称性。

2. 常用的叠层结构及优选方法

如何优选各种层叠结构的排列组合方式，下面通过四层板的例子来说明从顶层到底层的几种层叠方式。

（1）Signal_1（Top）；GND（Inner_1）；POWER（Inner_2）；Signal_2（Bottom）。

（2）Signal_1（Top）；POWER（Inner_1）；GND（Inner_2）；Signal_2（Bottom）。

（3）POWER（Top）；Signal_1（Inner_1）；GND（Inner_2）；Signal_2（Bottom）。

分析：这里的方案（3），电源层与地层缺乏有效的耦合，故不应该被采用。一般情况下设计人员都会选择方案（1）作为四层板的结构。选择的原因不是方案（2）

不好，而是一般的 PCB 板都只是在顶层放置元器件，所以采用方案（1）较为妥当。但是当在顶层和底层都需要放置元器件而且内部电源层和地层之间的介质厚度较大，耦合不佳时，就需要考虑哪一层布置的信号线较少。对于方案（1）而言，底层的信号线较少，可以采用大面积的铜膜来与 POWER 层耦合；反之，如果元器件主要布置在底层，则应选择方案（2）来制板。

六层板层叠结构的排列组合方式和优先方法：

（1）Signal_1（Top）；GND（Inner_1）；Signal_2（Inner_2）；Signal_3（Inner_3）；POWER（Inner_4）；Signal_4（Bottom）。

方案（1）采用了四层信号层和二层内部电源/接地层，具有较多的信号层，有利于元器件之间的布线工作，但是该方案的缺陷也较为明显，表现为以下两个方面：一是电源层与地线层分隔较远，没有充分耦合；二是信号层 Signal_2（Inner_2）和 Signal_3（Inner_3）直接相邻，信号隔离性不好，容易发生串扰。

（2）Signal_1（Top）；Signal_2（Inner_1）；POWER（Inner_2）；GND（Inner_3）；Signal_3（Inner_4）；Signal_4（Bottom）。

方案（2）的电源层和地线层有了充分的耦合，比方案（1）有一定的优势，但是 Signal_1（Top）和 Signal_2（Inner_1）以及 Signal_3（Inner_4）和 Signal_4（Bottom）信号层直接相邻，信号隔离不好，容易发生串扰的问题没有解决。

（3）Signal_1（Top）；GND（Inner_1）；Signal_2（Inner_2）；POWER（Inner_3）；GND（Inner_4）；Signal_3（Bottom）。

方案（3）相对于方案（1）、（2）减少了一个信号层，多了一个内电层，虽然可供布线的层面减少了，但是该方案解决了方案（1）和方案（2）共有的缺陷。显然方案（3）是最优化的一种。同时方案（3）也是六层板常用的层叠结构。

多层板层叠结构参考数据，见表 7-2 所列。

表 7-2 多层板层叠结构参考表

层数	电源层	地层	信号层	1	2	3	4	5	6	7	8	9	10	11	12
4	1	1	2	S1	G1	P1	S2								
6	1	2	3	S1	G1	S2	P1	G2	S3						
8	1	3	4	S1	G1	S2	G2	P1	S3	G3	S4				
8	2	2	4	S1	G1	S2	P1	G2	S3	P2	S4				
10	2	3	5	S1	G1	P1	S2	G3	G2	S4	P2	G3	S5		
10	1	3	6	S1	G1	S2	S3	G2	P1	S4	S5	G3	S6		
12	1	5	6	S1	G1	S2	G2	S3	G3	P1	S4	G4	S5	G5	S6
12	2	4	6	S1	G1	S2	G2	S3	P1	G3	S4	P2	S5	G4	S6

注：S——Signal Layer，信号层。

P——Power Layer，电源层。

G——Ground Layer，地层。

3. 内电层设计

内电层为一铜膜层。该铜膜被分割为几个相互隔离的区域，每个区域的铜膜通过过孔与特定的电源或地线相连，从而简化电源和地网络的走线，同时可以有效减小电源内阻。

1）内电层设计的相关设置

内电层通常为整片铜膜，与该铜膜具有相同网络名称的焊盘在通过内电层的时候系统会自动将其与铜膜连接起来。焊盘/过孔与内电层的连接形式以及铜膜和其他不属于该网络的焊盘的安全间距都可以在 Power Plane Clearance 选项中设置。选择【Design】/【Rules…】命令，单击 Manufacturing 选项，其中的 Power Plane Clearance 和 Power Plane Connect Style 选项与内电层相关：

（1）Power Plane Clearance。

该规则用于设置内电层安全间距。主要指与该内电层没有网络连接的焊盘和过孔与该内电层的安全间距，如图 7-47 所示。在制造的时候，与该内电层没有网络连接的焊盘在通过内电层时其周围的铜膜就会被腐蚀掉，腐蚀的圆环的尺寸即为该约束中设置的数值。

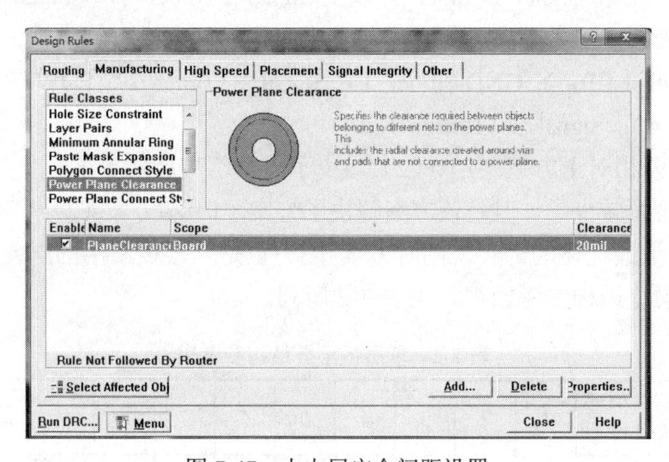

图 7-47　内电层安全间距设置

（2）Power Plane Connect Style。

该规则用于设置焊盘与内电层的形式。主要指与该内电层有网络连接的焊盘和过孔与该内电层连接的形式。如图 7-48 所示。单击“Properties”（属性）按钮，弹出其规则设置对话框，如图 7-48 所示。对话框左侧为规则适用范围，在右侧的 Rule Attributes 下拉列表中可以选择连接方式：Relief Connect、Direct Connect 和 No connect。Direct Connect 即直接连接，焊盘在通过内电层的时候不把周围的铜膜腐蚀掉，焊盘和内电层铜膜直接连接；No connect 指没有连接，即与该铜膜网编同名的焊盘不会被连接到内电层；设计人员一般采用系统默认的 Relief Connect 连接形式，该规则的设置对话框如图 7-49 所示。

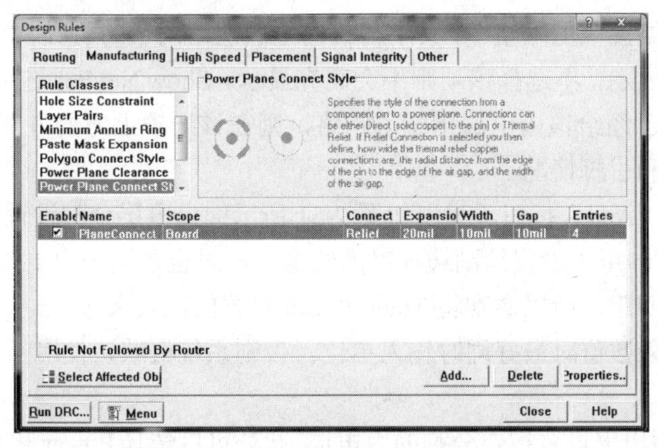

图 7-48　内电层连接方式设置（1）

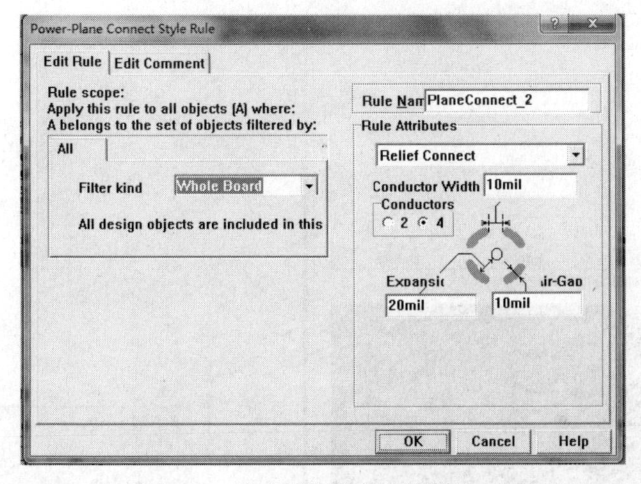

图 7-49　内电层连接方式设置（2）

这种焊盘连接形式通过导体扩展和绝缘间隙与内电层保持连接，其中在 Conductor Width 选项中设置导体出口的宽度；Conductors 选项中选择导体出口的数目，可以选择 2 个或 4 个；Expansion 选项中设置导体扩展部分的宽度；Air-Gap 选项中设置绝缘间隙的宽度。

2）内电层分割方法和步骤

内电层分割方法和步骤：

（1）在分割内电层之前，首先需要定义一个内电层，这里不再赘述。

选择【Design】/【Split Planes…】命令，弹出如图 7-50 所示的内电层分割对话框。该对话框中的 Current split planes 栏中指内电层已经分割的区域。图中 Current split planes 栏为空白，是因为本例中内电层尚未被分割。Current split planes 栏下的 Add、Edit、Delete 按钮分别用于添加新的电源区域，编辑选中的网络和删除选中的网络。按钮下方的 Show Selected Split Plane 选项用于设置是否显示当前选择的内电层分割区域的示意图。如果选择该选项，则在其下方的框中将显示内电层中该区域所划分网络区域的缩略图，其中与该内电层网络同名的引脚、焊盘或连线将在缩略图中高亮显示，不选择该项则不会高亮显示。Show Net For 选项为，如果定义内电层的时候已经给该内电层指定了网络，则在该选项上方的方框中显示与该网络同名的连线和引脚情况。

（2）单击“Add”按钮，弹出如图 7-51 所示的内电层分割设置的对话框。

Track Width 用于设置绘制边框时的线宽，同时也是同一内电层上不同网络区域之间的绝缘间距，所以通常将 Track Width 设置的比较大。

注意：输入数值时最好同时输入单位。否则系统将默认使用当前 PCB 编辑器中的单位。

Layer 选项用于设置指定分割的内电层。此处可以选择 Power 和 GND 内电层。

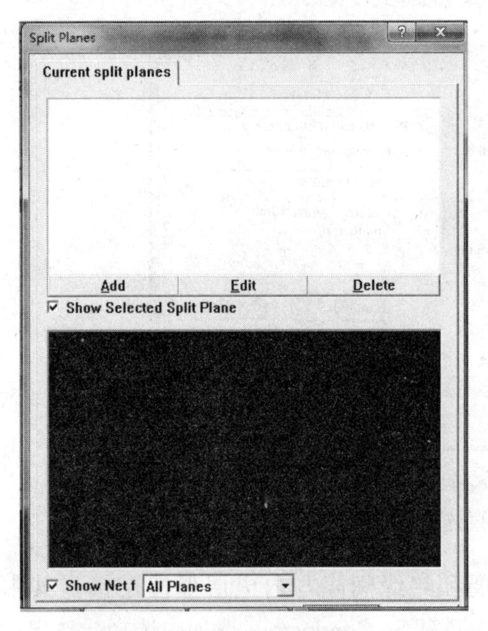

图 7-50　内电层分割对话框

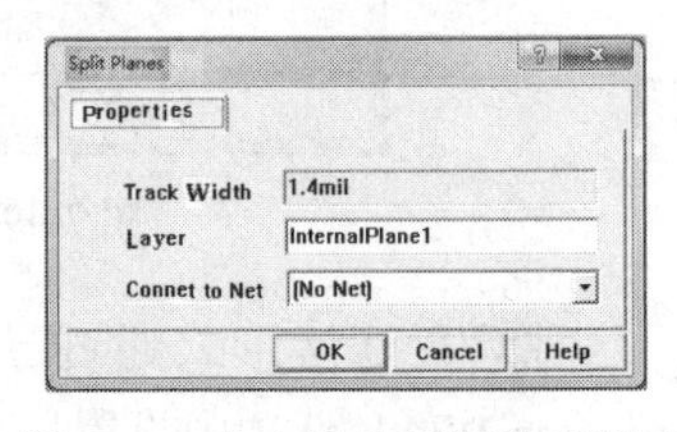

图 7-51　内电层分割设置对话框

Connect to Net 选项用于指定被划分的区域所连接的网络。通常内电层用于电源和地网络的布置，但是在 Connect to Net 下拉列表中可以看到，可以将内电层的整片网络连接到信号网络，用于信号传输，只是一般设计者不这样处理。

（3）单击图 7-51 内电层分割设置对话框中的“OK”按钮，进入网络区域边框绘制状态。在绘制边框时，一般将其他层面的信息隐蔽起来，只显示当前所编辑的内电层，以方便进行边框的绘制。

选择【Tools】/【Preferences…】命令，弹出如图 7-52 所示的对话框。选择 Display 选项，再选择 Single Layer Mode 复选框，如图 7-52 所示。这样出除了工作层 Power 之外，其余层都被隐藏起来了，显示效果如图 7-53 所示。

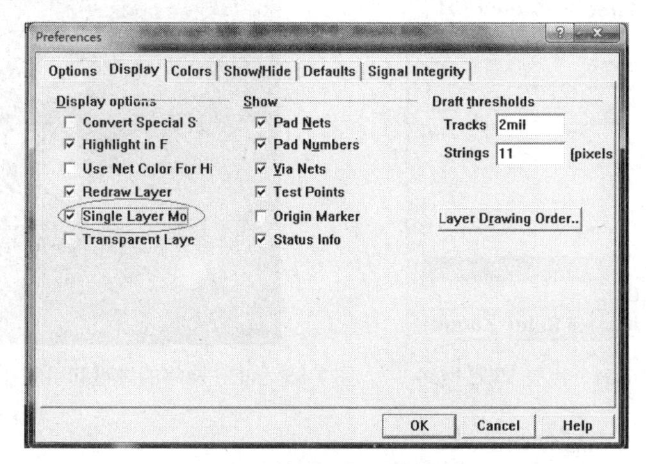

图 7-52 设置显示当前层

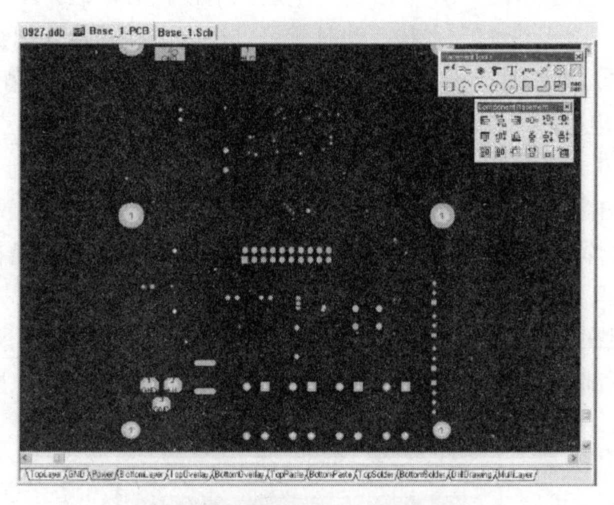

图 7-53 只显示 Power 层效果图

在分割内电层时，因为分割的区域将所有该网络的引脚和焊盘都包含在内，所以用户通常需要知道与该电源网络同名的引脚和焊般盘的分布情况，以便进行分割。在左侧 Browse PCB 工具中选择 VCC 网络，如图 7-54 所示，单击“Select”按钮将该网络点亮选取。如图 7-55 所示为将 VCC 网络点亮选取后，网络标号为 VCC 的焊盘和引脚与其他网络标号的焊盘和引脚的对比。选择了这些同名的网络焊盘后，在绘制边界的时候就可以将这些焊盘都包含到划分的区域中去。此时这些电源网络就可以不通过信号层连线而是直接通过焊盘连接到内电层。

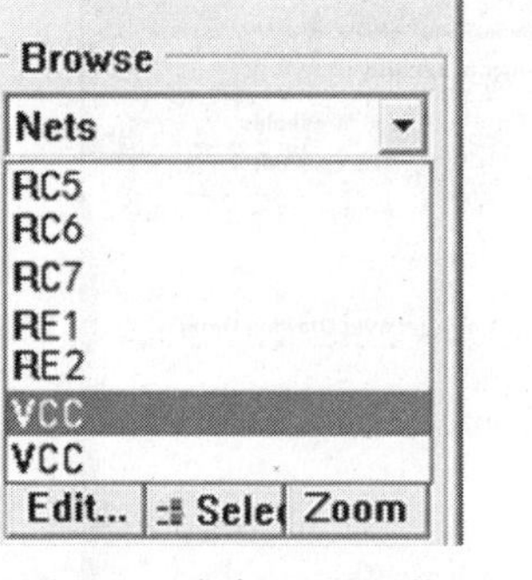

图 7-54 点亮 VCC 网络

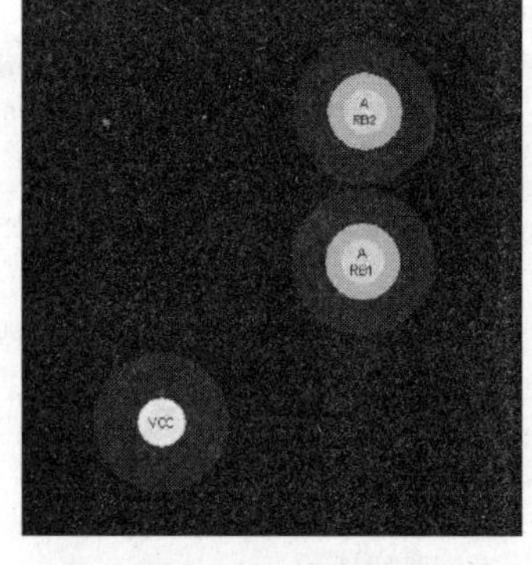

图 7-55 VCC 网络的焊盘和引脚在选择后放大

（4）绘制内电层分割区域。

选择【Design】/【Split Planes…】命令，弹出如图 7-50 的内电层分割对话框，单击 Add 按钮，弹出如图 7-51 所示的内电层分割设置对话框。首先 12V 网络，单击“OK”按钮，光标变为十字状，此时就可以在内电层开始分割工作了。

在绘制边框边界线时，可以按“Shift+空格键”来改变走线的拐角形状，也可以按 Tab 键来改变内电层的属性。在绘制完一个封闭的区域后（起点和终点重合），系统自动弹出如图 7-56 所示的内电层分割对话框。在该对话框中可以看到一个已经被分割的区域，在 PCB 编辑界面显示如图 7-57 所示。在添加完内电层后放大某个 12V 焊盘，可以看到该焊盘没有与导线相连接（如图 7-58（a）所示），但是在焊盘上出现了一个“+”字标识，表示该焊盘已经和内电层连接。将当前工作层切换到 Power 层，可以看到该焊盘在内电层的连接状态。由于内电层通常是整片铜膜，所以图 7-58（b）中焊盘周围所示部分将在制作过程中被腐蚀掉，可见 GND 和该内电层是绝缘的。

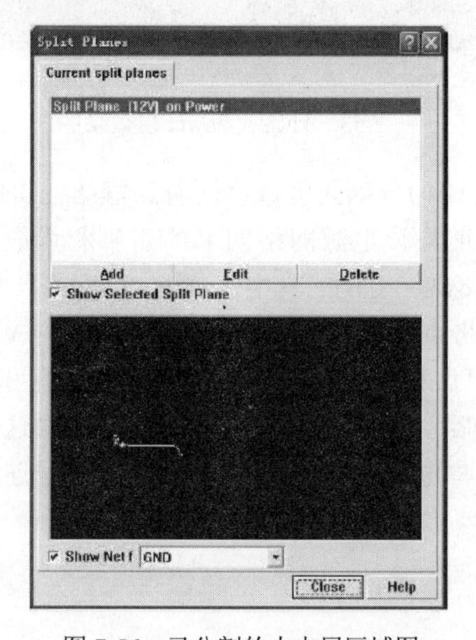

图 7-56 已分割的内电层区域图

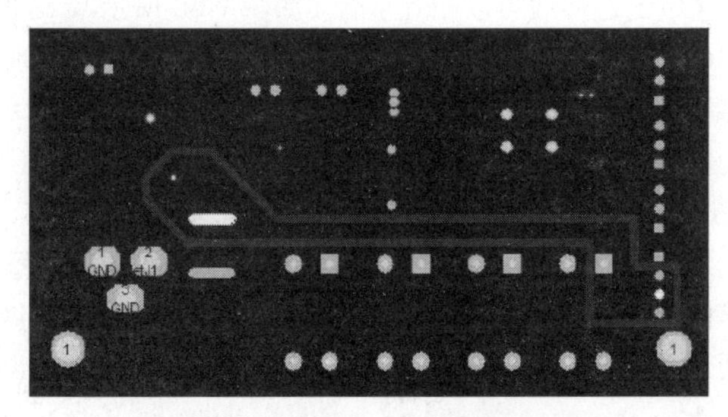

图 7-57　已分割的 12V 内电层区域

在内电层添加了 12V 区域后，还可以根据实际需要添加别的网络，就是说将整个 Power 内电层分割为几个不同的相互隔离的区域，每个区域连接不同的电源网络，最后完成效果如图 7-59 所示。

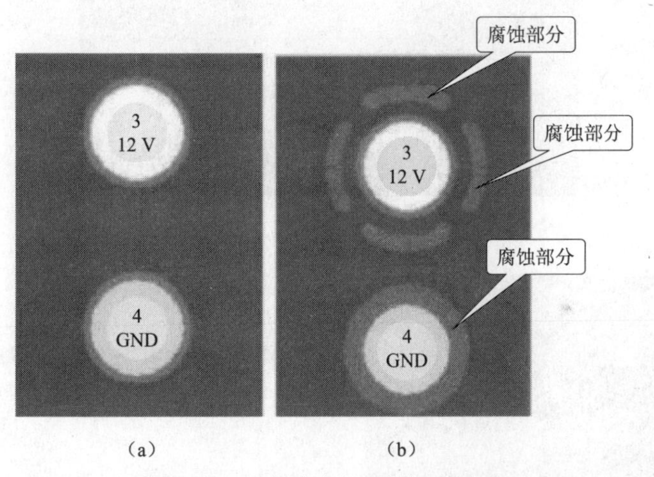

（a）　　（b）

图 7-58　设置内电层后的焊盘显示

在完成内电层的分割之后，可以在如图 7-56 所示的对话框中编辑和删除已放置的内电层网络。如果对边界的走向和形状不满意，只能单击 Delete 键，重新绘制边界；或选择【Edit】/【Move】/【Split Plane Vertices】命令来修改内内电层边界线，此时可以通过移动边界上的控点来改变边界的形状，如图 7-59 所示。完成后在弹出的确认对话框中单击“Yes”按钮即可完成重绘。

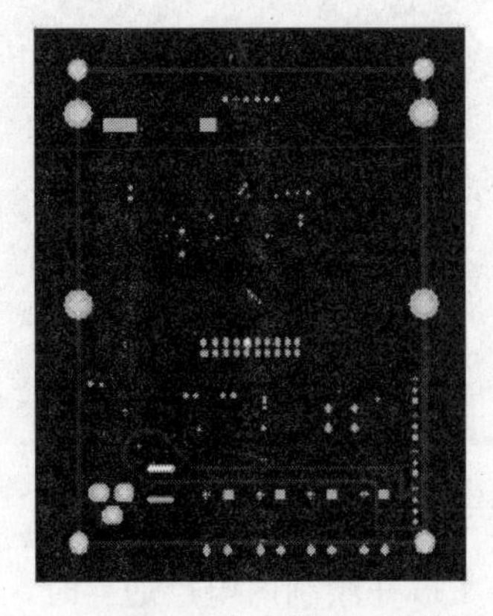

图 7-59　Power 内电层最后分割效果

3）内电层分割的基本原则

（1）在同一个内电层中绘制不同的网络区

域边界时，这些区域的边界线可以相互重合（如图7-60所示），这也是通常采用的方法。因为在PCB板的制作过程中，边界是铜膜需要被腐蚀的部分，也就是说，一条绝缘间隙将不同网络标号的铜膜给分割开来了，如图7-61所示。这样既能充分利用内电层的铜膜区域，也不会造成电气隔离冲突。

（2）在绘制边界时，应尽量不要让边界线通过所要连接到的区域的焊盘，如图7-62所示。由于边界是在PCB板的制作过程中需要被腐蚀的铜膜部分，有可能出现因为制作工艺的原因导致焊盘与内电层连接出现问题。所以在PCB设计时要尽量保证边界不通过具有相同网络名称的焊盘。

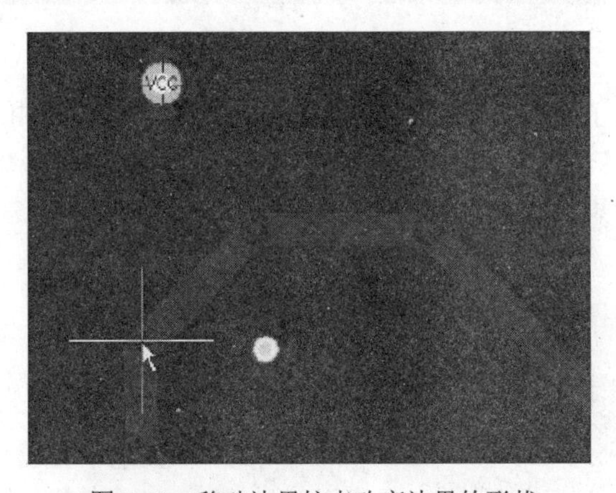

图7-60　移动边界控点改变边界的形状

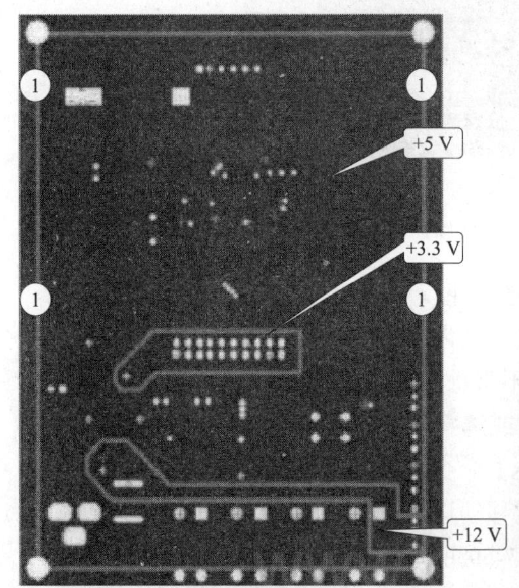

图7-61　Power内电层划分的不同区域

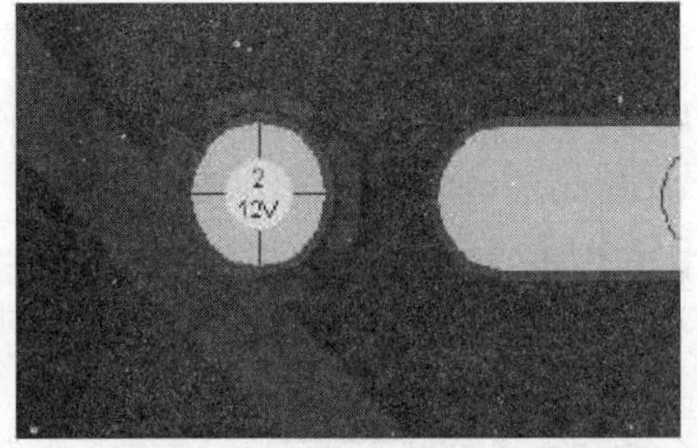

图7-62　边界通过同名网络

（3）在绘制内电层边界时，如果由于客观原因无法将同一网络的所有焊盘都包含在内，那么也可以通过信号层走线的方式将这些焊盘连接起来。但是在多层板的实际应用中，应该尽量避免这种情况的出现。因为如果采用信号层走线的方式将这些焊盘与内电层连接，就相当于将一个圈套的电阻（信号层走线电阻）和较小的电阻（内电层铜膜电阻）串联，而采用多层板的重要优势在于通过大面积铜膜连接电源和地的方式来有效减小线路阻抗，减小 PCB 接地电阻导致的电位偏移，提高抗干扰性能。所以在实际设计中，应尽量避免通过导线连接电源网络。

（4）将地网络和电源网络分布在不同的内电层面中，以起到较好的电气隔离和抗干扰的效果。

（5）对于贴片式元器件，可以在引脚处放置焊盘或过孔来连接到内电层，也可以从引脚处引出一段很短的导线（引线应粗短），并且在导线的末端放置焊盘和过孔来连接，如图 7-63 所示。

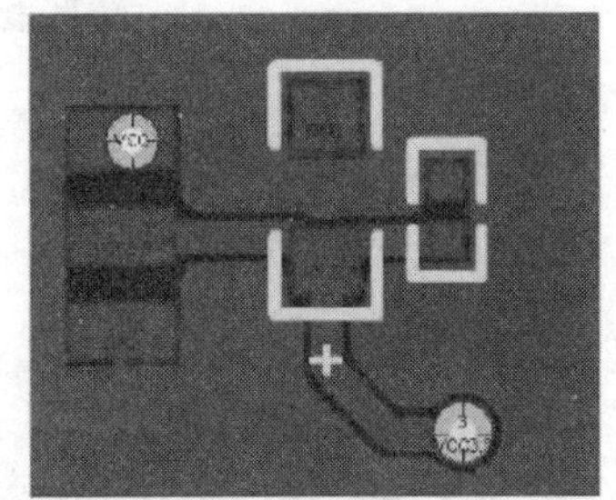

图 7-63　贴片式元器件与内电层的连接方式

（6）关于去耦电容的放置。在芯片的附近应该放置 0.01 μF 的去耦电容，对于电源类的芯片还应放置 10 μF 或者更大的滤波电容来滤除电路中的高频干扰和波纹，并用尽量可能短的导线连接到芯片的引脚上，再通过焊盘连接到内电层。

（7）如果不需要侵害内电层，那么在内电层的属性对话框中直接选择连接到网络就可以了。

4. 中间层的创建与设置

中间层就是 PCB 板顶层和底层之间的层。采用多层板结构的 PCB 板通常比普通的双层板和单层板有更好的抗干扰性能。

1）中间层的创建

Protel 系统中提供了专门的层设置和管理工具—Layer Stack Manager（层堆栈管理器）。这个工具可以添加、修改、删除工作层，并对层的属性进行定义和修改。选择【Design】/【Layer Stack Manager…】命令，弹出如图 7-64 所示的层堆栈管理器属性设置对话框。

如图 7-64 中所示是一个 4 层 PCB 板的层堆栈管理器界面。除了顶层和底层外还有两个内部电源层（Power）和接地层（GND），这些层的位置在图中都有清晰的显示。双击层的名称或者单击 Properties 按钮可以弹出层属性设置对话框，如图 7-65 所示。该对话框中有三个选项可以设置：

（1）Name：用于指定该层的名称。

（2）Copper thickness：指定该层的铜膜厚度，默认值为 1.4 mil。铜膜越厚则相同宽度的导线所能承受的载流量就越大。

（3）Net name：在下拉列表中指定该层所连接的网络。本选项只能腰设置内电层，信号层没有该。如果该内电层只有一个网络例如“+5 V”，那么可以在此处指定网络名称；但是如果内电层需要被分割为几个不同的区域，那么就不要在此处指定网络名称。

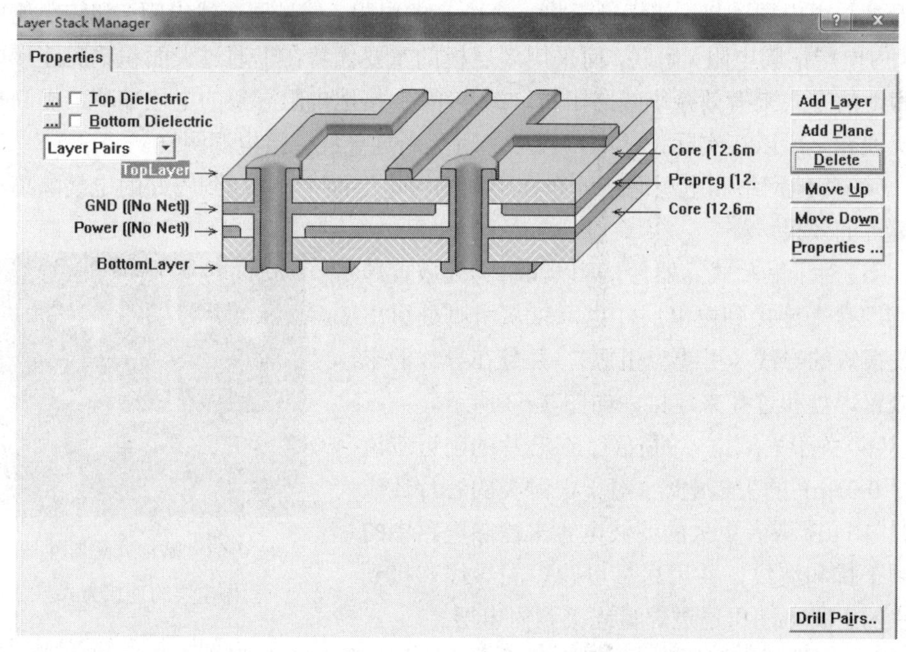

图 7-64　层堆栈管理器属性设置对话框

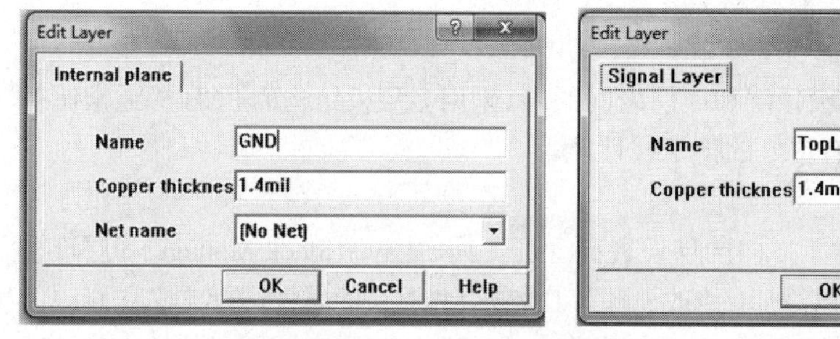

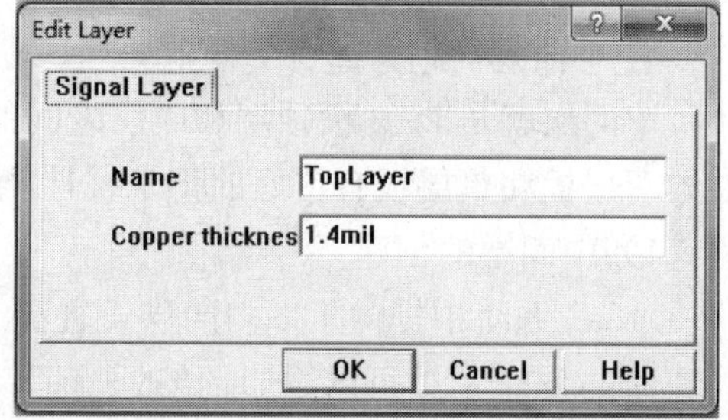

图 7-65　层属性设置

在层间还有绝缘材质作为电路板的载体或者用于电气隔离。其中 Core 和 Prepreg 都是绝缘材料，但是 Core 是板材的双面都有铜膜和连线存在，而 Prepreg 只是用于层间隔离的绝缘物质。两者的属性设置对话框相同，双击 Core 或 Prepreg，或者选择绝缘材料后单击 Properties 按钮可以弹出绝缘层属性设置对话框，如图 7-66 所示。绝缘层的厚度和层间耐压、信号耦合等因素有关，若没有特殊要求，选默认值。

除了“Core”和“Prepreg”两种绝缘层外，在电路板的顶层和底层通常也会有绝缘层。点击图 7-63 左上角的 Top Dielectric（顶层绝缘层）或 Bottom Dielectric（底层绝缘层）前的选择框选择是否显示绝缘层，单击旁边的按钮可以设置绝缘层的属性。

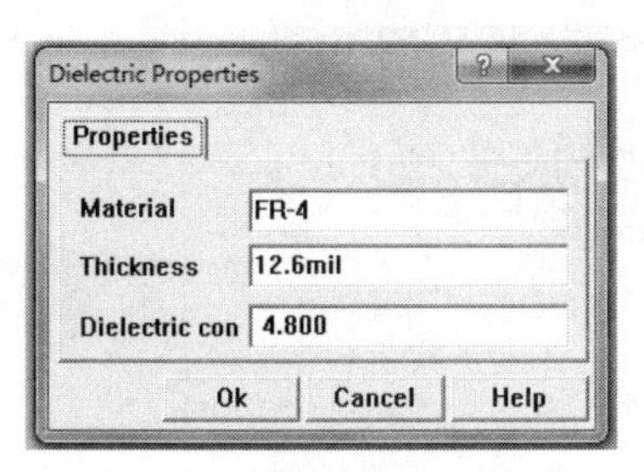

图 7-66　绝缘层属性设置

在顶层和底层绝缘层设置的选项下面有一个层叠模式选择下拉列表，可以选择不同的层叠模式：Layer Pairs（层成对）、Internal Layer Pairs（内电层成对）和 Build-up（叠压）。选用不同的模式，则表示在实际制作中采用不同压制方法，图 7-67 所示。

2）中间层的设置

完成层堆栈管理器的相关设置后，单击 OK 按钮，退出层堆栈管理器就可以在 PCB 编辑界面中进行相关的操作。在对中间层进行操作时，需要首先设置中间层在 PCB 编辑界面中是否显示。选择【Design】/【Options…】命令，弹出如图 7-68 所示的选项设置对话框，在 Internal planes 下方的内电层选项上打钩，显示内电层。

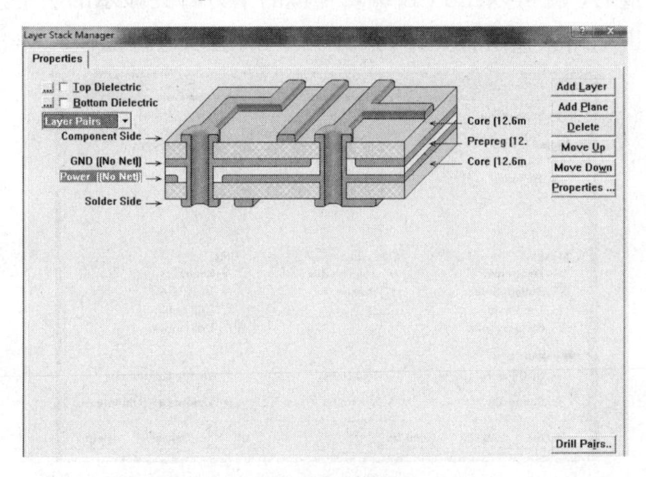

（a）层成对模式

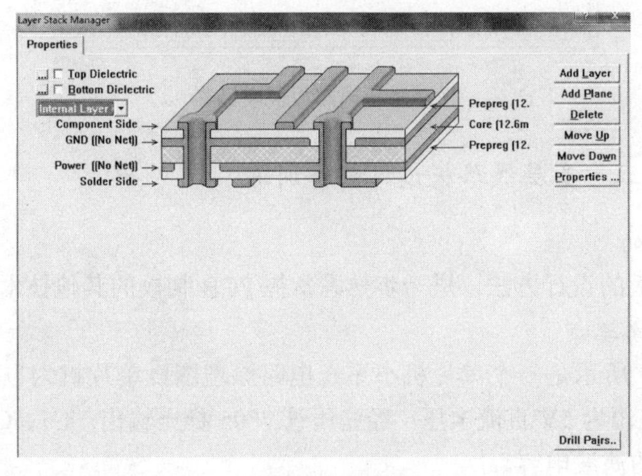

（b）内电层成对模式

图 7-67　层叠模式选择

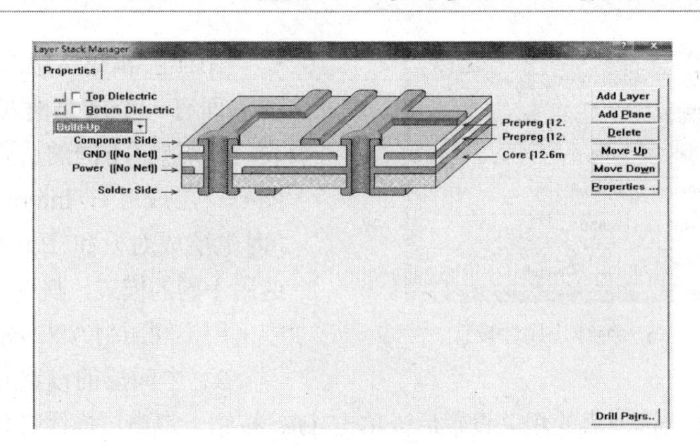

（c）叠压模式

图 7-67　层叠模式选择（续）

在完成设置后，就可以在 PCB 编辑环境的下方看到显示的层了，如图 7-69 所示。用鼠标单击电路板板层标签即可切换不同的层以进行操作。

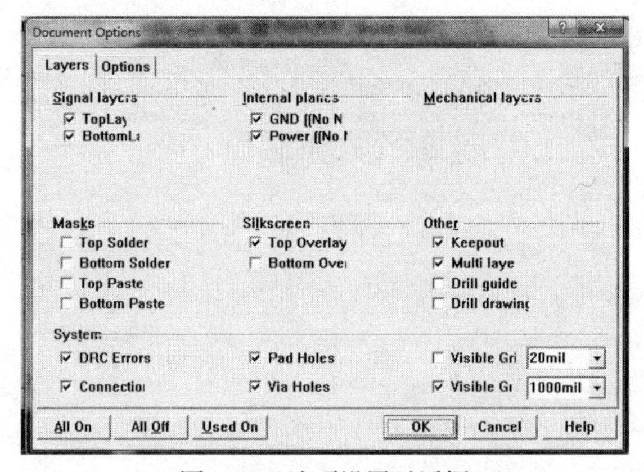

图 7-68　选项设置对话框

图 7-69　电路板板层标签

相关知识三　多层线路板设计制作训练

1. 训练目的

掌握多层板的设计方法，进一步熟悉掌握 PCB 制板的其他技术。

2. 训练任务要求

如图 7-70 所示是一个单片机小系统电路原理图，单片机为方形贴片封装的 80C31，工作电源为 5V 直流电压，经稳压管 7805 稳压输出。C7、C8、C9 分别是 U1、U2、U3 的滤波电容。

要求生成印制电路板。印制电路板使用模板导向或手动绘制生成，水平放置，图纸为矩形板，板子尺寸为 1 900 mil×1 200 mil；四层板；采用贴片元件，放置在顶层；可视网格为 1 和元件网格大小为 20 mil，可视网格 2 为 100 mil，捕获网格为 5 mil；自动布线。

布线规则是：四层板，VCC、GND 网络的安全间距为 15 mil，其余为 8 mil；布线拐角方式为 45°，拐角大小为 100 mil；自动布线拓扑规则设置为 Shortest；过孔大小设置为钻孔孔径为 12 mil，外直径为 28 mil；SMD 焊盘与导线的比例设置为 70%；SMD 焊盘与拐角处最小间距限制设置为 30 mil；印制导线宽度限制设置为 VCC 网络为 30 mil，GND 网络为 50 mil，其他走线宽度均为 10 mil。

本次设计采用汉化的 Protel 进行设计。

3. 训练步骤

步骤 1：新建设计项目文件和原理图文件，载入元件库，绘制原理图，设置封装，进行 ERC 校验。

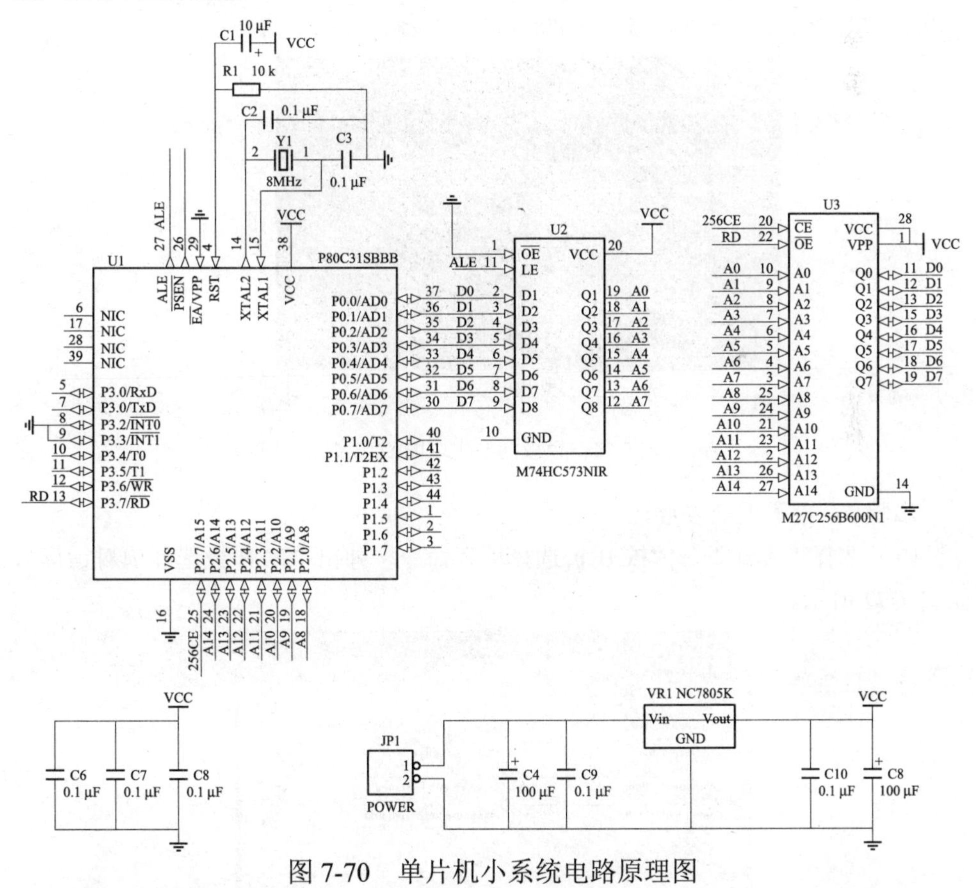

图 7-70　单片机小系统电路原理图

项目文件名称为“多层板的设计.PcbPrj”，原理图文件名称为“单片机小系统电路.SchDoc”，保存路径为“D:\PCB 制板\多层板的设计\”。

原理图中的集成块及其所在库名称如表 7-3 所列。所有封装均默认。

表 7-3 电路中集成块元器件名称

标识符	元器件名称	所在库名称
U1	P80C31SBBB	Philips Microcontroller 8-Bit.IntLib
U2	M74HC573MIR	ST Logic Latch.IntLib
U3	M27C256B60N1	ST Memory EPROM 16-512Kbit.IntLib

步骤 2：新建 PCB 文件。

利用模板向导新建 PCB 文件，设置参数为：矩形板，板子尺寸为 1 900 mil×1 200 mil，取消对“角切除”和“内部切除”复选项的勾选，四层板，信号层、内部电源层各两层，只显示盲孔或埋过孔，选用表面贴装元件，放置在顶层，过孔尺寸设置为钻孔，孔径为 12 mil，外直径为 28 mil。

新建的PCB文件名称为“单片机小系统电路PCB图.PcbDoc”，保存在同一项目下。

新建的 PCB 文件如图 7-71 所示。由于“禁止布线区与板子边缘距离”为 50 mil，所以显示出来的禁止布线区高为 1 800 mil，宽为 1 100 mil。

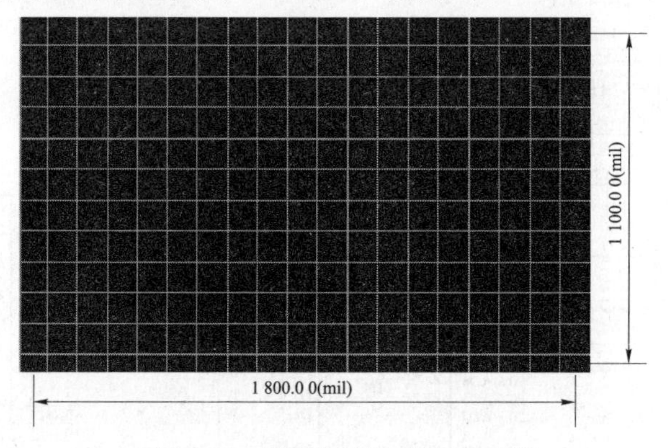

图 7-71 模板向导生成的 PCB 板

步骤 3：设置图纸参数。

（1）选择“设计”→“PCB 板选择项”命令，弹出“PCB 板选择项对话框”，如图 7-72 所示。

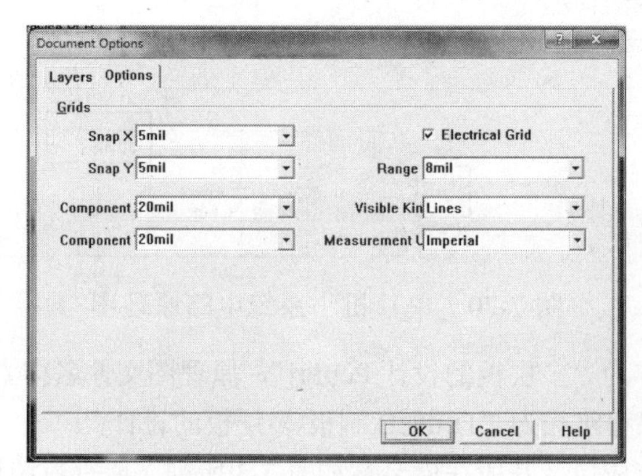

图 7-72 设置图纸参数

（2）设置度量单位：设置单位为英制（Imperial），将“捕获网格”中的X、Y值设为5 mil，在“可视网格”区域中将“网格1”设置为20 mil，将“网格2”设置为100 mil，将“元件网格”中的X、Y值均改为10 mil，其余默认，单击确认按钮。

步骤4：添加定位螺钉孔。

单击“编辑”→“橡皮图章”命令，在电路板边框四周设置4个100 mil的螺钉孔，如图7-73所示。

步骤5：从原理图导入元器件。

打开原理图，选择“设计”→“Update PCB 单片机小系统电路 PCB.PcbDOC”命令，将原理图的网络表和元器件加载到PCB电路板中，在加载过程中消除出现的错误。

步骤6：元器件布局调整。

（1）通过自动布局和手工调整，确定元器件封装在电路上的位置。

要求：

① 集成电路U1、U2、U3的滤波电容C6、C7、C8就近放置在集成块的电源端，以提高对电源的滤波性能。

② 电源插排放置在印刷电路板的右下侧。

③ 由于晶振电路是高频电路，应禁止在晶振电路下面的底层（Bottom Layer）走信号线，以免相互干扰。

④ 文字整齐摆放，不挡住元器件的封装。

（2）单击“编辑”→“排列”下的相关对齐命令，可以提高布线质量和效率，如图7-74所示。

图7-73　添加好定位孔的印制电路板

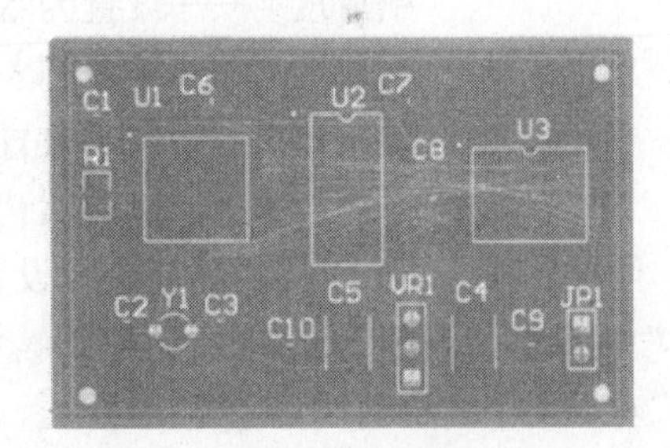

图7-74　电路板布局

步骤7：层的管理（设置、显示相应层）。

对于4层电路板，就是建立两层内层，分别睡电源层和地线层。这样在4层板的顶层和底层不需要布置电源线和地线，所有电路组件的电源和地的连接将通过盲过孔的形式连接两内层中的电源和地。

在生成电路板时，已经指定了电路板有两个内层，但还没有指定内层所对应的网络。下面的操作就是分别将这两个内层指定到电源层和地线。

（1）打开“图层堆栈管理器”，单击“设计”→“层堆栈管理器”命令，系统将弹出“图层堆栈管理器”对话框，如图7-75所示。

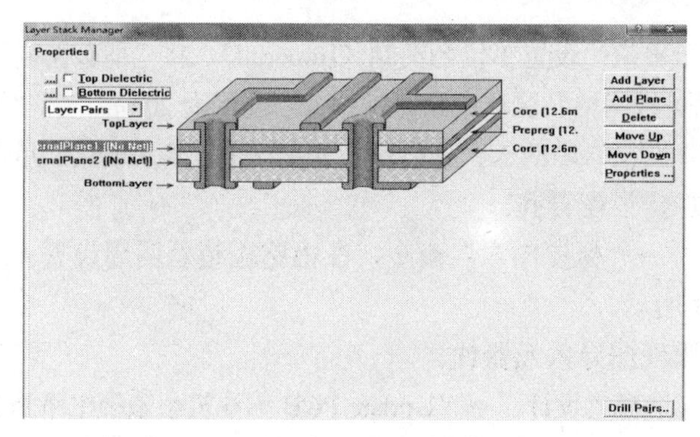

图 7-75　“图层堆栈管理器”对话框

（2）设置内层。选中第一个内层（Internal Plane 1（No Net））并双击，将弹出“编辑层”对话框，如图 7-76 所示。

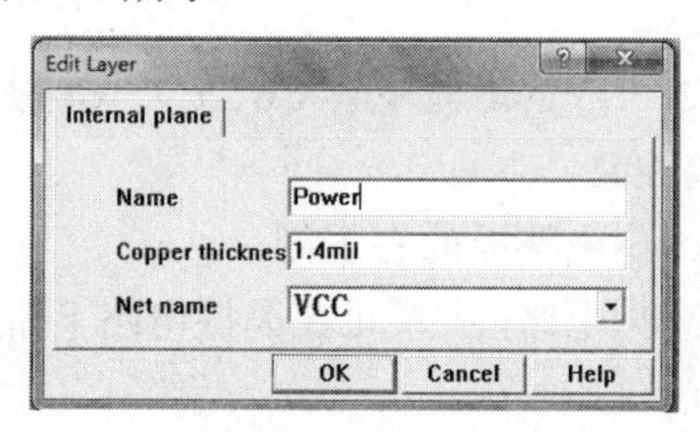

图 7-76　内层属性编辑对话框

设置如下：“名称”——设置为“Power”，表示布置的是电源层；

“铜厚度”——设置为默认值；

“网络名”——下拉列表框内定义为“VCC”；

“障碍物”——用于设置内层铜膜和过孔铜膜不相交的缩进值，这里取默认值；

同样，对另一个内层的属性进行设置：“名称”设置为“Ground”，表示是接地层；”网络名“设置为“GND”网络。

对于两个内层的属性指定完成后，设置结果如图 7-77 所示。

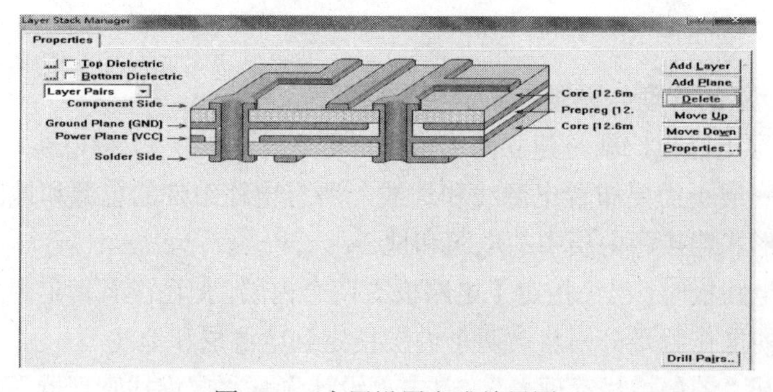

图 7-77　内层设置完成结果图

单击“确认”按钮，弹出 Impedance Configuration Changed 对话框，如图 7-78 所示，单击 OK 按钮完成设置。

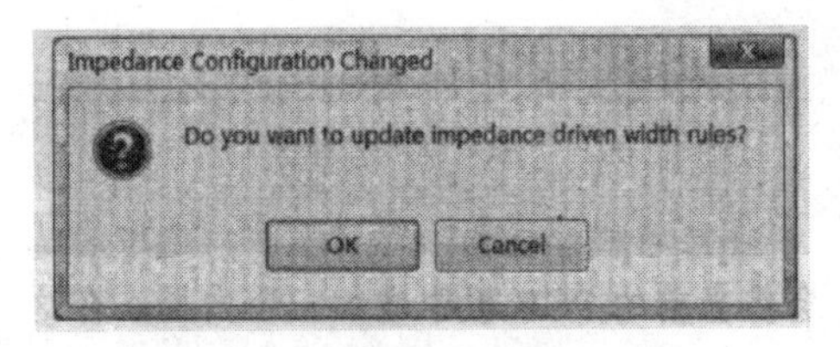

图 7-78　内层设置完成结果图

（3）显示内层：选择“设计”→“PCB 板层次颜色”命令，打开“板层和颜色”对话框，如图 7-79 所示，其中“内部电源/接地层”一栏列出了当前设置的两层内层，分别为 Power 层和 Ground 层。选中这两项后面的“表示”复选框，表示显示这两个内层。单击“确认”按钮后退出。

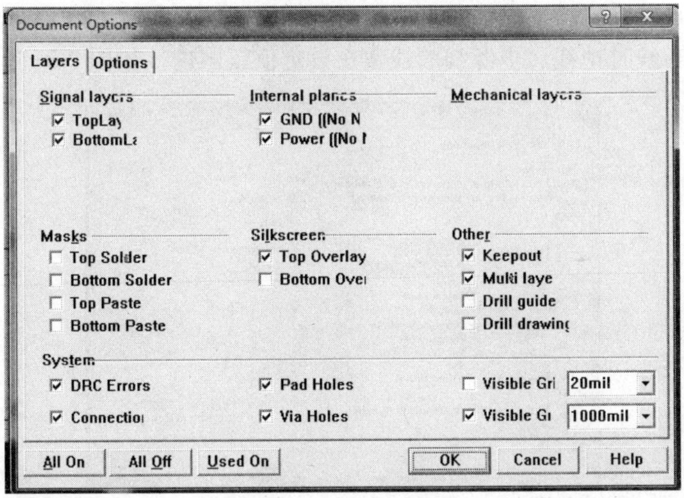

图 7-79　显示内层

步骤 8：给晶振电路添加覆铜。

选择“放置”→“覆铜”命令，弹出相应对话框，设置覆铜参数。

在“填充模式”区域中选择“影线化填充（导线/弧）”；在“围绕焊盘的形状”区域中选择“弧线”单选项；“影线化填充模式”设为“90 度”；在“属性”区域的“层”下拉列表框中选择 Bottom Layer 层；在“网络选项”区域的“连接到网络”下拉列表框中选择 GND 网络；其余默认。设置完毕后单击“确认”按钮，在晶振电路周围放置覆铜，效果如图 7-80 所示。

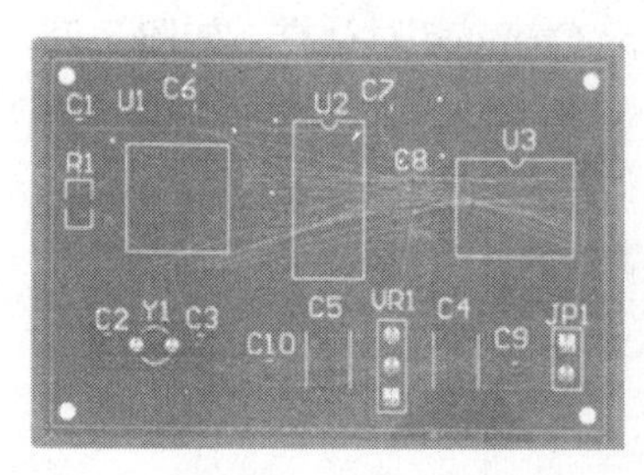

图 7-80　覆铜完毕

步骤 9：设置布线规则。

在 PCB 电路编辑环境下，选择“设计”→“规则”命令。

（1）设置电气规则：VCC、GND 网络的安全间距为 15 mil，其余为 8 mil。注意优先级顺序，前者最高。

（2）设置布线规则：由于电源输入端的电压较高、电流较大，应适当加粗线宽。印制导线宽度限制设置为 GND 网络为 50 mil，VCC 网络为 30 mil，其他走线宽度为 10 mil；自动布线拓扑规则设置为 Shortest；四层板的布线板层为顶层和底层；布线拐角方式为 45°，拐弯大小为 100 mil。

考虑到有些贴片式元器件的管脚焊盘非常小，将 GND 网络和 VCC 网络的导线宽度分别设置下限，GND 和 VCC 的最小线宽均设为 10 mil，普通线的最小线宽设为 6 mil。

线宽要设置优先级，保证其顺序从高到低为 GND 网络→VVCC→普通线，这样才能确保布线时地线、电源线的线宽在设定值范围内，如图 7-81 所示。

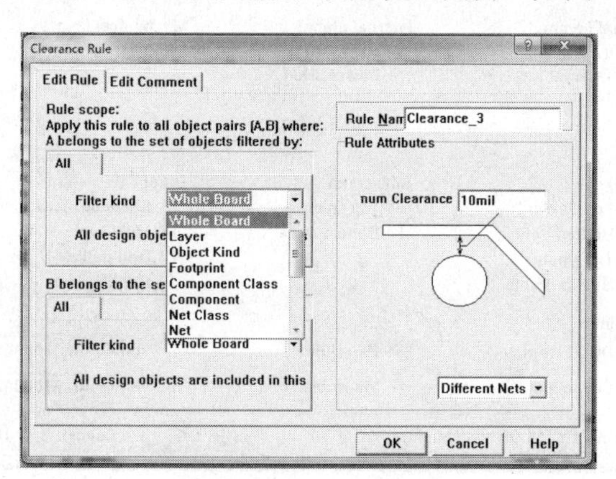

图 7-81　设置布线优先级

（3）设置过孔：过孔必须能容许导线穿过内径不能设的太小，而制造工艺要求大一些。所以过孔设置为钻孔孔径为 12 mil，外直径为 28 mil。

（4）设置贴片元件布线（SMT 选项）。

① SMD To Corner：用于设置 SMD 焊盘与导线拐角处的最小间距。本例设置为 30 mil。

② SMD To Plane：用于设置 SMD 元件焊盘至内电层的焊盘或过孔之间的距离。这里选择默认值。

③ SMD Neek-Down：用于设置 SMD 焊盘宽度与引出导线宽度的比例。本例中设置为 70%。

（5）多层板的特殊规则。在 Plane 选项中，有 3 个规则与内电层有关，用于设置多层板。

Power Plane Connect Style：用于设置过孔或焊盘与电源层连接和方法，对话框中共有 5 个设置项。本例中默认。

Power Plane Clearance：用于设置内电源和地层与穿过它的焊盘或过孔之间的安全距离，即防止导线短路的最小距离。系统默认值为 20 mil。

Polygon Connect Style：用于设置多边形覆铜与焊盘之间的连接方式。本例设置为默认值。

Vias Under SMD：在 High Speed 选项中，还有一个关于禁止在 SMD 焊盘下设置过孔的原则，系统默认为禁止在 SMD 焊盘上设置过孔状态。用户可以根据电路的要求自行选择。

步骤 10：自动布线。

选择“自动布线”→“全部对象”命令，系统弹出“Situs 布线策略”对话框，如图 7-82 所示。在“布线策略”区域中选择 Default Multi Layer Board 选项，即对多层板布线。单击 Route All 按钮，软件开始布线。布好线的 PCB 板如图 7-83。

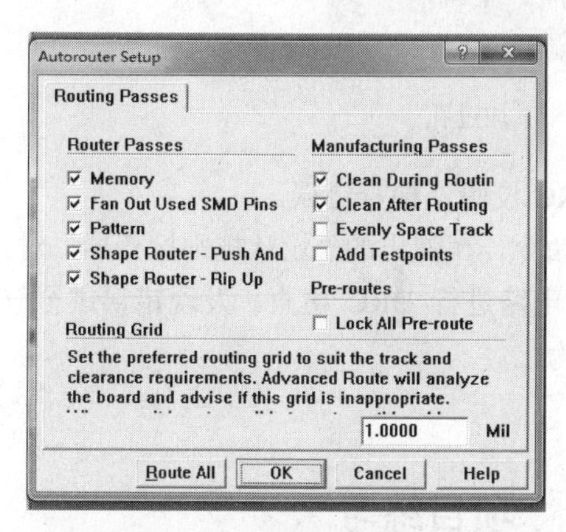

图 7-82　Situs 布线策略对话框

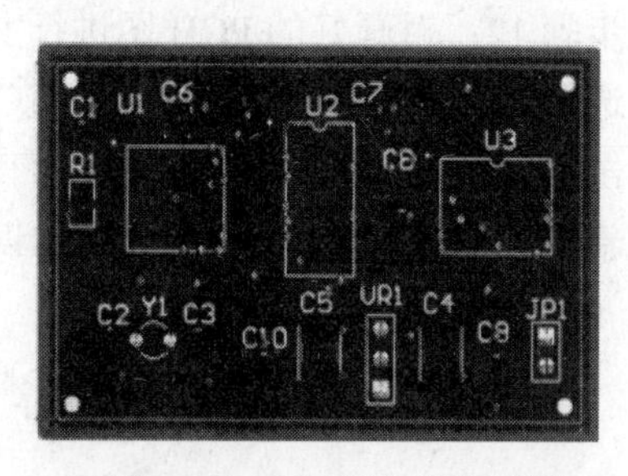

图 7-83　多层板布线结果图

将图放大可以看出，插孔元件的 VCC 和 GND 网络现在都不用导线相连接，它们都使用过孔与两个内层相连接，表现在 PCB 图上为使用十字符号标注。如图 7-84 所示，JP1 的 2 脚属于 GND 网络，上面有一个十字符号标注。

步骤 11：手动调整布线。

由于软件的限制，对于元器件小而密的电路，自动布线不能传到 100%符合规则，必须经过手动调整布线。

在图 7-82 中，有两处焊盘未能接到相应网络上，仍然以飞线的形式显示。可以通过添加过孔或手动连线的方式来修改。添加过孔的方法为：选择“放置”→“过孔”命令，移到相应焊盘处放下，双击过孔，将过孔的孔径设成外径为 28 mil，内径为 12 mil，网络与所连焊盘一致。添加后的效果如图 7-85 所示。

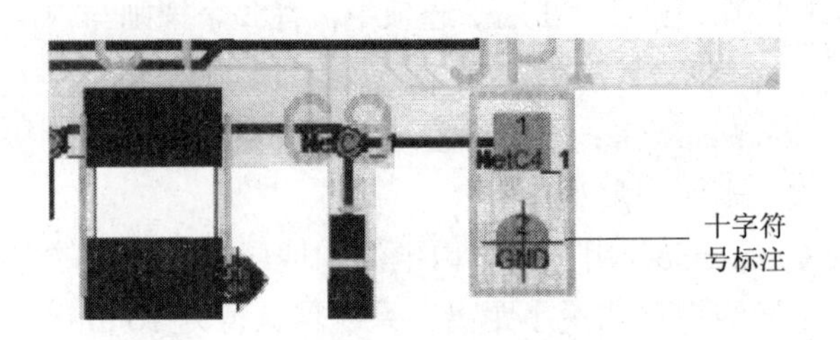

图 7-84　十字符号标注

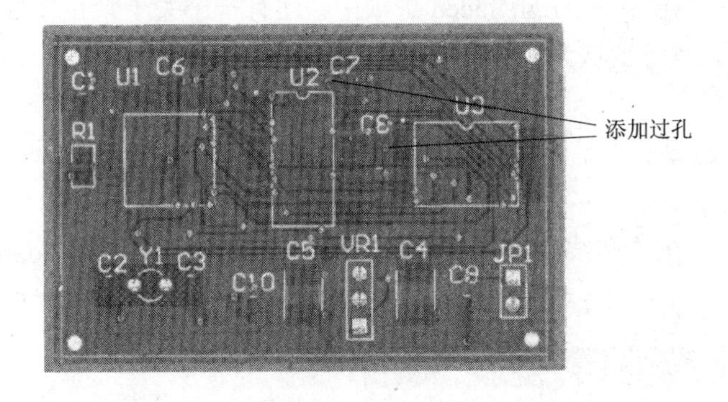

图 7-85　添加过孔

步骤 12：对画好的 PCB 图进行 DRC 校验，检查错误。

选择“工具”→“设计规则检查”命令，在弹出的“设计规则检查器”对话框中单击“运行设计规则检查”按钮，对电路进行 DRC 检查。发现错误进行修改，再重新运行 DRC 检查，直到没有错误为止。

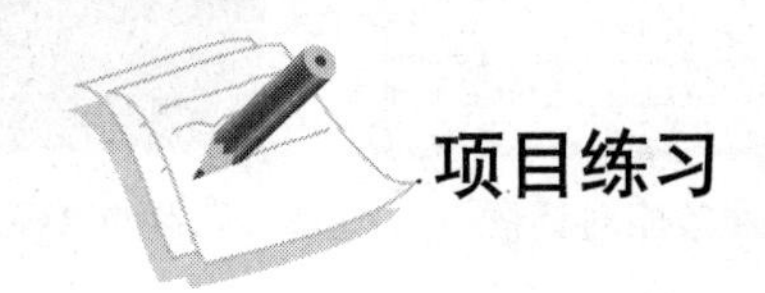

项目练习

请绘制如图 7-86 所示的原理图，并生成印制电路板。

要求：图纸为矩形板，水平放置，尺寸为 3 000 mil×1 900 mil；四层板，中间为电源层与地层；元器件封装为默认，放置在顶层。

布线规则是：VCC、GND 网络的安全间距为 15 mil，其余为 8 mil；布线拐角方式为圆弧状，拐弯大小为 100 mil；自动布线拓扑规则设置为 Starburst；过孔大小设置为钻孔孔径为 28 mil，外直径为 50 mil；SMD 焊盘与导线的比例设置为 50%；印制导线宽度限制设置为 VCC 网络为 15 mil，GND 网络为 2 0mil，其他走线宽度均为 10 mil，自动布线。

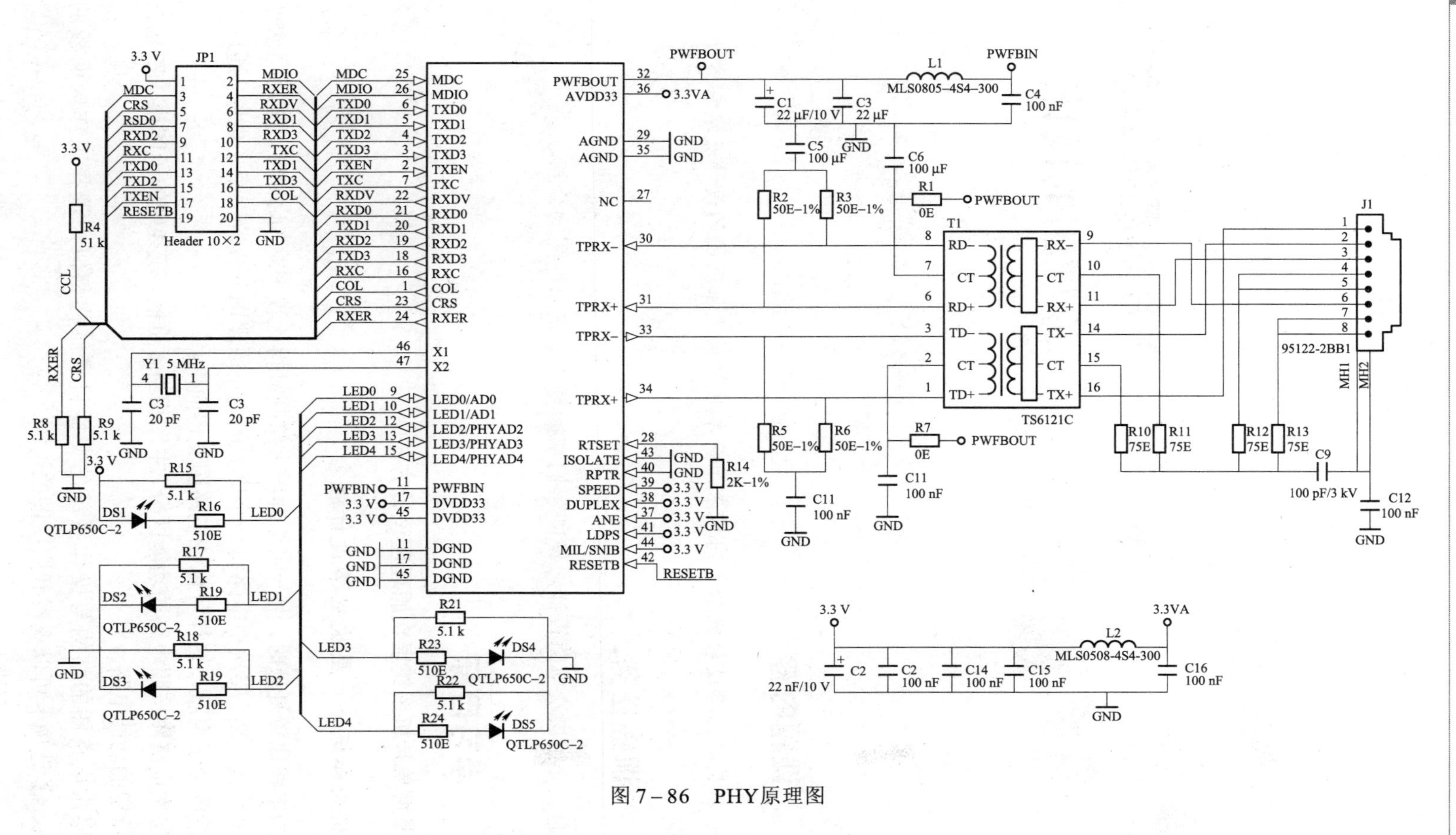
3.3 V
JP1
Header 10×2
MDC
CRS
RSD0
RXD2
RXC
TXD0
TXD2
TXEN
RESETB
MDIO
RXER
RXDV
RXD1
RXD3
TXC
TXD1
TXD3
COL
GND
R4
51 k
CCL
RXER
CRS
R8
5.1 k
R9
5.1 k
Y1 5 MHz
C3
20 pF
MDC
MDIO
TXD0
TXD1
TXD2
TXD3
TXEN
TXC
RXDV
RXD0
RXD1
RXD2
RXD3
RXC
COL
CRS
RXER
X1
X2
LED0/AD0
LED1/AD1
LED2/PHYAD2
LED3/PHYAD3
LED4/PHYAD4
PWFBIN
DVDD33
DGND
R15
5.1 k
R16
510E
DS1
QTLP650C-2
LED0
R17
5.1 k
R19
510E
DS2
LED1
R18
5.1 k
DS3
LED2
R21
5.1 k
R23
510E
DS4
LED3
R22
5.1 k
R24
510E
DS5
LED4
PWFBOUT
AVDD33
3.3VA
AGND
NC
TPRX-
TPRX+
RTSET
ISOLATE
RPTR
SPEED
DUPLEX
ANE
LDPS
MIL/SNIB
RESETB
R14
2K-1%
L1
MLS0805-4S4-300
PWFBIN
C4
100 nF
C1
22 μF/10 V
C3
22 μF
C5
100 μF
C6
100 μF
R1
0E
R2
50E-1%
R3
50E-1%
R5
50E-1%
R6
50E-1%
R7
0E
C11
100 nF
T1
TS6121C
RD-
CT
RD+
TD-
TD+
RX-
RX+
TX-
TX+
J1
95122-2BB1
MH1
MH2
R10
75E
R11
75E
R12
75E
R13
75E
C9
100 pF/3 kV
C12
100 nF
L2
MLS0508-4S4-300
C2
22 nF/10 V
100 nF
C14
C15
C16

图7-86 PHY原理图

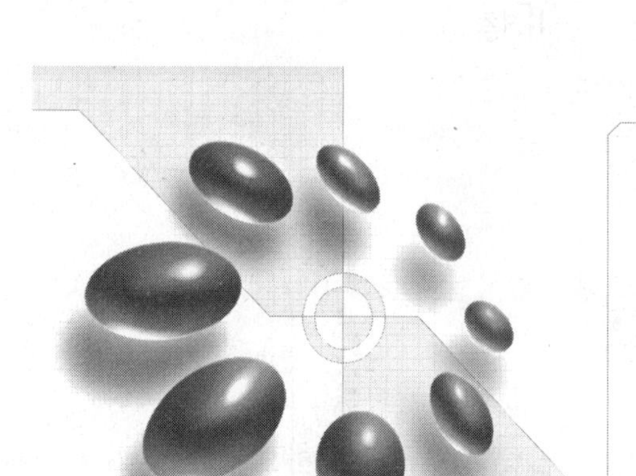

项目八 单片机系统层次原理图的设计

课题内容

介绍层次电路设计概念等内容来了解单片机层次原理图的设计及绘制方法。

训练任务

通过介绍层次电路设计，使同学们掌握复杂电路原理图的绘制。

学习目标

掌握单片机系统层次原理图设计方法。

相关知识一 层次电路设计概念

当电路比较复杂时，用一张原理图来绘制显得比较困难，此时可以采用层次型电路来简化电路。层次型电路将一个庞大的电路原理图分成若干个子电路，通过主图连接各个子电路，这样可以使电路图变得简单。

层次电路图按照电路的功能区分，主图相当于框图，在其中的子图模块中代表某个特定的功能电路。

层次电路图的结构与操作系统的文件目录结构相似，选择工作区面板的【Projects】选项卡可以观察到层次图的结构。

如图 8-1 所示为层次电路图结构。在一个项目中，处于最上方的为主图，一个项目只有一个主图，在主图下方所有的电路均为子图，图中有 4 个一级子图，在子图 Eight_5x7.SCHDOC 和 FPGA_U1_Manual.SchDoc 前面的框中有“+”号，说明它们中还存在二级子图，单击可以打开二级子图结构。

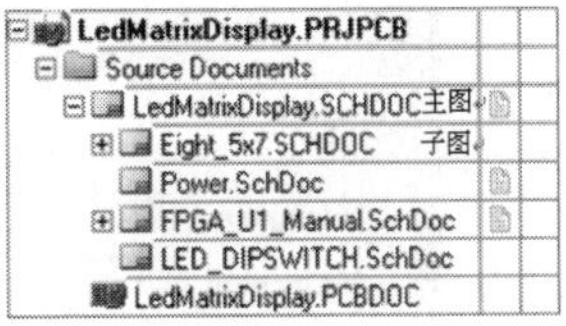

LedMatrixDisplay.PRJPCB
Source Documents
LedMatrixDisplay.SCHDOC主图
Eight_5x7.SCHDOC　子图
Power.SchDoc
FPGA_U1_Manual.SchDoc
LED_DIPSWITCH.SchDoc
LedMatrixDisplay.PCBDOC

图 8-1　层次电路结构

相关知识二　层次电路主图设计

下面以如图 8-2 所示的单片机主图为例，介绍层次电路主图设计。

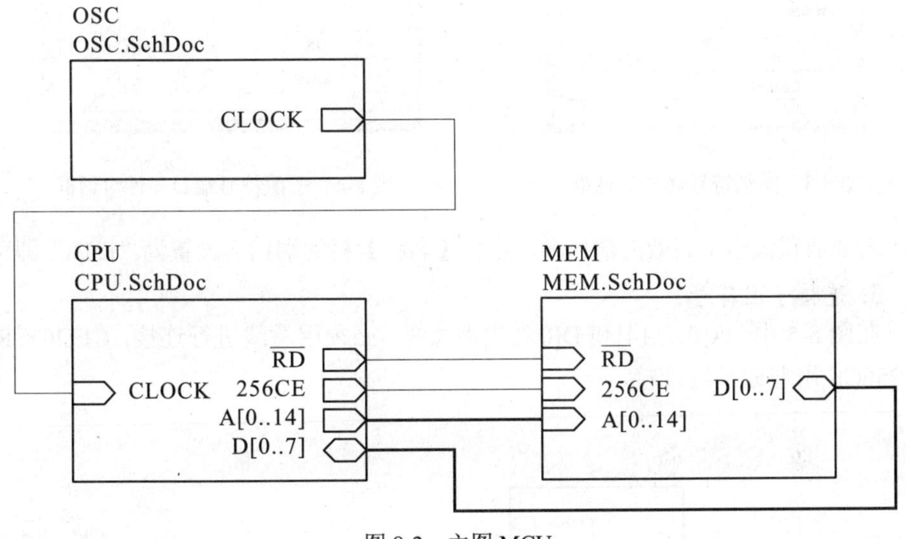

图 8-2　主图 MCU

设计前建立“MCU”项目文件，创建“MCU”主图原理图文件并保存。

1. 电路方块图设计

电路方块图，也称为子图符号（图纸符号），它对应着一个具体的内层电路，即子图。如图 8-2 所示的单片机主图文件，它是由三个电路方块图组成。执行菜单“放置”→“图纸符号”，光标上黏附着一个悬浮的子图符号，按键盘上的 Tab 键，屏幕弹出“图纸符号”属性对话框，可以设置子图符号属性，如图 8-3 所示。

2. 放置子图符号的 I/O 接口

执行菜单“放置”→“加图纸入口”，将光标移至子图符号内部，在其边界上单击鼠标左键，放置 I/O 端口，如图 8-4 所示。

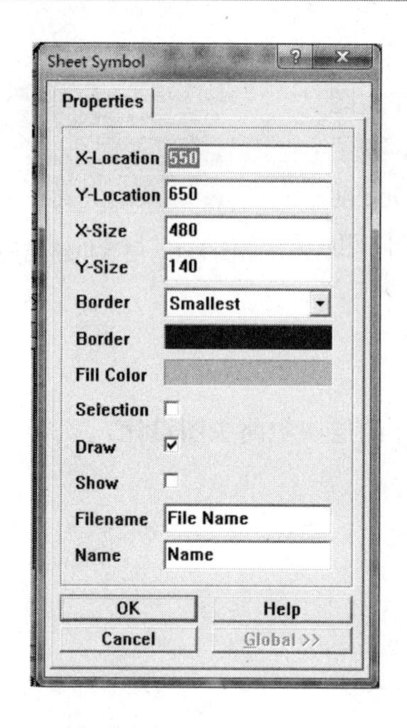

图 8-3　图纸符号属性对话框

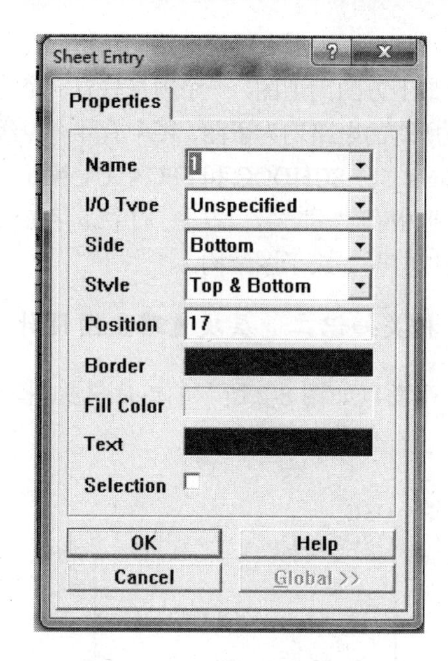

图 8-4　子图符号端口属性对话框

若要放置低电平有效的端口名，则将【名称】栏的端口名设置为“R\D\”即可。

3. 连接子图符号

在图 8-5 中，A[0….14]和 D[0….7]为总线，必须用总线进行连接；CLOCK RD 和 256CE 用普通导线连接。

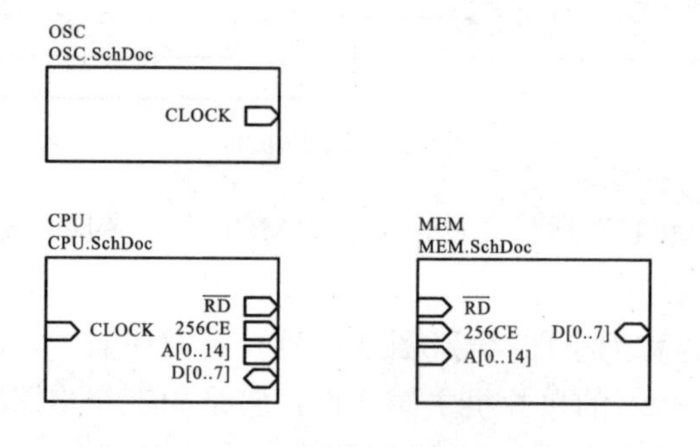

图 8-5　设置子图端口的主图

执行菜单“放置”，“导线”，连接子图模块 CPU 和子图模块 MEM 之间的 A[0….14]和 D[0….7]。

执行菜单“放置”，“导线”，连接子图模块 CPU 和子图模块 MEM 之间的 RD 和 256CE。子图模块 CPU 和子图模块 OSC 中的 CLOCK。

4. 由子图符号生成子图文件

执行菜单“设计”,“根据符号创建图纸”,将光标移到子图符号上,单击鼠标左键,屏幕弹出“I/O 端口特性转换”对话框,选择“No”,则生成的电路图中的 I/O 端口的输入输出特性将与子图符号 I/O 端口的特性相同。此时系统将自动生成一张新电路图,电路图的文件名与子图符号中的文件名相同,同时在新电路图中,已自动生成对应的 I/O 端口。

相关知识三 层次电路子图设计

(1)载入元件库。本例中的元件在 ST Logic Latch.IntLib、Philips Microcontroller 8-Bit.IntLib、ST Memory EPROM 16-512 Kbit.IntLib、TI Logic Gate 1.IntLib、Miscellaneous Devices.IntLib 库中,将上述元件库均设置为当前库。

(2)根据图 8-6 放置元件并布局。

(3)采用阵列式粘贴放置导线和总线入口及其网络标号。

(4)采用导线和总线分别连接电路。

(5)分别在 U4 两侧的总线上放置总线网络标号 A[0..14]和 D[0..7],代表该总线上的网络标号为 A0~A14 和 D0~D7。在相应的子图中也必须在总线上加入相同的总线网络标号,这样才能使它们具备连接关系。

(6)依次画好其他两个子图电路并保存电路,最后保存项目文件。

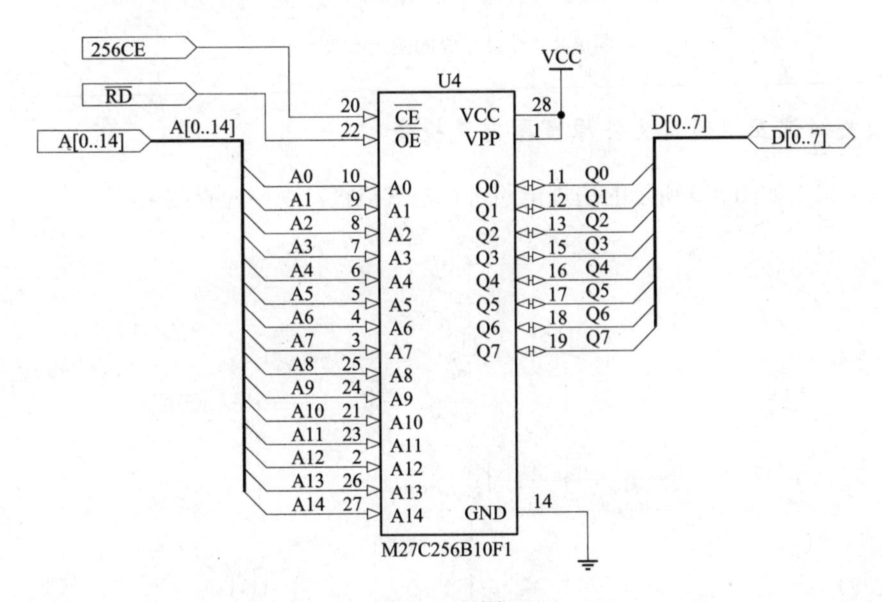

图 8-6 子图 MEN

相关知识四 设置图纸信息

主图和子图绘制完毕，一般要添加图纸信息，设置好原理图的编号和原理图总数。下面以设置主图的图纸信息为例进行说明，主图原理图编号为 1，项目原理图总数为 4。

执行菜单“放置”→“文本字符串”在相应位置放置标题栏参数，如图 8-7 所示。

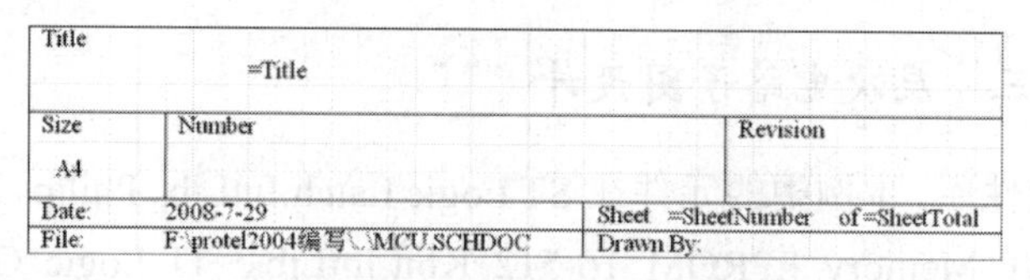

Title =Title		
Size A4	Number	Revision
Date:	2008-7-29	Sheet =SheetNumber of =SheetTotal
File:	F:\protel2004编写\..\MCU.SCHDOC	Drawn By:

图 8-7 设置图纸参数

执行菜单“设计”→“文档选项”，在弹出的对话框中选中【参数】选项卡，在其中设置标题栏参数，其中参数“Title”设置为“MCU 主图”，参数“SheetNumber”设置为“1”，参数“SheetTotal”设置为“4”，设置完毕单击“确认”按钮结束，设置后的标题栏如图 8-8 所示。采用同样方法设置其他图纸。

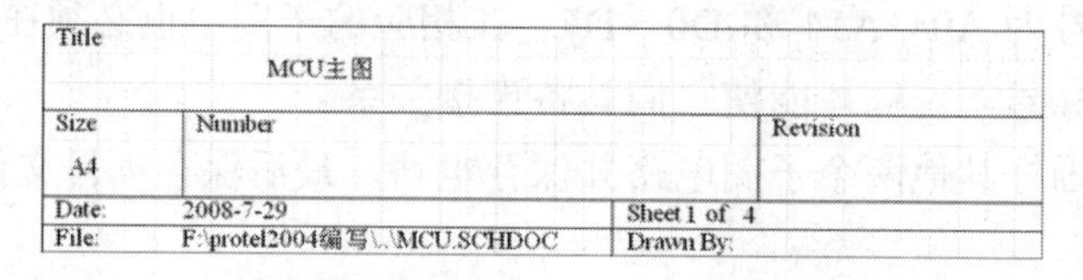

Title MCU主图		
Size A4	Number	Revision
Date:	2008-7-29	Sheet 1 of 4
File:	F:\protel2004编写\..\MCU.SCHDOC	Drawn By:

图 8-8 设置完成的图纸参数

相关知识五 项目文件原理图电气检查

以下采用如图 8-9 所示的违规电路进行电气检查，观察检查结果。

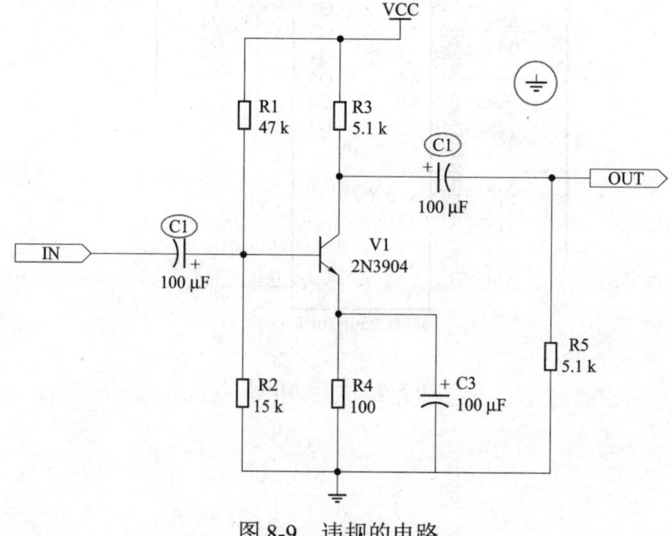

图 8-9 违规的电路

1. 设置检查规则

执行菜单“项目管理”→“项目管理选项”，打开“项目管理选项”对话框，单击【Error Reporting】选项卡设置违规选项。

每项都有多个条目，即具体的检查规则，在条目的右侧设置违反该规则时报告模式，有“无报告”、“警告”、“错误”和“致命错误”四种。电气检查规则各选项卡一般选择默认。

本例中为去除有关驱动信号和驱动信号源的违规信息，可以将它们的报告模式设置为“无报告”，如图 8-10 所示。

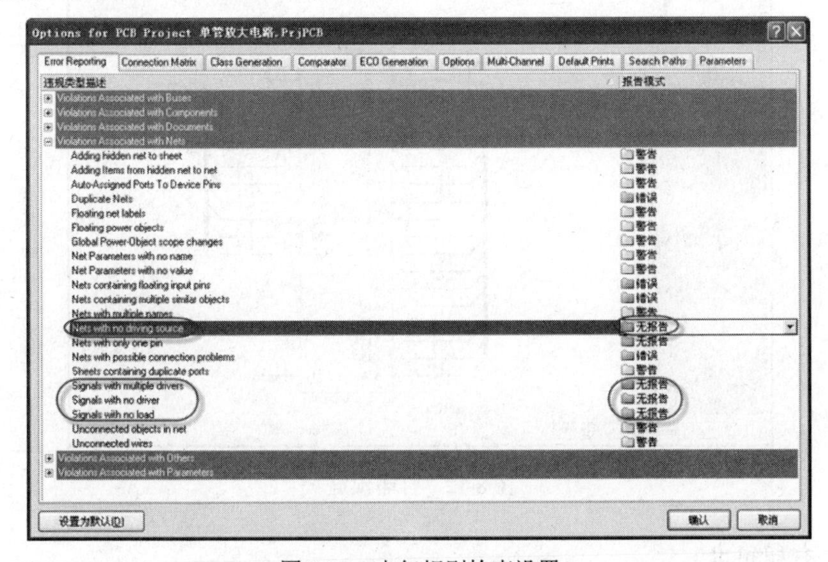

图 8-10　电气规则检查设置

2. 通过原理图编译进行电气规则检查

执行菜单“项目管理”→“Compile PCB Project 单管放大电路.PrjPCB”，系统自动检查电路，弹出“Messages”对话框，显示当前检查中的违规信息，如图 8-11 所示。

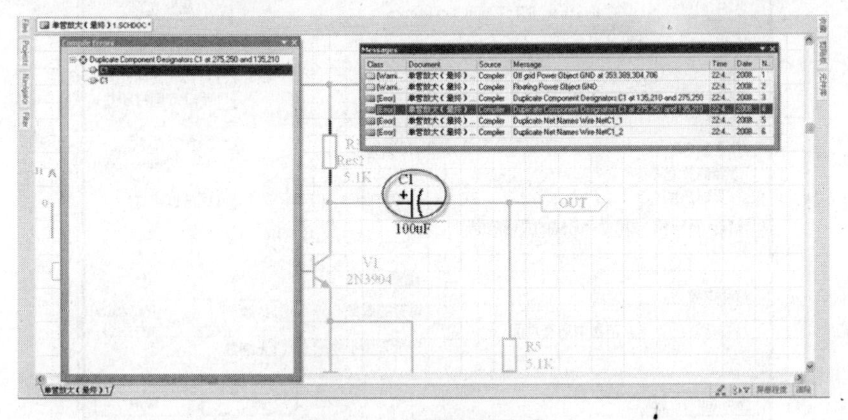

图 8-11　违规信息显示

相关知识六 原理图输出

1. 打印预览

执行菜单“文件”→“打印预览”，屏幕弹出如图 8-12 所示的“打印预览”对话框，从图中可以观察打印的输出效果，单击“打印”按钮，弹出“打印文件”对话框进行打印。

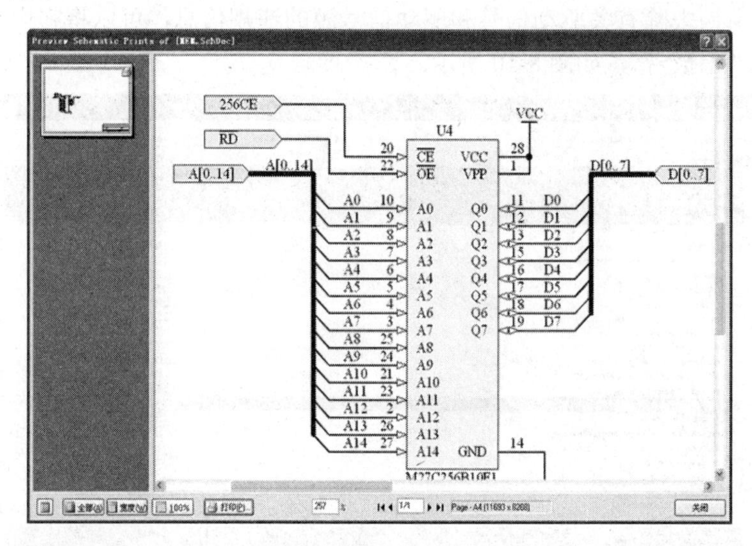

图 8-12 打印预览

2. 打印输出

执行菜单“文件”→“打印”，屏幕弹出如图 8-13 所示的“打印文件”对话框，可以进行打印设置，并打印输出原理图。

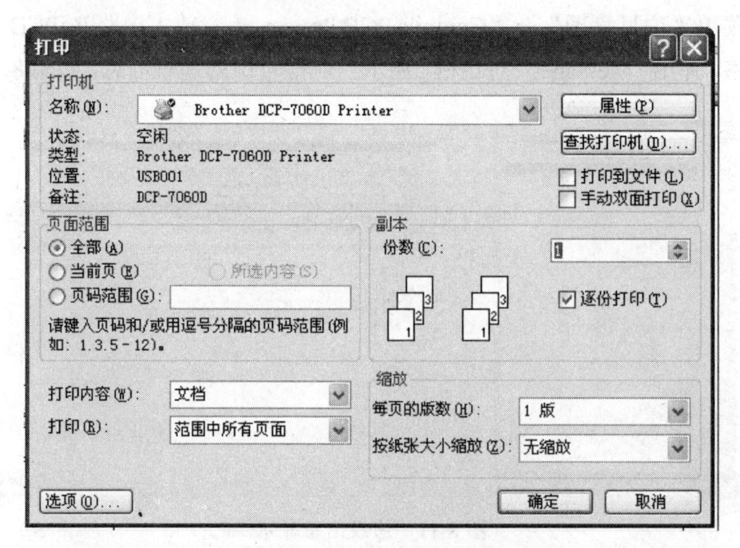

图 8-13 打印文件对话框

项目练习

1. 简单说明电路方块图的设计。

2. 层次电路主图如何设计？

3. 波形产生电路如图 8-14 所示，试设计成 3 000 mil×1 540 mil 的双面印制电路板。

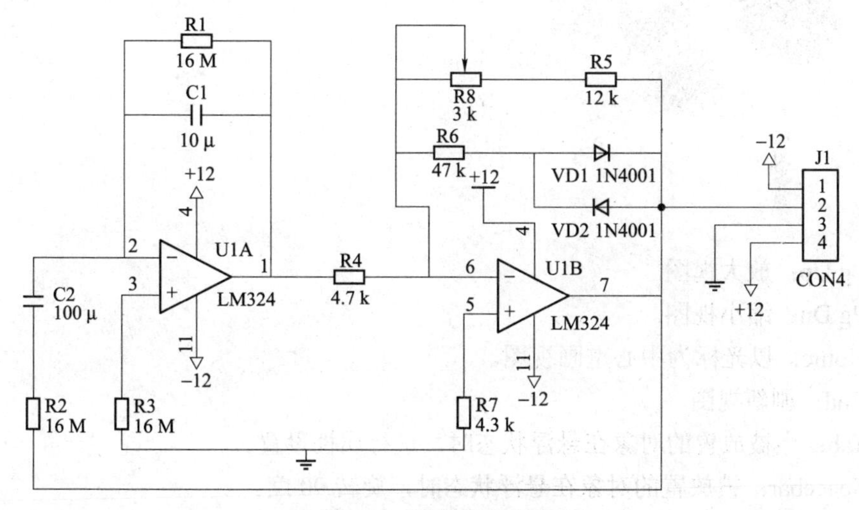

图 8-14　波形产生电路

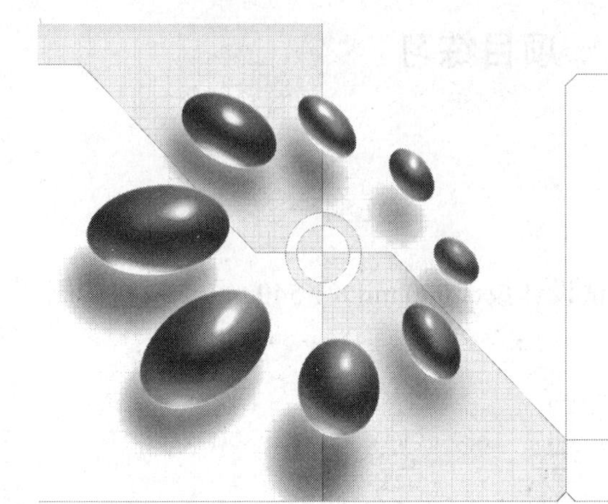

附录 A 常用原理图命令热键

Pg Up：放大视图。
Pg Dn：缩小视图。
Home：以光标为中心重画视图。
End：刷新视图。
Tab：当被放置的对象在悬浮状态时，进行属性设置。
Spacebar：被放置的对象在悬浮状态时，旋转 90 度。
X：被放置的对象在悬浮状态时，水平镜像翻转。
Y：被放置的对象在悬浮状态时，垂直镜像翻转。
ESC：结束正在执行的操作。
Ctrl+TAB：在 Protel 99 SE 设计环境中进行多个打开文件之间的切换。
Alt+TAB：在 Windows 操作系统中对多个打开的程序之间进行切换。
Ctrl+Backspace：恢复操作。
Alt+Backspace：撤销操作。
Ctrl+PgUp：全屏幕显示电路及所有对象。
Ctrl+Home：将光标跳到坐标原点。
Shift+Insert：粘贴（Paste）。
Curl+Insert：拷贝（Copy）。
Shift+Delete：剪切（Cut）。
Ctrl+Delete：删除。
键盘左箭头：光标左移一个栅格。
键盘上箭头：光标上移一个栅格。

键盘下箭头：光标下移一个栅格。

键盘右箭头：光标右移一个栅格。

Shift+键盘左箭头：光标左移 10 个栅格。

Shift+键盘上箭头：光标上移 10 个栅格。

Shift+键盘下箭头：光标下移 10 个栅格。

Shift+键盘右箭头：光标右移 10 个栅格。

按住鼠标左键拖动：移动对象。

Ctrl+按住鼠标左键拖动：拖动对象。

鼠标左键双击：编辑对象属性。

鼠标左键：使对象成为浮动状态。

Fl 启动帮助菜单。

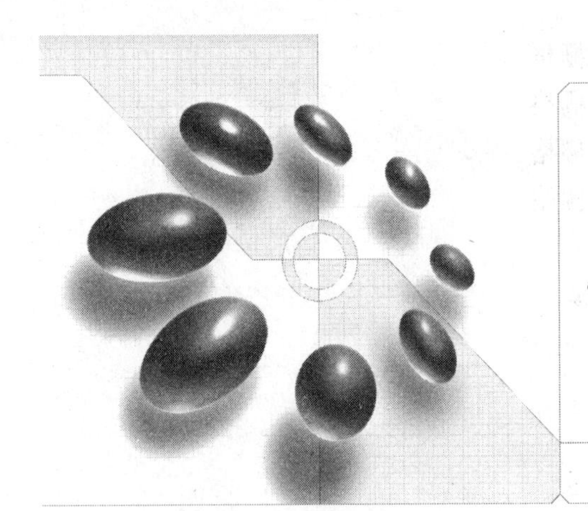

附录B 常用电路板图命令热键

L：弹出电路板层设置窗口(Design / Options)。

Q：切换测量单位。

Ctrl+G：弹出捕捉栅格设置对话框。

Ctrl+H．相当于执行 Edit / Select / Physical Net 命令。

Ctrl+Z：放大鼠标选择的区域。

Pg Up：放大视图。

Pg Dn：缩小视图。

Ctrl+PgUp．放大到最大。

Ctrl+PgDn：缩小到全电路板，

Shift+PgUp：逐级放大视图。

Shift+PgDn：逐级缩小视图。

End：刷新视图。

Esc：结束操作。

Ctrl+Ins：拷贝。

Ctrl+Del：删除选择的对象。

Shift+Ins：粘贴。

Shift+Del：剪贴。

Alt+Backspace：撤销操作。

Ctrl+Backspace：恢复操作。

*：在信号层间切换(小键盘)。

+和–：在所有电路板层之间切换(小键盘)。

Tab：放置对象时，编辑对象属性。

Space：在画铜膜线时，更换走线弯曲方向；在放置对象时，逆时针旋转对象。

Shift+Space：画铜膜线时，更换各种走线模式：在放置对象时，顺时针旋转对象。

Shift+R：在推开走线、阻挡走线和躲避走线模式之间切换。

键盘左箭头：光标左移一个栅格。

键盘上箭头：光标上移一个栅格。

键盘下箭头：光标下移一个栅格。

键盘右箭头：光标右移一个栅格。

Shift+键盘左箭头：光标左移 10 个栅格。

Shift+键盘上箭头：光标上移 10 个栅格。

Shift+键盘下箭头：光标下移 10 个栅格。

Shift+键盘右箭头：光标右移 10 个栅格。

按住鼠标右键：鼠标变成手形，可以移动屏幕。

鼠标左键双击：编辑对象属性。

鼠标左键：使对象成为浮动状态。

Fl：启动帮助。

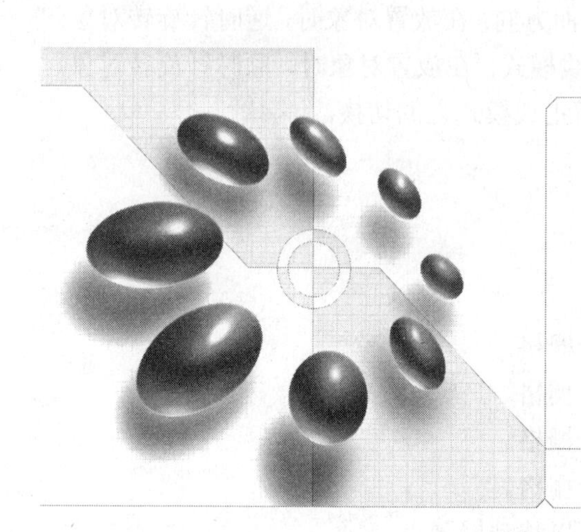

附录 C 常用封装类型图

常用芯片 DIP 封装

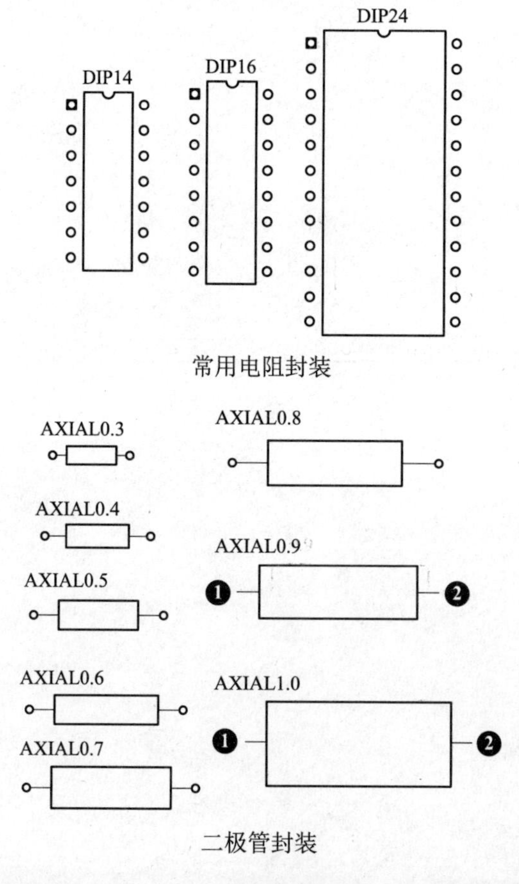

二极管封装

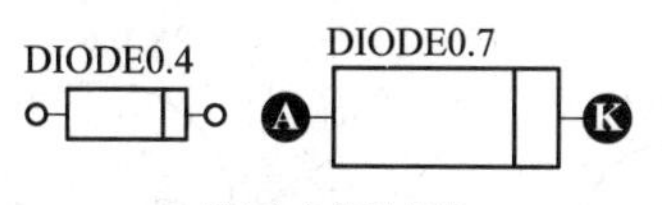

常用电源封装

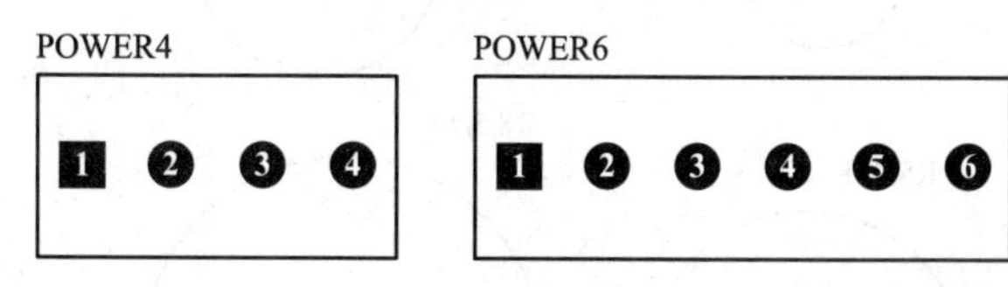

常用电池封装

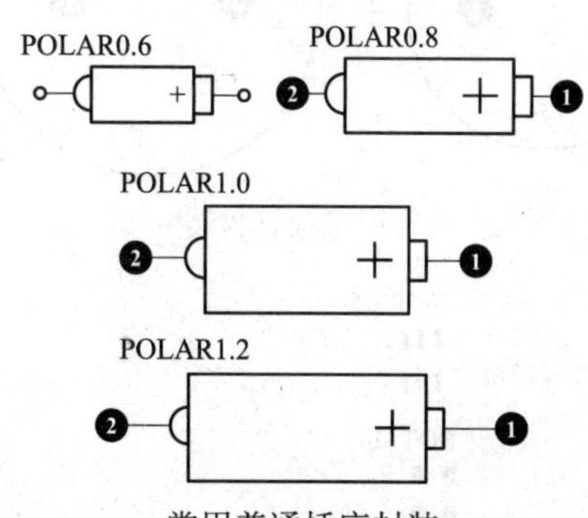

常用普通插座封装

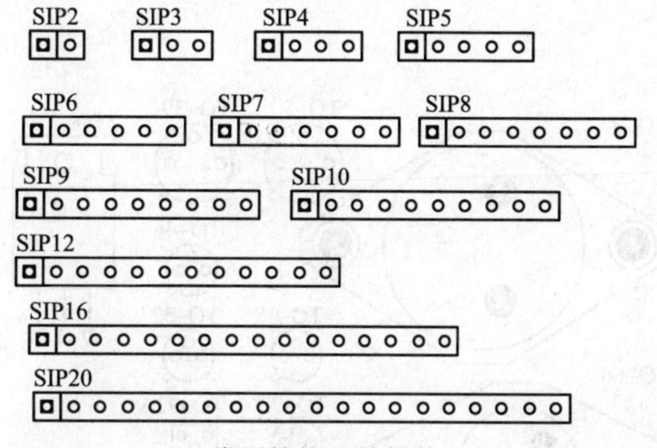

常用按钮开关封装

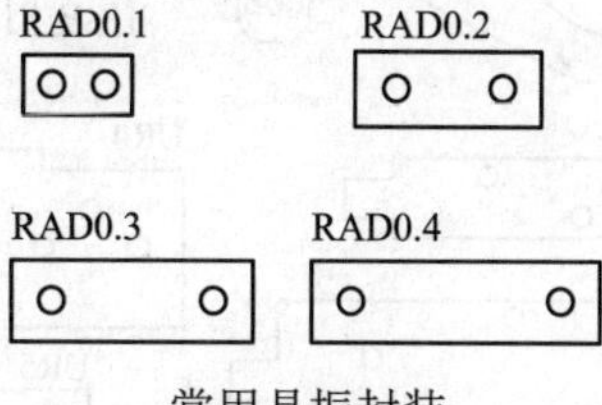

常用晶振封装

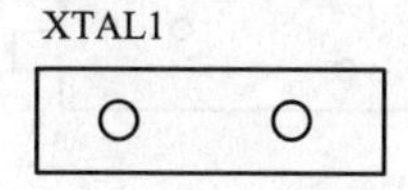

常用电解电容封装

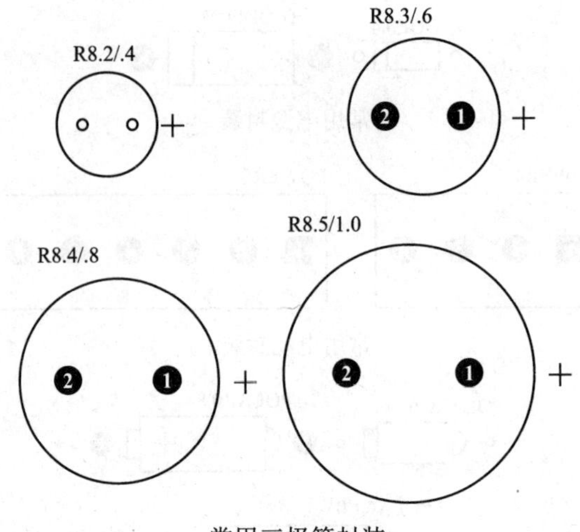
R8.2/.4
R8.3/.6
R8.4/.8
R8.5/1.0

常用三极管封装

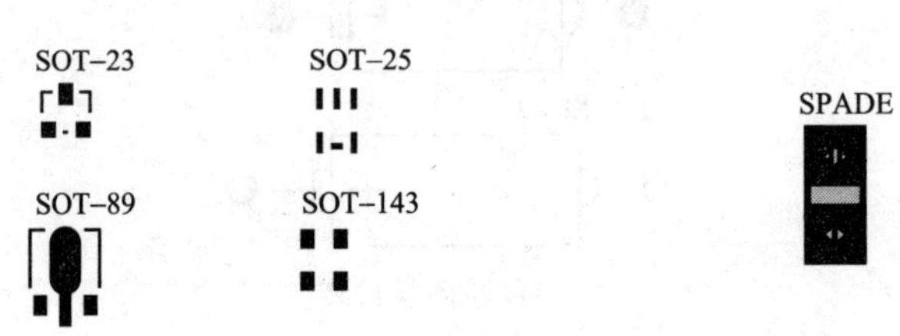
SOT-23
SOT-25
SPADE
SOT-89
SOT-143

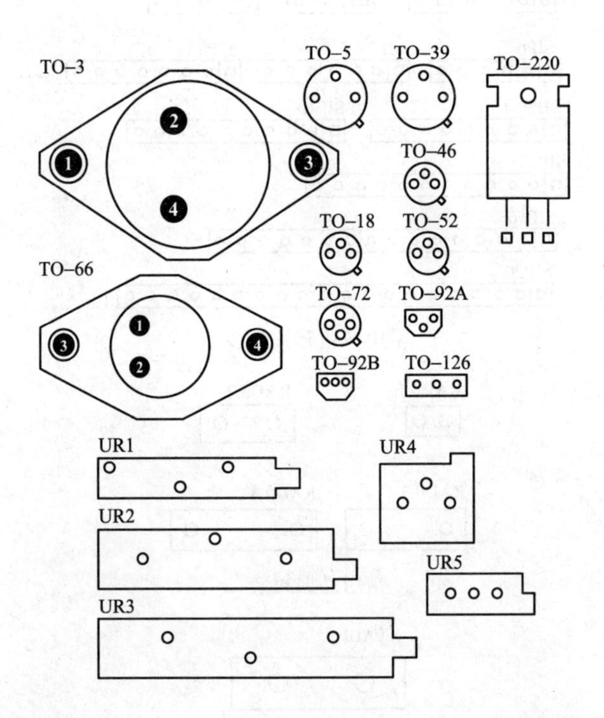
TO-3
TO-5
TO-39
TO-220
TO-46
TO-18
TO-52
TO-66
TO-72
TO-92A
TO-92B
TO-126
UR1
UR4
UR2
UR5
UR3

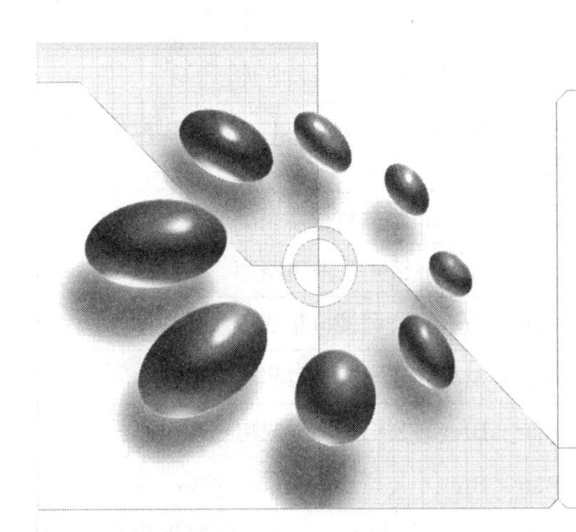

附录 D Protel 99 SE 的电路原理图元件库清单

序号	库文件名	元件库说明
1	Actel User Programmable.ddb	Actel 公司可编程器件库
2	Allegro Integrated circuits.ddb	Allegro 公司的集成电路库
3	Altera Asic .ddb	Altera 公司 ASIC 系列集成电路库
4	Altera Interface.ddb	Altera 公司接口集成电路库
5	Altera Memory.ddb	Altera 公司存储器集成电路库
6	Altera Peripheral.ddb	Altera 公司外围集成电路库
7	AMD Analog.ddb	AMD 公司模拟集成电路库
8	AMD Asic.ddb	AMD 公司 ASIC 集成电路库
9	AMD Converter.ddb	AMD 公司转换器外围集成电路库
10	AMD Interface.ddb	AMD 公司接口集成电路库
11	AMD Logic.ddb	AMD 公司逻辑集成电路库
12	AMD Memory.ddb	AMD 公司存储器集成电路库
13	AMD Microcontroller.ddb	AMD 公司微控制器外围集成电路库
14	AMD Microprocessor.ddb	AMD 公司微处理器集成电路库
15	AMD Miscellaneous.ddb	AMD 公司杂合理器集成电路库
16	AMD Peripheral.ddb	AMD 公司外围集成电路库
17	AMD Telecommunication.ddb	AMD 公司通信集成电路库
18	Analog Devices.ddb	AD 公司的集成电路库

续表

序号	库文件名	元件库说明
19	Atmel Programmable.ddb	Atmel公司可编程逻辑器件库
20	Burr Brown Analog.ddb	Burr Brown公司（现属TI公司）模拟集成电路库
21	Burr Brown Converter.ddb	Burr Brown公司转换器集成电路库
22	Burr Brown Industrial.ddb	Burr Brown公司工业电路库
23	Burr Brown Interface.ddb	Burr Brown公司接口集成电路库
24	Burr Brown Oscillator.ddb	Burr Brown公司振荡器集成电路库
25	Burr Brown Peripheral.ddb	Burr Brown公司外围集成电路库
26	Burr Brown Telecommunication.ddb	Burr Brown公司通信集成电路库
27	Dallas Analog.ddb	Dallas公司（现属Maxim公司）模拟集成电路库
28	Dallas Consumer.ddb	Dallas公司消费类集成电路库
29	Dallas Converter.ddb	Dallas公司转换器成电路库
30	Dallas Interface.ddb	Dallas公司接口集成电路库
31	Dallas Logic.ddb	Dallas公司逻辑集成电路库
32	Dallas Memory.ddb	Dallas公司存储器集成电路库
33	Dallas Microprocessor.ddb	Dallas公司微处理器集成电路库
34	Dallas Miscellaneous.ddb	Dallas公司杂合集成电路库
35	Dallas Telecommunication.ddb	Dallas公司通信集成电路库
36	Elantec Analog.ddb	Elantec公司模拟集成电路库
37	Elantec Consumer.ddb	Elantec公司消费类集成电路库
38	Elantec Industrial.ddb	Elantec公司工业集成电路库
39	Elantec Interface.ddb	Elantec公司接口集成电路库
40	Gennum Analog.ddb	Gennum公司模拟类集成电路库
41	Gennum Consumer.ddb	Gennum公司消费类集成电路库
42	Gennum Converter.ddb	Gennum公司转换器模拟集成电路库
43	Gennum DSP.ddb	Gennum公司DSP集成电路库
44	Gennum Interface.ddb	Gennum公司接口集成电路库
45	Gennum Miscellaneous.ddb	Gennum公司杂合集成电路库
46	HP-Eesof.ddb	HP公司EE soft软件库
47	Intel Databooks.ddb	Intel公司数据手册中的集成电库

续表

序号	库文件名	元件库说明
48	International Rectifier.ddb	整流类器件库
49	Lattice.ddb	Lattice 公司器件库
50	Lucent Analog.ddb	Lucent 公司模拟集成电路库
51	Lucent Asic.ddb	Lucent 公司 Asic 集成电路库
52	Lucent Consumer.ddb	Lucent 公司接口消费类集成电路库
53	Lucent Converter.ddb	Lucent 公司转换器集成电路库
54	Lucent DSP.ddb	Lucent 公司接口 DSP 集成电路库
55	Lucent Industrial.ddb	Lucent 公司工业集成电路库
56	Lucent Interface.ddb	Lucent 公司接口集成电路库
57	Lucent Logic.ddb	Lucent 公司逻辑集成电路库
58	Lucent Memory.ddb	Lucent 公司存储器集成电路库
59	Lucent Miscellaneous.ddb	Lucent 公司杂合集成电路库
60	Lucent Oscillator.ddb	Lucent 公司振荡器集成电路库
61	Lucent Peripheral.ddb	Lucent 公司外围集成电路库
62	Lucent Telecommunication.ddb	Lucent 公司通信集成电路库
63	Maxim Analog.ddb	Maxim(美信) 公司模拟集成电路库
64	Maxim Interface.ddb	Maxim 公司接口集成电路库
65	Maxim Miscellaneous.ddb	Maxim 公司杂合集成电路库
66	Microchip.ddb	Microchip 公司集成电路库
67	Miscellaneous Device.ddb	各类通用元件库
68	Mitel Analog.ddb	Mitel 公司模拟集成电路库
69	Mitel Interface.ddb	Mitel 公司接口集成电路库
70	Mitel Logic.ddb	Mitel 公司逻辑集成电路库
71	Mitel Peripheral.ddb	Mitel 公司外围集成电路库
72	Mitel Telecommunication.ddb	Mitel 公司通信集成电路库
73	Motorola Analog.ddb	Motorola 公司模拟集成电路库
74	Motorola Consumer.ddb	Motorola 公司消费集成电路库
75	Motorola Converter.ddb	Motorola 公司转换器模拟集成电路库
76	Motorola Databooks.ddb	Motorola 公司数据手册提供的集成电路库
77	Motorola DSP.ddb	Motorola 公司 DSP 集成电路库

续表

序号	库文件名	元件库说明
78	Motorola Microprocessor.ddb	Motorola 公司微处理器集成电路库
79	Motorola Oscillator.ddb	Motorola 公司振荡器集成电路库
80	NEC Databooks.ddb	NEC 公司集成电路库
81	Newport Analog.ddb	Newport 公司模拟集成电路库
82	Newport Consumer.ddb	Newport 公司消费类集成电路库
83	NSC Analog.ddb	NSC 公司模拟集成电路库
84	NSC Consumer.ddb	NSC 公司消费类集成电路库
85	NSC Converter.ddb	NSC 公司转换器集成电路库
86	NSC Databooks.ddb	NSC 公司数据手册提供的集成电路库
87	NSC Industrial.ddb	NSC 公司工业集成电路库
88	NSC Interface.ddb	NSC 公司接口模拟集成电路库
89	NSC Miscellaneous.ddb	NSC 公司杂合模拟集成电路库
90	NSC Oscillator.ddb	NSC 公司振荡器集成电路库
91	NSC Telecommunication.ddb	NSC 公司集成电路库
92	Philips.ddb	Philips 公司集成电路库
93	PLD.ddb	PLD 元件库
94	Protel DOS Schematic Libraries.ddb	DOS 版 Protel 电路原理图库
95	Quicklogic Asic.ddb	Quicklogic 公司 ASIC 集成原理图库
96	RF micro Devices Analogs.ddb	RF micro Devices 公司模拟集成电路库
97	RF micro Devices Telecommunication.ddb	RF micro Devices 公司通信集成电路库
98	GSG Analog.ddb	GSG 公司模拟集成电路库
99	GSG Asic.ddb	GSG 公司 Asic 集成电路库
100	GSG Consumer.ddb	GSG 公司消费类集成电路库
101	GSG Converter.ddb	GSG 公司转换器集成电路库
102	GSG Industrial.ddb	GSG 公司工业集成电路库
103	GSG Interface.ddb	GSG 公司接口集成电路库
104	GSG Logic SIM.ddb	GSG 公司逻辑仿真用库
105	GSG Memory.ddb	GSG 公司存储器集成电路库
106	GSG Microcontroller.ddb	GSG 公司微控制器集成电路库
107	GSG Microprocessor.ddb	GSG 公司微处理器集成电路库

续表

序号	库文件名	元件库说明
108	GSG Miscellaneous.ddb	GSG 公司杂合集成电路库
109	GSG Peripheral.ddb	GSG 公司外围集成电路库
110	GSG Telecommunication.ddb	GSG 公司通信集成电路库
111	Sim.ddb	仿真器件库
112	Spice.ddb	Spice 软件的库
113	TI Databooks.ddb	TI 公司模拟数据手册提供的集成电路库
114	TI Logic.ddb	TI 公司逻辑集成电路库
115	TI Telecommunication.ddb	TI 公司通信集成电路库
116	Western Digital.ddb	Western Digital.公司集成电路库
117	Xilinx Databooks.ddb	Xilinx 公司集成电路库
118	Zilog Databooks.ddb	Zilog 公司集成电路库

参 考 文 献

［1］魏汉勇．电子技术基础［M］．武汉：华中科技大学出版社，2002.
［2］中国集成电路大全—TTL 集成电路［M］．北京：国防工业出版社，1985.
［3］梁恩主．Protel 99 SE 电路设计与仿真应用［M］．北京：清华大学出版社，2000.
［4］夏路易．电路原理图与电路板设计教程［M］．北京：北京希望电子出版社，2002.
［5］王廷才．电子线路辅助设计 Protel 99 SE［M］．北京：高等教育出版社，2004.
［6］姚四改．Protel 99 SE 电子线路设计教程［M］．上海：上海交通大学出版社，2003.
［7］郭振民，丁红．电子设计自动化 EAD［M］．北京：中国水利水电出版社，2009.
［8］郭勇，董志刚．Protel 99 SE SE 印制电路板设计教程［M］．北京：机械工业出版社，2004.
［9］黄明亮．电子 CAD［M］．北京：机械工业出版社，2008.
［10］顾伟．电子工程制图［M］．南京：江苏教育出版社，2011.
［11］王著．电气识图及 CAD 技术［M］．北京：高等教育出版社，2009.